水污染控制技术

王　彬　朱静平　黄福杨　周明罗　编著

科学出版社

北　京

内 容 简 介

本书从水污染控制技术前沿发展和工程应用的角度出发，详细介绍了多种生活污水新型处理技术及一体化设备，重点剖析了生活污水新型有机污染物处理技术、分散式生活污水处理站脱氮除磷协同提升技术、生活污水人工湿地处理技术、生活污水纳污河道生态净化技术和生化/物化技术一体化设备。作者针对生活污水导致的水环境污染问题，采用新型处理技术及一体化设备降解水环境中传统污染物及新型有机污染物，并且通过光谱学、质谱分析等手段识别污染物中间产物及降解途径，论证了应用物理、化学、微生物及生态修复技术的可行性。

本书可供从事水污染控制工程的设计人员、技术人员、科研人员以及市政给水排水专业人员参阅和学习，也可作为高等学校环境工程专业和给水排水专业师生的参考资料。

图书在版编目(CIP)数据

水污染控制技术 / 王彬等编著. — 北京：科学出版社，2023.7(2025.1 重印)
ISBN 978-7-03-072060-3

Ⅰ.①水… Ⅱ.①王… Ⅲ.①水污染-污染控制 Ⅳ.①X520.6

中国版本图书馆 CIP 数据核字 (2022) 第 058861 号

责任编辑：侯若男 / 责任校对：彭　映
责任印制：罗　科 / 封面设计：墨创文化

科 学 出 版 社 出版
北京东黄城根北街16号
邮政编码：100717
http://www.sciencep.com

四川青于蓝文化传播有限责任公司印刷
科学出版社发行　各地新华书店经销
*
2023 年 7 月第 一 版　　开本：787×1092 1/16
2025 年 1 月第二次印刷　　印张：16 1/4
字数：385 000
定价：168.00 元
(如有印装质量问题，我社负责调换)

编 委 会

主　　编：王　彬

副主编：朱静平　黄福杨　周明罗

编　委：谌　书　涂卫国　龙　泉　杨远坤　周日宇　蒲一凡

　　　　张弘弢　高　原　李　密　杨　燕　王有志　胡启成

　　　　单婷倩　王军捷　林　静　陈青松　袁华洁　李　森

　　　　谢燕华

前　言

党的十八大将生态文明建设纳入中国特色社会主义事业"五位一体"总体布局，明确提出大力推进生态文明建设，努力建设美丽中国，实现中华民族永续发展。党的十九大把坚决打好污染防治攻坚战列为决胜全面建成小康社会三大攻坚战之一。党的二十大指出，推动绿色发展，促进人与自然和谐共生。生态文明建设中，水是人类生存发展不可缺少的自然资源。生活污水排放会造成环境污染，破坏生态环境和危害人体健康，而水污染控制技术着力解决水环境污染问题。水污染控制技术是践行"两山论"和建设生态文明中国的重要手段，以实现生态惠民、生态利民、生态为民的发展目标。

本书详细介绍多种生活污水新型处理技术及一体化设备，对水环境中传统污染物及新型有机污染物的降解效果进行了评价，论证了应用物理、化学、微生物生态修复技术的可行性。

全书共 5 章。第 1 章介绍生活污水新型有机污染物处理技术，选择新型有机污染物头孢唑林作为研究对象，探讨高铁黏土和电晕放电等离子体对头孢唑林的降解过程，结合光谱学及质谱分析判定头孢唑林降解过程中的中间产物及降解途径。第 2 章介绍分散式生活污水处理站脱氮除磷协同提升技术，结合某污水处理站氧化沟工艺，对自制氧化沟小试装置进行调控，提升该装置的脱氮除磷效果，同时利用鸟粪石沉淀法对污泥浓缩池上清液中的氮磷进行回收；此外探索了零价铁对生物脱氮除磷的协同提升作用。第 3 章介绍分散式生活污水人工湿地脱氮除磷处理技术，通过多元研究手段，对人工湿地填料和植物进行优选，建造组合式和阶梯式人工湿地装置，考察不同工艺参数条件下铁碳微电解型人工湿地对污染物的降解行为及规律，解析人工湿地微生物群落结构。第 4 章介绍分散式生活污水纳污河道典型污染物生态净化技术，探究了某典型纳污河道水体及沉积物中的污染物时空分布特征及污染来源，同时因地制宜，搭建低成本人工湿地生态修复示范工程。第 5 章介绍污水处理一体化设备，共介绍了 8 套生物化学技术一体化设备及 7 套物理化学技术一体化设备。

由于编者水平有限，本书难免存在不足之处，恳请读者给予批评指正。

目　　录

第1章　生活污水新型有机污染物处理技术

1.1　绪　论

1.1.1　水环境中抗生素问题

抗生素的发现被认为是 20 世纪医学领域最大的里程碑。它是一种化学治疗剂，能够抑制或消除微生物(如细菌、真菌或原生动物)的生长[1]。抗生素的发展及使用大大降低了社会和流行病学上重大传染病的发病率和死亡率[2]，发挥了革命性的作用。抗生素通常具有不同的化学结构和作用机理，可以按其化学结构或作用机理进行分类，如 β-内酰胺类抗生素、喹诺酮类抗生素、四环素类抗生素、大环内酯类抗生素、磺胺类抗生素等。

1. β-内酰胺类抗生素

β-内酰胺类(β-lactams，β-LCs)抗生素，分子中含有四元的 β-内酰胺环[3]，如表 1.1 所示，根据 β 位上取代基团的不同，可以分为青霉素类、头孢菌素类典型 β-内酰胺类抗生素和碳青霉烯类、青霉烯类、氧青霉烷类非典型 β-内酰胺抗生素[4,5]。它们均通过抑制细菌细胞壁合成过程中的黏肽合成酶作用来阻碍细胞壁合成从而形成抗菌谱广、低毒性及高效抗菌作用，因此被广泛应用在临床医学上。据相关资料报道，在 2010 年，青霉素和头孢菌素是美国销售排名前两位的抗菌药物，占所有抗菌药物市场的近 60%，占全球抗生素消费量的 55%[6]。

表 1.1　β-内酰胺类抗生素分类

分类	典型药物
青霉素类	青霉素 G
头孢菌素类	头孢唑林
碳青霉烯类	亚胺培南
青霉烯类	法罗培南
氧青霉烷类	克拉维酸

2. 喹诺酮类抗生素

喹诺酮类(quinolones，QNs)抗生素，是临床实践中常见的抗生素之一[7]。这类药物主要是含 4-喹诺酮-3-羧酸基本结构的抗菌药，其通过抑制细菌脱氧核糖核酸(deoxyribonucleic acid，DNA)促旋酶(gyrase)和拓扑异构酶 IV，从而影响 DNA 的正常形态与功能，达到抗菌的目的。

3. 四环素类抗生素

四环素类(tetracyclines，TCs)抗生素是具有氢化并四苯环的主体结构，只是在5号、6号和7号位上取代基不同的一类抗生素[8]。四环素类药物能够与原核细胞中的16SrRNA(30S 核糖体的组成部分)结合，从而阻碍了氨酰 tRNA 与 16SrRNA 的结合，使得由 mRNA 到蛋白质的翻译过程无法进行，以起到抗菌作用。

4. 大环内酯类抗生素

大环内酯类(macrolides，MAs)抗生素是分子结构中具有多羟基的 14～16 元环内酯，1～3 个去氧氨基糖，至少在 5 位有一个糖苷基，在 3 位上常有第二个糖苷基的一类具有基本的内酯环结构，对革兰氏阳性菌和革兰氏阴性菌均有效的广谱抗生素。它的作用机制为与核糖体 50S 亚基形成复合物而特异地抑制细菌的蛋白合成。

5. 磺胺类抗生素

磺胺类(sulfonamides，SAs)抗生素是一类具有对氨基苯磺酰胺基结构的广谱抗生素。这类药物并不能杀死细菌，而是与细菌生长繁殖所必需的对氨基苯甲酸(para-aminobenzoic acid，PABA)产生竞争性拮抗作用，从而抑制其生长和繁殖[9]。

从广泛意义上来讲，抗生素分为人用抗生素和兽用抗生素。在世界范围内，每年抗生素使用量超过 10 万 t，大概有 50%以上作为兽用抗生素，并且人们对其越来越关注[10]。抗生素作为兽药不仅用于牲畜养殖，也用于水产养殖，通常被掺入动物饲料中，以提高生长速度和饲料效率[11]，甚至被低剂量使用来减少脂肪的比例，增加肉类中的蛋白质含量[12]。

经过近 70 年的发展，目前中国已是世界上最大的抗生素生产国和消费国，在 2015 年，应光国课题组发布了首份中国抗生素使用量和排放量清单，指出在 2013 年，中国共使用抗生素 16.2 万 t，其中 52%用在了养殖业。国家卫生健康委员会表示，在中国，患者抗生素的使用率达到 70%，是欧美国家的两倍，但真正需要使用的不到 20%。预防性使用抗生素是典型的滥用抗生素。如表 1.2 所示，中国大陆地区每 1000 人每天所摄入的抗生素剂量远高于其他地区[13]。

表 1.2　不同地区抗生素的使用量

地区	年份	抗生素总使用量/t	人用量/t	兽用量/t	DID
中国大陆	2013	162000	77760	84240	157
中国香港	2013	1060	640	420	27.4
美国	2011/2012	17900	3290	14610	28.8
加拿大	2011	V.D	251	V.D	20.4
欧洲	2013	V.D	3440	V.D	20.1

注：DID 指每 1000 人每天所摄入的抗生素剂量，V.D 指无相应数据。

在过去的几十年中，大量的抗生素及其副产物(antibiotics and their by-products，BPs)被用于医疗和养殖业。环境中的大部分 BPs 都来源于制药企业的废水排放、生活污水、海产养殖业和畜牧养殖业废水排放等。通过以上途径输入到环境中的BPs,一般会发生微生物作用,光降解或水解作用等过程使其含量缓慢衰减。但是,很多地方会因为持续输入抗生素,使得复合净化降解速率小于累积速率,导致环境中 BPs 呈现一种假的"持久态"[14]。这些环境中的 BPs 又可能会通过饮水、肉类果蔬、生态循环等方式重新进入人体。由于 BPs 通过复杂的转化和生物蓄积恶性循环而在环境中持续存在[15],已经成为科研工作者广泛关注的世界性问题。

科学家们经常在地表水和废水中检测到抗生素,其浓度范围通常为0.01~1.00 μg/L[16]。不同地区药品消耗的数量和其在水生环境中的浓度不同,对水生环境的影响也不同,人类出于对自身健康的考虑[17],各国研究人员开始对地表水、地下水、污水处理厂出水等水体中抗生素种类及浓度进行检测分析,β-内酰胺类抗生素的部分调查结果如表 1.3 所示。

表 1.3 不同地区 β-内酰胺类抗生素的种类及浓度

药物类别	研究区域	药物名称	浓度范围/(ng/L)	来源	研究者
β-内酰胺类	中国钱塘江	青霉素 G 头孢唑林 青霉素 V	80~125 10 ND~450	地表水	Chen 等[18]
	中国香港海岸	头孢氨苄	<MDL~182	地表水	Gulkowska 等[19]
	德国北威州	哌拉西林	48	地表水	Christian 等[20]
	加纳库马西	阿莫西林 头孢氨苄	ND~2.7、ND~1.3 32~868、21~65	河流、农业灌溉 河流、农业灌溉	Azanu 等[21]
	美国科罗拉多州	氨苄西林	11	河流	Cha 等[22]

注:ND 指未提及;MDL 指方法检出最低限值。

如果水体环境中长时间暴露低剂量BPs,会对生态环境造成一些不可逆的危害。例如,容易对水生动植物产生毒害作用,影响动植物生长和繁殖进程;对于环境中参与分解作用的有益微生物,可能会抑制其生长,从而破坏生态平衡;随着食物链和食物网进入人体当中,导致人类社会生物安全威胁态势陡增;加速细菌的基因突变过程,形成对人类健康造成极大危害的超级耐药细菌。

因此,应用各种污染控制及处理技术来应对环境中各种 BPs 所带来的问题,引起了科学家的特别关注,尤其是欧洲疾病预防控制中心(European Centre for Disease Prevention and Control,ECDC)。ECDC 在 2010 年报告中指出,人类医学抗生素的使用情况中,β-内酰胺类如青霉素类和头孢菌素类为主要类别,占抗生素使用总量的50%~70%,使得这类药物成为环境污染控制研究领域的热门话题。本章主要研究高铁黏土降解水环境中的头孢菌素类抗生素。

1.1.2 头孢菌素类抗生素简述

如前文所述,与其他 β-内酰胺类抗生素一样,头孢菌素类抗生素通过与微生物膜内的青霉素结合蛋白连接来抑制细胞壁的生物合成,从而导致细胞裂解和死亡[23]。图 1.1 为头孢菌素类抗生素的分子结构通式。其中,一个六元二氢噻嗪环和一个四元内酰胺环构成了其基本骨架。因 4/6 元稠环系统较青霉素 4/5 元系统稳定，与青霉素相比，头孢菌素具有较好的改造性、较低的致敏性、β-内酰胺酶的敏感性和罕见过敏性休克等优点[24]，广泛应用在临床医学领域。

研究表明，β-内酰胺环和 C7 位的酰胺基侧链负责抗菌活性。同时，在 C3 和 C4 位的取代基主要决定药代动力学[25]。药物学家在其基本骨架上引入 R_1、R_2 和 R_3 各种取代基发现疗效更好的抗生素。目前已经推出了第五代头孢菌素(头孢吡普和头孢洛林)。

头孢唑林(cefazolin，CFZ)曾译为头孢菌素 V，分子式为 $C_{14}H_{13}N_8NaO_4S_3$，分子量为476.49，熔点为 190℃。其分子结构式见图 1.2。本品为白色或类白色粉末或结晶性粉末；无臭，味微苦；易引湿。水中溶解度为 50 mg/mL。本品对革兰氏阳性菌包括对青霉素敏感和耐药的金黄色葡萄球菌(耐甲氧西林金黄色葡萄球菌除外)的抗菌作用强于第二代和第三代头孢菌素，对革兰氏阴性菌的作用在第一代头孢菌素中居首位，临床仅用作静脉滴注或肌内注射，是一类高效、低毒、临床广泛应用的重要抗生素。

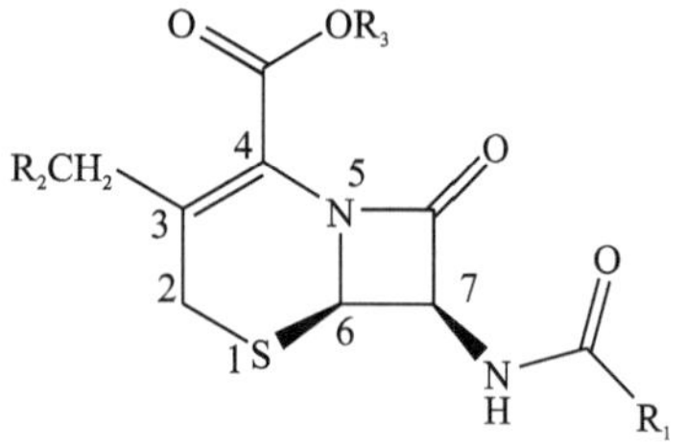

图 1.1　头孢菌素类抗生素的分子结构通式 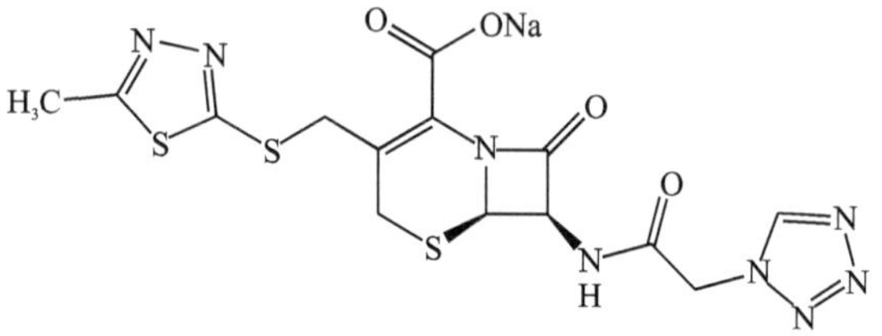　　　　　图 1.2　CFZ 的分子结构式

据英国卫生与社会保障部统计，头孢菌素将近占医生处方抗生素的三分之一[26]。据不完全统计，就数量而言，头孢菌素占人类使用抗生素总量的 50%以上[27]。随着科技的进步，科学家们已经在不同的水性基质中检测到头孢菌素。王伟华和张万峰检测哈尔滨某污水处理厂的进出水和入河口的头孢唑林和头孢呋辛的残留浓度，结果发现，入水口的平均浓度为 20～40 μg/L，出水口的平均浓度为 0.9～1.5 μg/L，并未完全去除，且入河口和出河口的平均浓度分别为 0.11 μg/L 和 0.05 μg/L[28]。Thai 等调查了越南河内附近的医院及制药企业废水，结果表明头孢克肟在制药厂的废水中的浓度范围为 19.24～43.33 ng/L，在医院废水经过出水处理后头孢他啶的浓度为 5.0 μg/L[29]。这些头孢菌素长期低剂量暴露在环境中，可能对人类和环境造成巨大威胁，甚至破坏生态平衡。据报道，对 β-内酰胺类药物的耐药性是全球主要的健康问题之一。鉴于头孢菌素超剂量不当使用，一些国家和地区制定了最大残留限量(maximum residue limits，MRL)来规范头孢菌素的使用[30]。

目前，在治理环境中的头孢菌素时已经使用了不同的技术和方法。这些技术通常基于生物、物理和化学氧化的应用。常用的处理方式如下。

1. 生物法

传统的生物法是处理含头孢菌素废水的主要技术，但不能完全清除头孢菌素抗生素。故在实际应用中，通常将厌氧和好氧技术联合使用来增强废水的生物降解特性[31]。然而，由于头孢菌素进水浓度波动较大且对微生物有一定毒害作用，生物法处理的头孢菌素制药废水通常不能满足中国现行的制药废水排放标准 [《发酵类制药工业水污染物排放标准》(GB 21903—2008)][32]。因此，生物技术仅作为首选处理方法和预处理技术应用。

2. 膜分离和吸附法

膜分离技术通常使用一定压力作为传质动力，利用膜的选择透过性来达到去除水中污染物质的目的。近年来，反渗透(reverse osmosis，RO)和纳滤(nanofiltration，NF)是较为广泛应用的技术。Bojnourd 等开发了一种具有聚乙烯醇选择性层的 TFC 膜来去除模拟废水中的头孢氨苄、阿莫西林、布洛芬，各类药物的排斥率分别为 99.1%、97.7%、92.1%，显现出良好的分离效果[33]。但是，该技术容易受到药物自身性质、溶液 pH 等影响。此外，膜污染会导致处理设备运行不稳定，增加操作成本，膜另一侧浓溶液不易处理等问题制约其在实际工程中的应用。

吸附法操作简便，成本低，吸附过程无毒副产物生成，是去除抗生素的一种重要物理化学方法[34]。一般而言，根据吸附剂和吸附质在吸附过程中作用力的不同可分为物理吸附和化学吸附，前者主要以范德华力为主，后者主要以氢键为主。Song 等从海藻中提取的生物炭对四环素(tetracychine，TC)和头孢拉定(cefradine，CF)两种抗生素吸附去除进行了比较，经过朗缪尔(Langmuir)模型计算的 TC 和 CF 的最大吸附量分别为 128.1 mg/g 和 61.7 mg/g，而在较低的吸附物浓度下，更多的 CF 分子被生物炭吸附[35]。近年来，黏土矿物由于强大的吸附能力、优异的机械和化学稳定性、廉价且容易大量获得在环境领域体现出潜在应用价值。因此，将黏土矿物作为吸附剂来减少水和废水中的抗生素具有重要的意义。

3. 高级氧化技术

从广泛意义上来说，在水处理工程应用中能够产生·OH，并将难降解有机污染物氧化为小分子物质或者直接矿化为 CO_2、H_2O 及各类无机盐的技术，都属于高级氧化技术[36]。光降解可能是头孢菌素类抗生素在地表水中最重要的消除过程。Wang 和 Lin 利用日光模拟器研究头孢唑林(CFZ)和头孢匹林(cefapirin，CFP)在模拟自然水体中的降解，结果表明，直接光解很可能是 CFZ 和 CFP 的主要光解途径，但 CFZ 的降解产物具有一定毒性[37]。Zhang 等报告了单室微生物燃料电池(microbial fuel cell，MFC)在处理 CFZ 污染的废水中的应用。具有石墨毡生物阳极和活性炭空气阴极的单室 MFC 显示出较高的 CFZ 去除率，去除速率为 1.2~6.8 mg/(L·h)，并可耐受 450 mg/L 的最大载荷浓度[38]。

近年来，由于高铁酸盐兼具良好的氧化性能和优异的絮凝性能，成为一种广泛应用的高级氧化技术。但目前，制约高铁酸盐大规模应用的关键因素是其在水溶液中会迅速自分解，从而影响其利用效率。因此高铁酸盐高效利用的关键是如何将其缓慢释放到溶液中，延长与目标污染物的接触时间，这对于高铁酸盐的工业化应用非常重要，也是学者们研究的重难点。

1.1.3　研究内容与技术路线

本章的研究主要是采用高铁黏土对水中的头孢唑林进行降解，包括以下三个步骤。

1. 高铁黏土基材料的制备及表征

利用典型黏土矿物——蒙脱石进行了原位强碱性和有机改性吸附合成高铁黏土材料。并利用 X 射线衍射（X-rays diffraction，XRD）分析、傅里叶变换红外光谱仪（Fouriev transform infrared spectrometer，FT-IR）分析、扫描电子显微镜（scanning electron microscope，SEM）分析等表征手段对复合材料进行理化表征。

2. 高铁黏土基材料高效处理工艺研究

基于以上研究，选取性能优异的材料，通过试验考察合成材料投加量、反应时间、初始 pH 等影响因素对 CFZ 的去除规律。利用响应面分析法，优选出最佳降解条件。

3. 高铁黏土基材料降解 CFZ 的机制研究

基于以上研究，在最佳降解条件下，从微观、宏观两方面研究降解过程及降解产物。宏观上，研究降解过程反应体系的紫外可见光谱（ultraviolet-visible，UV-Vis）、红外光谱和三维荧光光谱变化规律。微观上，利用气相色谱质谱联用（gas chromatograph-mass spectrometry，GC-MS）、Gaussian 09 软件等分析手段对中间反应过程产物进行定性研究，推测 CFZ 的去除路径。

本书的技术路线如图 1.3 所示。

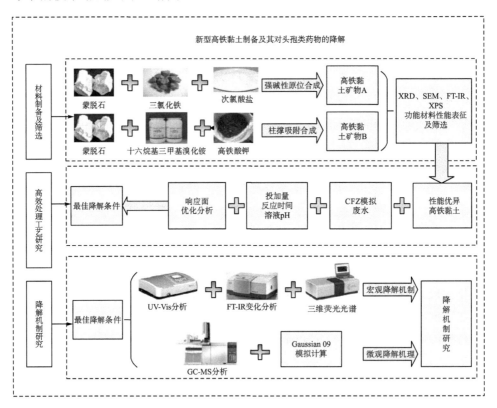

图 1.3　技术路线图

注：XPS（X-ray photoelectron spectroscopy）为 X 射线光电子能谱。

1.2 高铁黏土矿物的制备与筛选

1.2.1 蒙脱石原矿的表征与提纯

1.2.1.1 蒙脱石原矿提纯钠化

首先，对蒙脱石采用 X 射线衍射(XRD)分析以获得样品的化学成分(Cu 靶，管电流为 40 mA，管电压为 40 kV；步长为 0.02°，扫描角度 2θ 为 2°～80°)，其结果如表 1.4、图 1.4 所示。

表 1.4 蒙脱石的化学成分(%)

成分	含量	成分	含量	成分	含量
SiO_2	66.45	K_2O	0.23	SrO	0.03
Al_2O_3	17.56	ZrO_2	0.15	Cl	0.02
Fe_2O_3	5.67	Na_2O	0.03	SO_3	0.01
MgO	4.89	BaO	0.03	Nb_2O_5	0.01
CaO	4.34	MnO	0.03	ThO_2	0.01
TiO_2	0.52	ZnO	0.03	Y_2O_3	0.01

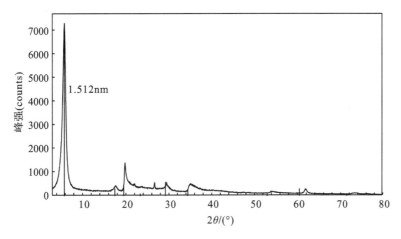

图 1.4 蒙脱石的 XRD 分析

由图 1.4 可以得知，该蒙脱石与 29-1491#PDF 卡片标准图谱匹配度较高，该卡片所代表的物质属于黏土矿物蒙皂石类属，可以清楚地发现其主衍射峰 d(001) 为 1.512 nm，并结合表 1.4 成分分析，我们可以判断该蒙脱石属于钙镁基蒙脱石，并且纯度较好。然而，钠蒙脱石比钙镁基蒙脱石有着更好的离子交换性、分散程度和更优异的物理化学性质。与此同时，较钠蒙脱石而言，自然界中广泛存在钙基蒙脱石[39]。因此，对此蒙脱石进行提纯和钠化，以扩大其利用效能。

钠蒙脱石的制备流程如下：

首先，将适量蒙脱石原土均匀地分散到纯水中，并保持水土比为 50 g/L，在 900 r/min 条件下搅拌 150 min，静置 24 h。3000 r/min 条件下离心 5 min，摒弃掉上层清液及底部杂质，重复水洗 3～5 次。然后，放置在烘箱中 105 ℃ 干燥后用小型粉碎机粉碎至 200 目，未粉碎部分采用球磨机粉碎至 200 目。最后，将蒙脱石收集在干燥器中保存待用，并将水洗过的蒙脱石定义为水洗蒙脱石，符号为 S-Mt。

分别准确称取 100 g 水洗蒙脱石和 60 gNaCl，溶于 700 mL 纯水。在 70 ℃ 下水浴搅拌 2 h，静置片刻并冷却至室温，11000 r/min 条件下离心 5 min，摒弃掉上层清液及底部杂质，重复 3～5 次。随后，将离心过后的黏土利用纯水保持适当的固液比使其形成匀浆后，使用 3500 DA 的透析袋透析，每 4～6 h 更换透析液。当 Cl⁻ 检测呈阴性(0.1 mol/L 硝酸银溶液检测至无丁达尔效应)时，105 ℃ 干燥研磨至 200 目后待用，我们将钠化过的蒙脱石定义为钠化蒙脱石，符号为 Na-Mt。

接着对钠化蒙脱石采用 X 射线衍射(XRD)分析、傅里叶变换红外光谱(FT-IR)分析、扫描电子显微镜(SEM，简称扫描电镜)分析三种方法进行表征。

1.2.1.2　X 射线衍射(XRD)分析

由图 1.5 可知，天然钙镁蒙脱石(符号为 Mt)对应的 d(001)为 1.512 nm，并伴随着尖锐的衍射峰，这说明其结晶度很高。水洗后的蒙脱石 d(001)与原土基本一致，而钠化后的蒙脱石 d(001)为 1.233 nm。有关研究表明，当 d(001)为 1.2～1.3 nm 时，蒙脱石为钠基蒙脱石，其相对天然钙镁蒙脱石的层间距变小，这是 Na⁺ 取代天然钙镁蒙脱石片层间 Ca²⁺ 的结果[40]。此外，钠化后蒙脱石衍射峰变宽，并且其他杂峰消失。这说明我们成功得到了后续实验所需的钠蒙脱石载体模板。

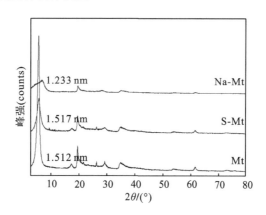

图 1.5　蒙脱石和改性蒙脱石的 XRD 分析

1.2.1.3　傅里叶变换红外光谱(FT-IR)分析

实验采用溴化钾压片法，波数范围为 400～4000 cm⁻¹。重复扫描 20 次后对样品的 FT-IR 进行测定。由图 1.6 可以看出，天然钙镁蒙脱石在 3623 cm⁻¹ 和 3435 cm⁻¹ 处出现两个特征吸收峰，这归因于蒙脱石层间所含 H_2O 的伸缩振动吸收峰和晶格中结构水以及层间吸附水的—OH 伸缩振动峰。在 1638 cm⁻¹ 处出现的吸收峰为 Si-O-Si 骨架振动。在 1035 cm⁻¹

处出现的较宽较强的峰是 Si-O-Si 的伸缩振动峰。在 519 cm^{-1} 和 466 cm^{-1} 处出现的特征峰为 Si-O-Mg 和 Si-O 的弯曲振动吸收峰。水洗过后蒙脱石的红外光谱与天然钙镁蒙脱石基本一致，峰的位置没有明显变化，然而，峰的宽度和强度明显高于天然钙镁蒙脱石，说明水洗后，蒙脱石的纯度提高。而钠化后的蒙脱石在 1035 cm^{-1} 处的 Si-O-Si 骨架振动宽度不同，钠基蒙脱石比天然钙镁蒙脱石宽度大，这表明 Na$^+$ 与天然钙镁蒙脱石层间的 Ca^{2+} 交换后，改变了硅酸盐结构力的分布，降低了结晶性能，而蒙脱石的分散性取决于结构力变量的大小，Si-O-Si 骨架振动宽度越宽，其分散性能越好。

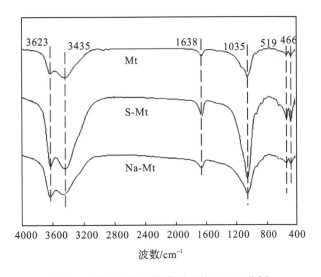

图 1.6　蒙脱石和改性蒙脱石的 FT-IR 分析

1.2.1.4　扫描电镜 (SEM) 分析

在图 1.7 中，A 代表 Mt，B 代表 S-Mt，C 代表 Na-Mt。由图 1.7 可以看出，在提纯钠化的过程中，蒙脱石的形貌并不会发生变化，表现为堆聚在一起的片层结构，并且部分片层结构团聚成一些不规则颗粒。

图 1.7　蒙脱石和改性蒙脱石的 SEM 分析

1.2.2 高铁黏土的制备与表征

1.2.2.1 高铁黏土 A 的制备

1. 钠基蒙脱石的铁化及含铁量测定

首先，称取一定量的 $FeCl_3$ 配置成 1 mol/L 的 $FeCl_3$ 溶液，然后，准确称取 10 g Na-Mt 并使用 100 mL 1 mol/L 的 $FeCl_3$ 溶液使其形成匀浆，低速搅拌，每 24 h 更换一次溶液，连续更换 3 次。然后，将悬浊液在 5000 r/min 条件下离心 5 min，摒弃掉上层清液及底部杂质。随后，将离心过后的黏土利用纯水保持适当的固液比使其形成匀浆后，使用 3500DA 的透析袋透析，每 4~6 h 更换透析液。当 Cl^- 检测呈阴性(0.1 mol/L 硝酸银溶液检测至无丁达尔效应)时，将改性过的黏土矿物进行冷冻干燥，研磨后置于干燥器中保存。我们将铁化过的蒙脱石定义为铁基蒙脱石，符号为 Fe-Mt。

取 0.1 g Na-Mt 和 Fe-Mt 进行消解实验，参照《土壤环境监测技术规范》(HJ/T 166—2004)，对其进行含铁量测定，其单位含铁量分别为 30 mg/g 和 70 mg/g。

2. 铁基蒙脱石的高铁化

高铁化过程具体如下。

(1)称取 40 g 左右的次氯酸钙溶于 100 mL 溶液中，低速磁力搅拌 30 min 后使用 G3 抽滤漏斗抽滤，所得滤液转移至 500 mL 烧杯中。

(2)称取 30 g 左右无水碳酸钾，缓慢加入正在搅拌的上述滤液中。此时，随着反应的进行，生成大量 $CaCO_3$，不停搅拌并补充少量水(维持总体积不超过 200 mL)维持体系呈现液态。随后，使用 G3 抽滤漏斗抽滤，得到 200 mL 饱和 KClO 溶液。

(3)称取 45 g KOH 溶于 50 mL 超纯水中，冷却至室温后加入上述饱和 KClO 溶液，形成 250 mL 碱性饱和 KClO 溶液。

(4)称取 5 g Fe-Mt 缓慢加入上述碱性饱和 KClO 溶液中，冰水浴搅拌 2 h，静置 30 min 后在 5000 r/min 下离心 5 min 得到粗产品，并用无水乙醇和正己烷洗涤多次，去除残留的无机盐离子，冷冻干燥研磨后，避光保存在干燥器中待用，将其定义为高铁黏土 A，符号为 Fe(VI)-clay-A。

假定有 80%的活性 Fe 被氧化成为 Fe(VI)，则单位高铁黏土 A 中的高铁酸钾含量为 113 mg。

1.2.2.2 高铁黏土 B 的制备

(1)称取 5 g Na-Mt 溶于 100 mL 超纯水中，待分散均匀后，加入 8.4 g 十六烷基三甲基溴化铵，于 60℃水浴搅拌 12 h，冷却至室温后，悬浊液在 9000 r/min 条件下离心 10 min，摒弃掉上层液体。将离心过后的黏土用无水乙醇洗 3 次、纯水洗 2 次，以便去除多余的十六烷基三甲基溴化铵。随后，保持适当的固液比使其形成匀浆后，使用 3500DA 的透析袋透析，每 4~6 h 更换透析液。当 Br^- 检测呈阴性(0.1 mol/L 硝酸银溶液检测至无丁达尔效应)时，105℃干燥研磨置于干燥器中备用。将有机改性的蒙脱石定义为有机改性蒙脱石，符号为 CTAB-Mt。

(2) 称取 3.57 g K_2FeO_4、2 g CTAB-Mt，溶于 100 mL 无水乙醇中，搅拌 3 h，低速离心后冷冻干燥研磨，避光保存在干燥器中待用。我们将其定义为高铁黏土 B，符号为 Fe(Ⅵ)-clay-B。单位高铁黏土中的高铁酸钾含量为 0.64 g。

1.2.2.3　傅里叶变换红外光谱(FT-IR)分析

将 Na-Mt、Fe-Mt 和 CTAB-Mt 作为一组，制得的高铁黏土作为另一组进行 FT-IR 分析。

由图 1.8 可以看出，Fe-Mt 的红外光谱与之前 Na-Mt 的红外光谱基本一致，峰形没有明显变化。但波数在 700 cm^{-1} 左右曲线走势略微不同，这可能是由于三价铁离子进入到层间造成的，而 CTAB-Mt 在 2852 cm^{-1} 和 2925 cm^{-1} 出现特征吸收峰。该吸收峰归属于长碳链中—CH_2—基团的 C—H 对称伸缩和反对称伸缩振动，1489 cm^{-1} 为 C—H 的弯曲振动峰，这些峰的出现都表明 CTAB 成功进入蒙脱石层间[41]。1649 cm^{-1} 处出现的较弱的吸收峰和 3300~3500 cm^{-1} 处出现较宽的衍射峰为羟基吸收峰，可能是由于检测样品过程中吸收了空气中的水分所致或者样品内部发生化学反应产生的 $Fe(OH)_3$ 所致。图 1.8(b) 中，高铁酸钾 (potassium ferrate，PF) 1384 cm^{-1} 处强特征峰归属为 K_2FeO_4 晶体中 Fe—O 键 $V_3(F2)+V_4(F2)$ 振动频率[42, 43]。然而，在 Fe(Ⅵ)-clay-A 中其特征峰由尖峰转变为弱强吸收宽带，在 Fe(Ⅵ)-clay-B 中该特征峰值强度减弱，这可能是由于空间位阻效应迫使邻近基团间的键角改变导致振动谱带的偏移，并使得吸收波数升至 1404 cm^{-1} 左右。进一步说明，Fe(Ⅵ)-clay-A 和 Fe(Ⅵ)-clay-B 中的 Fe—O 键是存在于蒙脱石层间的。同样，在 884 cm^{-1} 肩峰归属为 FeO_4^{2-} 的特征峰，但是，在 Fe(Ⅵ)-clay-A 和 Fe(Ⅵ)-clay-B 的样品中，相较于 PF 该特征峰值强度减弱并且波数向左移动上升到 910 cm^{-1}。620 cm^{-1} 和 812 cm^{-1} 同样归属为 K_2FeO_4 晶体中 Fe—O 键特征吸收峰，在 Fe(Ⅵ)-clay-A 和 Fe(Ⅵ)-clay-B 中，620 cm^{-1} 处特征吸收峰完全消失，812 cm^{-1} 处几近消失。

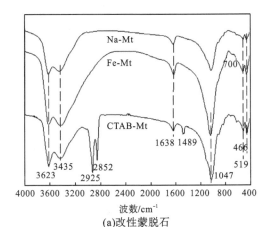

(a)改性蒙脱石

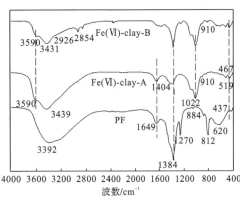

(b)高铁黏土

图 1.8　改性蒙脱石和高铁黏土的 FT-IR 分析

1.2.2.4　X 射线衍射(XRD)分析

我们对制得的高铁黏土进行测试，测试条件同 1.2.2.3 节。

由图 1.9 可以得出，Na-Mt 经过改性后，层间距 d(001) 数值增大。其中 Fe-Mt d(001) 的为 1.878 nm，CTAB-Mt 为 2.063 nm。而层间距的增大，表明 Fe^{3+} 和 CTAB 这些带正电的离子取代了部分 Na^+ 插入到 Na-Mt 层间域中并弥补其过多的负电荷。同时随着层间距的增大，蒙脱石的吸附及后改性能力提高[44]。但是，Fe-Mt 的主衍射峰变宽，强度下降，这可能是在透析的过程中，发生式(1-1)的反应，即 Fe^{3+} 会缓慢水解生成 $Fe(OH)_3$ 使得晶体结构稳定性降低，表面变得更加不均匀使内应力增加所导致。CTAB-Mt 的主衍射峰峰形尖锐并且强度提高，这可能是由于层间 CTAB 分子排列有序，结构较为均一。同时，两者层间距差异可能是由于 CTAB 的分子直径较 Fe^{3+} 和 $Fe(OH)_3$ 略大所导致。

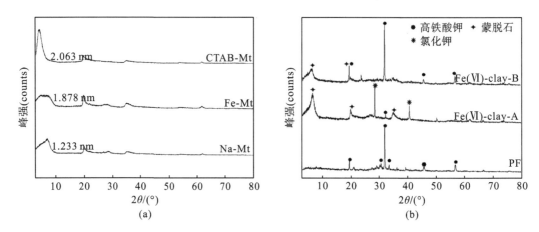

图 1.9 改性蒙脱石和高铁黏土的 XRD 分析

$$Fe^{3+} + \cdot OH^- \longrightarrow \cdot Fe(OH)_3 \tag{1-1}$$

在原位合成的 Fe(Ⅵ)-clay-A 中，2θ 为 28.38°、40.56°、50.20° 的衍射峰与 PDF#41-14776 的 Sylvite. syn KCl 相匹配，这表明在 Na-Mt 中在发生了如式(1-2)的反应[45]，在原位合成生成 K_2FeO_4 的同时伴生了一定数量的 KCl。2θ 在 32.16° 处的衍生峰为 K_2FeO_4 的特征衍射峰，强度为 123，相较于 PF(高铁酸钾标准品)，其衍射峰略微发生右移，这可能是 K_2FeO_4 在层间域空间受阻、晶面间距减小所导致。并且与 Na-Mt 相比，其蒙脱石的 d(001) 衍射峰尖锐，并且通过布拉格方程计算的层间距变小，这表明层间域上原位生成了 K_2FeO_4。在吸附合成的 Fe(Ⅵ)-clay-B 中，相较于 CTAB-Mt 而言，其蒙脱石 d(001) 衍射峰展宽，并且强度下降，表明由于 CTAB-Mt 吸附 K_2FeO_4 后，整体晶体尺寸不均一，但是 Fe(Ⅵ)-clay-B 中 K_2FeO_4 的衍射峰与 PF 中较为一致，这可能是吸附过程只发生在 CTAB-Mt 表面及片层边缘处，K_2FeO_4 并未进入层间域中。

$$2Fe(OH)_3 \cdot + 3KClO \cdot + 4KOH \longrightarrow 2K_2FeO_4 \cdot + 3KCl \cdot + 5H_2O \tag{1-2}$$

1.2.2.5 扫描电镜(SEM)分析

为了获得商品 K_2FeO_4 的形貌特征，我们将其镀金进行样品测试，测试结果如图 1.10 所示。由图 1.10 可以看出，K_2FeO_4 晶体分为两种，一种是长度为 0.5～3 μm 的短棒体或片状外形，另一种呈不规则的四面体块状结构，且晶体形态饱满，大小为 5～10 μm。两者共同堆积形成一些 30～50 μm 的表面具有微小凹坑的大颗粒。O、K、Fe 是 K_2FeO_4 的主要组成元素，而其他杂质元素 Ta 和 Au 可能是由于制样过程中喷涂在 K_2FeO_4 表面所留下的。

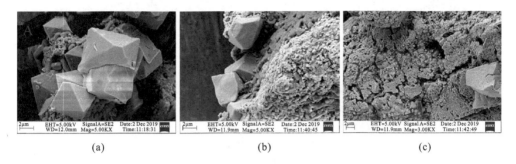

(a)　　　　　　　　　　(b)　　　　　　　　　　(c)

图 1.10　高铁酸钾的扫描电镜图

明确 K_2FeO_4 的形貌特征后，我们对制得的改性蒙脱石和高铁黏土进行了形貌表征得到图 1.11。其中，图 1.11(a) 和图 1.11(b) 代表 Fe-Mt；图 1.11(c) 和图 1.11(d) 代表 Fe(VI)-clay-A；图 1.11(e) 和图 1.11(f) 代表 CTAB-Mt；图 1.11(g) 和图 1.11(h) 代表 Fe(VI)-clay-B。在原位合成高铁黏土体系中，与图 1.7 中 Na-Mt 相比，Fe-Mt 的表面变得更加粗糙，出现了一些薄厚不同片层结构相互叠加的现象，这些薄片通过边缘端与片层面或者边缘端与边缘端形成了分布不均匀、形状不规则的孔洞。这些孔洞的直径范围为 0.2～0.7 μm。氧化过后形成 Fe(VI)-clay-A，由图 1.11(c) 和图 1.11(d) 可以看出，在孔洞中出现了一些与图 1.10 类似的不规则的四面体及短棒状晶体，这些 K_2FeO_4 的颗粒范围为 0.5～3 μm，较商品 K_2FeO_4 的小。这可能是由层间距中的 Fe^{3+} 和 $Fe(OH)_3$ 所生成的 K_2FeO_4 晶体生长受到空间局限所致。同时，Fe(VI)-clay-A 中孔洞结构的复杂度提升，可能是随着晶体不断长大，层剥离现象加大，产生了大量的不规则凹凸结构并且表面的粗糙度显著提升。在柱撑吸附合成高铁黏土体系中，与图 1.7 中 Na-Mt 相比，CTAB-Mt 的表面形貌发生较大变化，表现为大小不一的碎屑状集合体，与 Fe-Mt 相比，其边缘卷曲度增强，杂乱无序度增加，在聚合体薄片的片层边缘堆积而形成孔洞，直径为 0.3～1.5 μm。在无水乙醇体系中添加商品 K_2FeO_4 后形成 Fe(VI)-clay-B，由图 1.11(e) 和图 1.11(f) 可以看出，碎屑片状结构通过无水乙醇分散后很好地将 K_2FeO_4 的晶体包裹起来，但是由于 K_2FeO_4 的晶体较大，吸附主要发生在 CTAB-Mt 表面及片层边缘处，这使得 XRD 图谱上其 K_2FeO_4 的特征峰与 K_2FeO_4 一致。

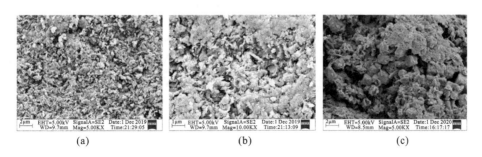

(a)　　　　　　　　　　(b)　　　　　　　　　　(c)

(d) (e) (f)

(g) (h)

图 1.11 改性蒙脱石和高铁黏土的 SEM 分析

1.2.2.6 X 射线光电子能谱(XPS)分析

测试采用单色化的 Al-Kα 源(Mono Al-Kα)，能量为 1486.6 eV，10 mA×15 kV，束斑大小为 500 μm，扫描模式为 CAE，扫描 4 次，所得数据曲线利用 Thermo Avantage 软件对其进行一次平滑后，所有结合能值均以 284.80 eV 处的 C1s 峰为参考得到如图 1.12 所示的 Fe 元素的高分辨精细谱图。

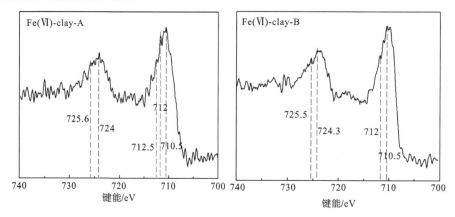

图 1.12 高铁黏土的 XPS 能谱图

由图 1.12 可看出，Fe(Ⅵ)-clay-A 和 Fe(Ⅵ)-clay-B 中都存在着 Fe(Ⅵ)的 Fe2p3/2 和 Fe2p1/2 结合能，分别出现在 712.5 eV、712 eV 和 725.5 eV 处[46, 47]，说明在材料的表面存在着一定量的 Fe(Ⅵ)。然而，结合能在 724 eV 和 710.5 eV 处则表示 Fe(Ⅲ)类物质的结合能，这可能是由于在样品制备测试的过程中 Fe(Ⅵ)的自分解形成核/壳结构(γ-Fe$_2$O$_3$/γ-FeOOH)等物质[48]。

1.2.3　材料的筛选与初步应用

1.2.3.1　材料氧化性分析

1. 循环伏安法(cyclic voltammetry，CV)分析

本书采用经典三电极系统，其中，工作电极(working electrode，WE)上涂好事先用导电胶分散好的高铁黏土并放置于干燥器中待用，对电极(counter electrode，CE)为铂片，参比电极(reference electrode，RE)为饱和硫酸亚汞电极。实验过程中，我们将扫描速度控制在 0.05 V/s，扫场范围为-1.5~1.5V，反应溶液为 CFZ 溶液，得到如图 1.13 所示的循环伏安曲线。

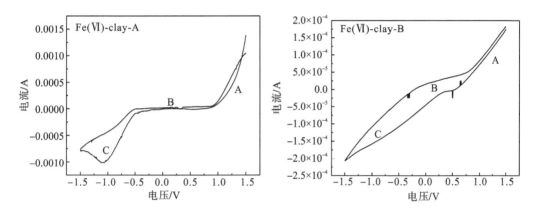

图 1.13　高铁黏土的循环伏安曲线

由图 1.13 可知，Fe(Ⅵ)-clay-A 和 Fe(Ⅵ)-clay-B 都有明显的阴极还原峰，氧化还原峰电势为-1.1 V 和 0.5 V。这表明该过程中，Fe(Ⅵ)发生的单电子和多电子反应生成其他低价态的 Fe[49, 50]。有关研究表明，在整个循环伏安曲线中，A 区域中主要发生 Fe(0)↔Fe(Ⅵ)，B 区域中主要发生 Fe(Ⅵ)↔Fe(Ⅲ,Ⅱ)，C 区域中主要发生 Fe(Ⅵ)生成其他低价态的 Fe[51]。但是，Fe(Ⅵ)-clay-B 较 Fe(Ⅵ)-clay-A 的响应电流低，这可能会影响其后期的应用。

2. 高效液相定性分析

经过 CV 分析后，我们可以得出在工作电极表面微观反应为氧化反应，初步证明 Fe(Ⅵ)-clay-A 和 Fe(Ⅵ)-clay-B 具有一定的氧化性。为了进一步筛选出性能优良的高铁黏土材料，我们做了以下工作。

(1)精确称取 0.05 g CFZ 定容在 500 mL 棕色容量瓶中，形成 100 mg/L 的 CFZ 储备液，4℃低温下可保存 5~7d。高效液相定性分析参数为：C18 反相柱(5 μm，4.6 mm×150 mm)，流动相为乙腈/0.1%体积分数甲酸(体积比为 20:80)，柱温为 25℃；紫外检测波长为 254 nm；流速为 1 mL/min；进样量为 20 μL。

(2)高铁黏土材料初步应用在 250 mL 锥形瓶中进行。在搅拌器上放置事先用锡箔纸

包裹好的锥形瓶，在低速搅拌的条件下，加入实验所需质量的高铁黏土，在 30 min 时取样，过 0.45 μm 玻璃纤维滤膜后直接上机器测试。

上机测试后我们得到如图 1.14 所示的实时色谱图。由图 1.14 我们可以看出，PF、Fe(Ⅵ)-clay-A 和 Fe(Ⅵ)-clay-B 均出现了类似的色谱图，4.58 min 是 CFZ 在该测试条件下的特征色谱峰。在 1.68 min、2.0 min、4 min、6.15 min 出现了一些降解产物片段峰。这充分说明，Fe(Ⅵ)-clay-A 和 Fe(Ⅵ)-clay-B 与 PF 类似，存在着氧化降解 CFZ 的能力。

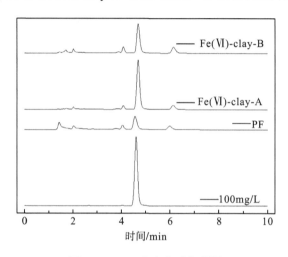

图 1.14　CFZ 分离实时色谱图

1.2.3.2　材料的初应用及结果

(1) 先使用移液管移取一定量的 CFZ 储备液于 50 mL 棕色容量瓶中，配置成 10 mg/L、20 mg/L、40 mg/L、60 mg/L、80 mg/L、100 mg/L 高浓度工作使用液。利用高效液相色谱仪进行定量分析，测试条件与 1.2.3.1 节相同，得到工作曲线。

(2) 同 1.2.3.1 节中操作相同，将材料投加量 (0.1 g) 和高铁投加当量 (0.1 g) 作为因变量，开展降解试验。每隔 30 min 取样，过 0.45 μm 玻璃纤维滤膜后，滴加 2～3 滴 0.1 mol/L 硫代硫酸钠来终止反应，保存于 2 mL 棕色色谱瓶中上机待测。以 CFZ 含量为纵坐标，取样时间为横坐标，得到高铁黏土的初步降解曲线如图 1.15 所示。

图 1.15(a) 代表相同材料投加量情况下的 CFZ 浓度随时间变化的曲线图。在 180 min 内，相较于 PF，Fe(Ⅵ)-clay-A 和 Fe(Ⅵ)-clay-B 表现出良好的缓释性能。降解速率较为平稳。图 1.15(b) 代表相同高铁投加量，相较于 PF，Fe(Ⅵ)-clay-A 和 Fe(Ⅵ)-clay-B 表现出较为不同的降解性能。Fe(Ⅵ)-clay-A 的缓释性能平稳，这主要是因为相对体积较大，在搅拌过程中，形成了良好的固液接触，使其发挥良好性能。与此同时，Fe(Ⅵ)-clay-B 中 K_2FeO_4 颗粒较大，吸附发生在 Mt 的片层边缘部分，其自分解能力较 Fe(Ⅵ)-clay-A 强，影响其效能。

结合 Fe(Ⅵ)-clay-A 和 Fe(Ⅵ)-clay-B 在定性分析和初步应用中的效能，我们选取 Fe(Ⅵ)-clay-A 作为后续研究的高铁黏土材料。

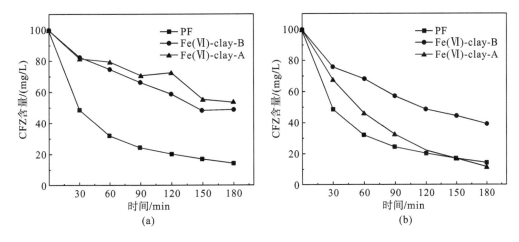

图 1.15　CFZ 初步降解曲线

1.3　高铁黏土降解水中的头孢唑林

1.3.1　实验方法

1.3.1.1　反应时间对 CFZ 降解的影响

取 100 mg/L 的 CFZ 储备液 100 mL,分别加入 6 个锡箔纸包裹好的 250 mL 锥形瓶中,开启磁力搅拌器电源,进行低速磁力搅拌。然后向锥形瓶中分别添加 0.25 g、0.50 g、0.75 g、1.00 g、1.25 g 的 Fe(Ⅵ)-clay-A 粉末。对上述混合体系每隔 30 min 取样,水样通过 0.45 μm 水系滤膜后,滴加 2~3 滴 0.1 mol/L 的硫代硫酸钠溶液终止反应,保存在 2 mL 棕色色谱小瓶中上机测试。重复测定三次。

1.3.1.2　Fe(Ⅵ)-clay-A 投加量对 CFZ 降解的影响

取 100 mg/L 的 CFZ 储备液 100 mL,分别加入 6 个锡箔纸包裹好的 250 mL 锥形瓶中,开启磁力搅拌器电源,进行低速磁力搅拌。然后向锥形瓶中分别添加 0.25 g、0.50 g、0.75 g、1.00 g、1.25 g 的 Fe(Ⅵ)-clay-A 粉末。上述混合体系,在 1.3.1.1 节研究确定的最佳时间取样,水样通过 0.45 μm 水系滤膜后,滴加 2~3 滴 0.1 mol/L 的硫代硫酸钠溶液终止反应,保存在 2 mL 棕色色谱小瓶中上机测试。重复测定三次。

1.3.1.3　不同 pH 条件对 CFZ 降解的影响

取 100 mg/L 的 CFZ 储备液 100 mL,分别加入 5 个锡箔纸包裹好的 250 mL 锥形瓶中,使用 0.1 mol/L 硫酸/氢氧化钾体系调节 pH 分别为 3.0、5.0、7.0、9.0 和 11.0,稳定 10 min 后备用。上述混合体系,在 1.3.1.2 节研究确定的最佳投加量、1.3.1.1 节研究确定的最佳时间下进行。反应完成后,水样通过 0.45 μm 水系滤膜,滴加 2~3 滴 0.1 mol/L 的硫代硫酸钠溶液终止反应,保存在 2 mL 棕色色谱小瓶中上机测试。重复测定三次。

1.3.1.4　响应曲面实验设计

鉴于单因素实验只能确定实验参数的大致范围,本书拟采用响应曲面法对降解条件进行进一步优化。响应曲面法(response surface method,RSM)也称回归设计,是一种优化随机过程的统计学试验方法,该法的优点是可以连续地对各影响因素进行分析,克服了正交试验只能对一个个孤立点进行分析而不能给出直观图的缺陷,被广泛应用于实验设计和工艺优化研究中。

单因素实验已基本确定了各个影响因素的中心点,根据中心组合设计(central composite design)原理,接下来我们将以反应时间、Fe(Ⅵ)-clay-A 投加量、pH 为自变量,CFZ 降解率为因变量,设计三因素三水平的响应曲面实验,具体因素水平如表 1.5 所示。

表 1.5　响应曲面因素实验水平表

水平	因素		
	反应时间/min	pH	Fe(Ⅵ)-clay-A 投加量/g
−1	120	5.0	0.50
0	150	7.0	0.75
1	180	9.0	1.00

通过响应曲面设计软件一共得到 17 组实验,其中析因实验 12 组,中心误差实验 5 组,具体实验方案及结果如表 1.6 所示。

表 1.6　响应曲面实验方案及结果

实验编号	反应时间/min	pH	Fe(Ⅵ)-clay-A 投加量/g	CFZ 降解率/%
1	150	5.0	0.50	77.87
2	150	9.0	0.50	74.57
3	150	7.0	0.75	87.39
4	120	9.0	0.75	83.02
5	150	5.0	1.00	92.13
6	180	7.0	0.50	65.97
7	150	7.0	0.75	86.45
8	120	7.0	0.50	59.07
9	180	9.0	0.75	89.73
10	150	7.0	0.75	87.07
11	180	5.0	0.75	85.97
12	120	5.0	0.75	88.50
13	180	7.0	1.00	89.97
14	150	7.0	0.75	86.80
15	150	9.0	1.00	91.12
16	120	7.0	1.00	88.70
17	150	7.0	0.75	88.50

1.3.2　影响因素

1.3.2.1　反应时间对 CFZ 降解效果的影响

为探究反应时间对 CFZ 降解效果的影响，控制体系 CFZ 浓度为 100 mg/L，分别加入不同质量的 Fe(VI)-clay-A，每 30 min 取样，CFZ 浓度随时间变化曲线如图 1.16 所示。

从图 1.16 可以看出，Fe(VI)-clay-A 在整个反应体系表现出较强的氧化性。在前 30 min 内，CFZ 的浓度下降较快，当反应小于 120 min 时，Fe(VI)-clay-A 对 CFZ 的降解随着时间的变化存在显著变化，而当反应时间大于 120 min 时，降解速率降低，降解过程中生成众多降解产物，与 CFZ 分子共同竞争，与此同时，将 Fe(VI)-clay-A 加入 CFZ 溶液当中，随着反应的进行，溶液逐渐由无色透明转变为略微偏黄色，这说明溶液中存在一定量的三价铁，催化 Fe(VI)-clay-A 中 Fe(VI) 发生自分解反应，导致降解过程逐渐平稳。当反应达到 150 min 以后，反应基本结束。事实上，我们在体系反应 12 h 后取样，CFZ 已经完全矿化。这表明 Fe(VI)-clay-A 表现出很好的缓释降解能力。

在后续的实验中，为了保证良好的去除效果同时又节约时间，我们选择 150 min 为最佳反应时间。

1.3.2.2　材料投加量对 CFZ 降解效果的影响

CFZ 溶液初始浓度为 100 mg/L，Fe(VI)-clay-A 投加量分别为 0.25 g、0.50 g、0.75 g、1.00 g、1.25 g、1.50 g，反应时间控制在 150 min。考察对不同材料投加 CFZ 溶液降解的影响。CFZ 降解率随投加量变化曲线如图 1.17 所示。

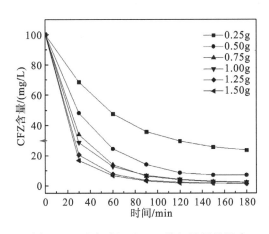
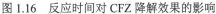
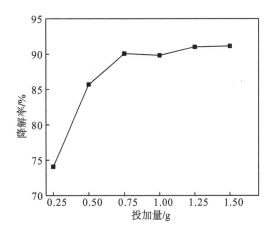

图 1.16　反应时间对 CFZ 降解效果的影响　　　　　图 1.17　投加量对 CFZ 降解效果的影响

从图 1.17 可以看出，在不同投加量下，Fe(VI)-clay-A 对 CFZ 的降解率存在着显著性差异。当投加量低于 0.75 g 时，CFZ 的降解率随着 Fe(VI)-clay-A 的投加量增加而逐渐增加。当投加量达到 0.75 g 时，CFZ 降解率达到 90%。然而，增大投加量，降解效果并没有得到显著提升。

本实验中，确定 Fe(Ⅵ)-clay-A 投加量为 0.75 g 是最佳投加量。

1.3.2.3　溶液 pH 对 CFZ 降解效果的影响

CFZ 溶液初始浓度为 100 mg/L，Fe(Ⅵ)-clay-A 投加量为 0.75 g，调节溶液 pH 为 3.0、5.0、7.0、9.0、11.0，考察溶液 pH 对 CFZ 降解的影响，其他实验步骤同上。CFZ 降解率随 pH 变化曲线如图 1.18 所示。

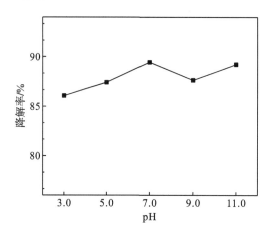

图 1.18　pH 对 CFZ 降解效果的影响

由图 1.18 可知，CFZ 的降解率受溶液 pH 的影响并不大。在本体系探讨中，在 pH 为 3.0～11.0 时，CFZ 降解率随之增加，且呈现出先增加再降低而后再增加的趋势，但都为 85%～90%，无明显差别。这可能是由于 Fe(Ⅵ)-clay-A 中的有效成分 K_2FeO_4 发生式(1-3) 的反应[52]，减弱了 pH 的影响：

$$4K_2FeO_4 + 10H_2O = 4Fe(OH)_3 + 8KOH + 3O_2 \qquad (1-3)$$

同时，Fe(Ⅵ)-clay-A 中的 K_2FeO_4 的氧化能力和稳定性容易受 pH 的影响。在酸性条件下，Fe(Ⅵ)-clay-A 中有效成分氧化还原能力较强，稳定性较差。同时，当水体环境中 pH<4.0 时，CFZ 在水环境体系中主要以未电离分子态形式存在[53]，这导致反应体系能垒较高，降解率较低。碱性条件下，降解能力较差是因为 Fe(Ⅵ)-clay-A 中有效成分的氧化还原电位较低，氧化能力较弱。但是，CFZ 在强碱性环境中，容易发生自身水解，降低反应能垒，使其降解率增加[54]。

在实际应用中，我们考虑到酸碱性环境对水处理设备的要求更高，确定最佳初始 pH 为 7.0。

1.3.3　响应曲面实验

1. 回归模型方差分析

利用响应曲面设计软件对所得实验数据进行分析，经多元回归拟合后可得相应编码因素的回归方程：

$$R_1 = 87.24 + 1.54 \times A - 0.7562 \times B + 10.56 \times C + 2.31 \times AB - 1.41 \times AC +$$
$$0.5675 \times BC - 4.22 \times A^2 + 3.78 \times B^2 - 7.10 \times C^2 \tag{1-4}$$

式中，R_1 为 CFZ 降解率(%)；A 为反应时间；B 为 pH；C 为 Fe(Ⅵ)-clay-A 投加量。

得到相应回归方程反应式后，对所得结果的方差进行分析，具体结果如表 1.7 所示。

表 1.7　回归模型方差分析

方差来源	平方和	自由度	均方	F	P	显著性
模型 Model	1289.03	9	143.23	14.27	0.0010	显著
A	19.07	1	19.07	1.90	0.2111	
B	4.58	1	4.58	0.46	0.5203	
C	891.69	1	891.69	88.82	<0.0001	
AB	21.34	1	21.34	2.13	0.1882	
AC	7.92	1	7.92	0.79	0.4038	
BC	1.29	1	1.29	0.13	0.7307	
A^2	74.93	1	74.93	7.46	0.0293	
B^2	60.21	1	60.21	6.00	0.0442	
C^2	212.01	1	212.01	21.12	0.0025	
残差	70.28	7	10.04			
失拟项	67.82	3	22.61	36.81	0.0023	显著
纯误差	2.46	4	0.61			
总变异	1359.31	16				

表 1.7 为头孢唑林降解率回归模型方差分析结果。由表 1.7 可以看出，该模型的 P 为 0.0010，并且预测方程回归显著。式(1-4)的回归相关性系数 R^2=0.9483，预测值与实际值之间相关性比较好，可以满足 CFZ 降解实验的预测和分析及工业实际应用。式(1-4)中的显著差异的影响因素分别是 Fe(Ⅵ)-clay-A 投加量>反应时间>pH。其中 Fe(Ⅵ)-clay-A 投加量为极显著，代表其直接决定着目标污染物质 CFZ 的降解效率。其他 A^2、B^2、C^2 均为显著性，这表明因素之间存在一定的相互影响作用。

2. 响应面结果分析

利用 Design-Expert 11 对数据进行响应面分析得到图 1.19～图 1.24，并分析各影响因素对 CFZ 降解效果的影响。

(1)反应时间的影响。当反应时间控制在 120～150 min 时，CFZ 的降解速率随着反应时间的增加而显著增加，然而在 150～180 min，CFZ 的降解逐渐趋于饱和，随着时间的增加而缓慢增加。

(2)pH 的影响。在方差分析中，pH 的平方和为 4.6，这表明 pH 为 5.0～9.0 时，其并不是一个显著影响 CFZ 降解的因素，这与单因素实验规律类似，这可能是由于 Fe(Ⅵ)-clay-A 中的有效成分 K_2FeO_4 发生式(1-3)中的反应[52]，减弱了 pH 的影响。

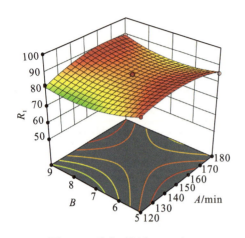

图 1.19　反应时间和 pH 对
CFZ 降解率影响的响应面图

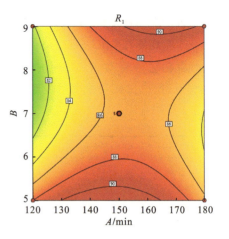

图 1.20　反应时间和 pH 对
CFZ 降解率影响的等高线

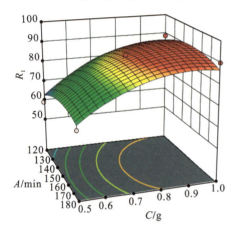

图 1.21　反应时间和 Fe(Ⅵ)-clay-A 投加量
对 CFZ 降解率影响的响应面图

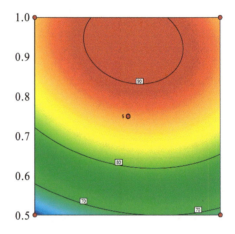

图 1.22　反应时间和 Fe(Ⅵ)-clay-A 投加量
对 CFZ 降解率影响的等高线图

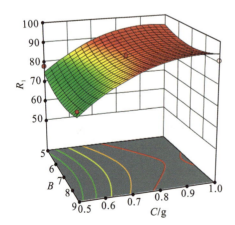

图 1.23　pH 和 Fe(Ⅵ)-clay-A 投加量
对 CFZ 降解率影响的响应面图

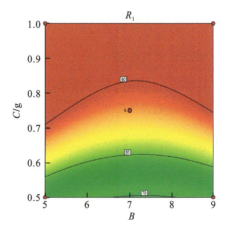

图 1.24　pH 和 Fe(Ⅵ)-clay-A 投加量
对 CFZ 降解率影响的等高线图

（3）Fe(Ⅵ)-clay-A 投加量的影响。Fe(Ⅵ)-clay-A 对整个降解体系有着重要的影响。与反应时间的影响因素有着类似的结果，即在单位体量下，CFZ 降解率随着 Fe(Ⅵ)-clay-A 投加量的增加而增加，在 Fe(Ⅵ)-clay-A 的投加量达到 0.75 g 后，降解率有着显著提高，但继续投加 Fe(Ⅵ)-clay-A，CFZ 降解率并不会显著升高。

3. 响应面结果论证性实验

通过模拟方程计算，确定最优降解条件：反应时间为 137 min，pH=5.16，Fe(Ⅵ)-clay-A 投加量为 0.79 g，此时，CFZ 的理论降解率为 92.28%。

验证响应曲面模型对 CFZ 降解率预测值的准确性：CFZ 初始浓度为 100 mg/L，调节溶液 pH=5.16，控制 Fe(Ⅵ)-clay-A 投加量为 0.79 g，保持反应时间为 137 min，水样通过 0.45 μm 水系滤膜后，滴加 2～3 滴 0.1 mol/L 的硫代硫酸钠溶液终止反应，保存在 2 mL 棕色色谱小瓶中上机测试。重复测定三次。CFZ 降解率的平均值为 89.84%，与预测值相比偏差 3.44%。由此可得，此模型对 CFZ 降解率最佳运行条件的优化是真实可靠的。

1.4　高铁黏土对头孢唑林降解机理研究

1.4.1　降解机理研究方法

1.4.1.1　光谱学分析实验

在 1.3.3 节确定的最优降解条件下，开展 CFZ 溶液的降解过程光谱学研究。取 100 mL、100 mg/L 的 CFZ 溶液于 250 mL 的避光锥形瓶中，使用 0.1 mol/L 硫酸/氢氧化钾体系调节 pH 为 5.16，控制 Fe(Ⅵ)-clay-A 的投加量为 0.79 g，在规定的时间内进行取样，进行紫外-可见光谱、傅里叶变换红外光谱和三维荧光光谱测定。具体的测定条件如表 1.8 所示。

表 1.8　光谱学测定条件

测试内容	测试条件	备注
紫外-可见光谱	扫描范围为 190～800 nm	反应液使用 0.45 μm 水系滤头过滤
傅里叶变换红外光谱	溴化钾压片法（$m_{样品}:m_{KBr}$=1∶200） 波数范围为 400～4000 cm^{-1}	反应液离心后过 0.45 μm 水系滤头，冷冻干燥反应液
三维荧光光谱	激发波长 E_x=200～600 nm；发射波长 E_m=200～600 nm 扫描步长为 5 nm，狭缝宽 5 nm，响应时间为 0.1 s	反应液使用 0.45 μm 水系滤头过滤

1.4.1.2　质谱分析实验

在 1.3.3 节确定的最优降解条件下对 CFZ 溶液的降解开展质谱学研究。取 100 mL、100 mg/L 的 CFZ 溶液于 250 mL 的避光锥形瓶中，用 0.1 mol/L 硫酸/氢氧化钾调节 pH 为 5.16，控制 Fe(Ⅵ)-clay-A 的投加量为 0.79 g，在 70 min 和 137 min 时进行取样。

由于含无机离子和水溶液的样品都不能直接采用 GC-MS 进行测定，我们使用固相萃取技术对样品进行前处理，使其达到进样要求。具体操作如下：①将上述反应过后的混合体系进行离心分离，之后过 0.45 μm 纤维滤膜后形成 100 mL 液体；②用盐酸对所得到的溶液调节 pH 为 3；③将固相萃取小柱插入萃取仪歧管上，萃取前先使用 5 mL 甲醇和 5 mL 超纯水对其进行活化；④活化后上样，保证萃取小柱不可以抽干，同时以 5 mL/min 的速度通入样品液；⑤上样结束后，使用 5 mL 超纯水以 2～3 mL/min 的速度淋洗萃取小柱，以便去除水溶性杂质，并用氮气干燥 30 min；⑥利用 6 mL 甲醇进行洗脱，将洗脱液氮吹至近干后利用甲醇转移定容至 1 mL，GC-MS 上机测试。GC-MS 测试条件如表 1.9 所示。

表 1.9　GC-MS 测定条件

项目名称	参数条件
色谱柱	DB-5MS 型 5%苯甲基硅氧烷弹性石英毛细管(30 m×0.25 mm×0.25 μm)
进样量	1 μL
进样模式	不分流进样
载气及流速	氦气，1.0 mL/min
升温程序	初始 40℃保持 2 min，然后以 10℃/min 升至 290℃保持 1 min
离子源	25℃
电离电压	70 eV
电子倍增器电压	1447 V
离子源	EI 源
扫描方式	SCAN，质荷比扫描范围为 35～550 amu

1.4.1.3　密度泛函理论计算

有关研究表明，Fe(Ⅵ)对有机物中富电子的基团具有较强的活性[55]。通过 Gaussian 09 软件，采用 B3LYP6-31G(d, p) 函数基组和积分连续介质模型(integral equation formalism polarizable continuum model，IEFPCM)预测 CFZ 分子在水中最高占据分子轨道(highest occupied molecular orbital，HOMO)和最低未占据分子轨道(lowest unoccupied molecular orbital，LUMO)的 FEDs 值，进而得到前线电子密度，通过 $2FED^2_{HOMO}$、$2FED^2_{LUMO}$ 和 $(FED^2_{HOMO}+FED^2_{LUMO})$ 来判断其化学反应位点。

1.4.2　光谱分析

1.4.2.1　紫外-可见光谱(UV-Vis)分析

由图 1.25 中不同阶段 UV-Vis 可以得出，CFZ 溶液在 200 nm 和 270 nm 处有两处明显的响应峰值。然而，在降解过程中，与我们之前采用电晕放电技术对 CFZ 溶液降解研究不同的是，270 nm 处的吸收峰值强度不仅发生减弱，还伴随着红移。这可能是由于 Fe(Ⅵ)-clay-A 的投加使得反应液的 pH 呈现碱性环境。而有关研究表明，一些具有酸碱性的化合物在碱性溶液中，助色基团的助色效应增强，产生 λ_m 红移[56]。以上原因导致 CFZ 这种酸碱性化合物在 270 nm 处产生了 λ_m 红移。而吸光度值的降低，则表明分子结构发生形变，共轭结构体系被打破。CFZ 分子发生了氧化分解。与此同时，在 330~450 nm 处的吸收值增加，则是由于 Fe(Ⅵ)-clay-A 中的 Fe(Ⅵ)转化为 Fe(Ⅲ)被缓慢释放到溶液中导致。而在 200 nm 处，在降解过程中发生了增色效应，吸收度值由 3.05 增加到 3.45，并且吸收峰由 200 nm 右移到 210 nm 处，但并不随着降解过程的深入而发生显著变化，这可能同样是由 Fe(Ⅲ)所引起的。

1.4.2.2　红外光谱分析

对 Fe(Ⅵ)-clay-A 降解 CFZ 不同时间段内提取出来的冻干物质进行红外光谱图测试，得到图 1.26。从图 1.26 可以看出，与 CFZ 标准品相比较，降解过程中的冻干物质的红外光谱图有着显著性变化，不同时间段的冻干物质的光谱图有着一定相似性，但仍有差异。由图 1.26 可知，CFZ 在 1184 cm^{-1} 处的特征峰值归属于 C—N 或酰基中 C—N 伸缩振动；1385 cm^{-1} 处尖锐特征峰归属于—CH$_3$ 的面内剪式摆动[57]；1602 cm^{-1} 附近的吸收峰归属于 COONa 的 $v_{as}(COO^-)$ 不对称伸缩振动[58]；1762 cm^{-1} 附近的特征吸收峰对应于 β-内酰胺环上 C=O 的 $v(C=O)$ 振动[57]；3291 cm^{-1} 和 1667 cm^{-1} 处归属于酰胺类的—NH 和酰胺 Ⅰ 带 N—H 的伸缩振动；3425 cm^{-1} 和 3291 cm^{-1} 分别归属于—NH$_2$、—NH(缔合)的伸缩振动强吸收宽带[59]。在不同降解阶段的冻干物质中，在 703 cm^{-1}、883 cm^{-1}、1060 cm^{-1}、1445 cm^{-1}、1600 cm^{-1}、3235 cm^{-1} 处出现特征峰值。其中，703 cm^{-1} 处可能归属于端基炔的 C—H 面外弯曲振动或 SO$_3^{2-}$ 的吸收谱带；883 cm^{-1} 和 1445 cm^{-1} 对应于 CO$_3^{2-}$ 的基团特征吸收谱带；1060 cm^{-1} 处可能是由于在降解过程中，CFZ 分子的一些降解片段，发生了分子重排现象，生成了一些(C—O—C)物质的特征吸收峰；1600 cm^{-1} 附近的吸收峰仍归属于 COONa 的 $v_{as}(COO^-)$ 不对称伸缩振动[58]；3235 cm^{-1} 处附属于水分子的强吸收峰，这可能是在样品测试过程中产生的。与此同时，在降解 137 min 冻干物质时，在 2093 cm^{-1} 处的弱吸收峰是一些三键和累积双键(—C≡C—、—C≡N、—N=C=S 等)的伸缩振动[60]。以上证据表明，CFZ 的结构被破坏而降解。

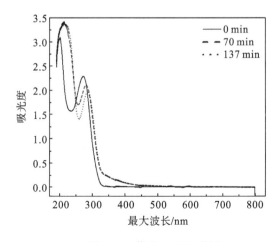

图 1.25　紫外-可见光谱图

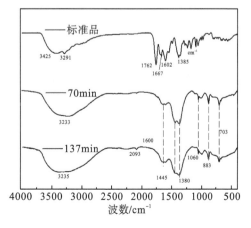

图 1.26　红外光谱图

1.4.2.3　三维荧光光谱分析

CFZ 同其他具有刚性平面结构或电子共轭体物质一样，在一定光照条件下，会产生荧光效应。与此同时，三维荧光光谱是一种无破坏、简单、快速检测荧光物质结构变化的方法。对降解过程的反应溶液进行三维荧光光谱测定，得到图 1.27，并将不同降解时间的样品三维荧光响应峰值强度和位置记录如表 1.10 所示。

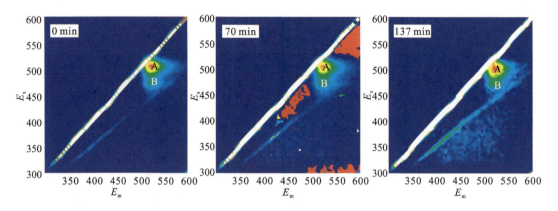

图 1.27　头孢唑林在不同降解阶段的三维荧光光谱图

表 1.10　不同降解阶段头孢唑林溶液的三维荧光峰对照表

时间/min	出峰范围/nm	E_{xmax}/E_{mmax}	荧光强度
0	E_x=495～510/E_m=515～535	505/525	19932
	E_x=465～480/E_m=515～535	475/520	9875
70	E_x=495～510/E_m=515～535	505/520	18569
	E_x=465～480/E_m=515～535	475/520	10736
137	E_x=490～510/E_m=515～535	500/520	7783
	E_x=465～480/E_m=515～535	515/475	5801

从图 1.27 和表 1.10 可以得出，CFZ 均在 E_x495～510/E_m515～535 和 E_x465～480/E_m515～535 处产生两处荧光峰。有关研究表明，荧光峰发生红移，主要是由于羧基、羟基、烷氧基、胺基等小分子基团的增加，而蓝移的发生则更多归因于大分子芳香结构小分子化（共轭结构减少，线形结构非线形化，羧基、羟基和胺基消失等）[61]。结合图 1.27 和表 1.10，在整个降解过程中，荧光峰 A 的荧光强度先缓慢降低，后显著降低，发生略微蓝移和红移现象并分裂为两个荧光峰，而荧光峰 B 处的荧光强度则是先增加后减小。有研究发现，荧光强度的增加意味着体系中生成了结构简单且增强荧光强度的—OH、—NH$_2$ 的小分子基团，强度降低则归属于生成能降低荧光强度的—COOH、C═O 基团取代[62]。这可能是由于在 CFZ 分子中存在能垒较低的荧光区域，导致在降解前 70 min 出现荧光峰 B 增加，荧光峰 A 略微下降，随后各特征峰的强度随时间的增加而降低。三维荧光光谱分析结果表明，Fe（Ⅵ）-clay-A 对 CFZ 降解作用显著，且降解过程中生成了一些弱荧光发色团。

1.4.3　化学反应位点预测

　　为了方便后续讨论，我们对 CFZ 的分子结构进行编号，得到如图 1.28 的原子序号图。其中，深灰色代表 C 原子，黄色代表 S 原子，红色代表 O 原子，蓝色代表 N 原子，紫色代表 Na 原子。同时利用软件计算，得到了 CFZ 的前线电子密度（frontier electron density，FED），计算结果如图 1.29、图 1.30 和表 1.11 所示。

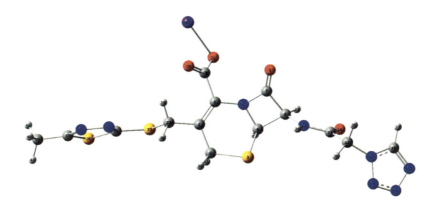

图 1.28　CFZ 的原子序号图

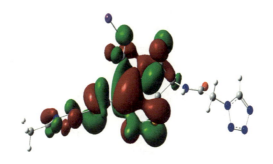

图 1.29　CFZ 的 HOMO

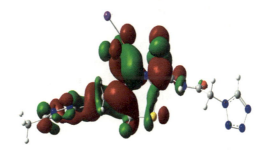

图 1.30　CFZ 的 LUMO

表 1.11 CFZ 在 B3LYP/6-31G(d,p)水平下各原子前线电子密度

原子	FED^2_{HOMO}	FED^2_{LUMO}	$2FED^2_{HOMO}$	$2FED^2_{LUMO}$	$FED^2_{HOMO}+FED^2_{LUMO}$
1 C	0.20193	0.15879	0.40386	0.31758	0.36072
2 C	0.03748	0.02787	0.07496	0.05574	0.06535
3 S	0.08962	0.02087	0.17924	0.04174	0.11049
4 C	0.01477	0.01300	0.02954	0.02600	0.02777
5 N	0.13338	0.03686	0.26676	0.07372	0.17024
6 C	0.13018	0.14805	0.26036	0.29610	0.27823
7 C	0.03198	0.11772	0.06396	0.23544	0.14970
8 C	0.00874	0.02210	0.01748	0.04420	0.03084
9 O	0.06584	0.08502	0.13168	0.17004	0.15086
10 N	0.00135	0.00960	0.00270	0.01920	0.01095
11 C	0.00029	0.00175	0.00058	0.00350	0.00204
12 C	0.00005	0.00104	0.00010	0.00208	0.00109
13 N	0.00001	0.00102	0.00002	0.00204	0.00103
14 O	0.00052	0.00202	0.00104	0.00404	0.00254
15 N	0.00000	0.00125	0.00000	0.00250	0.00125
16 N	0.00000	0.00068	0.00000	0.00136	0.00068
17 N	0.00000	0.00031	0.00000	0.00062	0.00031
18 C	0.00000	0.00104	0.00000	0.00208	0.00104
19 C	0.01565	0.04981	0.03130	0.09962	0.06546
20 O	0.01423	0.02656	0.02846	0.05312	0.04079
21 O	0.03709	0.03403	0.07418	0.06806	0.07112
22 C	0.02740	0.04269	0.05480	0.08538	0.07009
23 S	0.08132	0.06279	0.16264	0.12558	0.14411
24 C	0.00978	0.02415	0.01956	0.04830	0.03393
25 N	0.01569	0.00953	0.03138	0.01906	0.02522
26 N	0.00859	0.00485	0.01718	0.00970	0.01344
27 C	0.00857	0.01300	0.01714	0.02600	0.02157
28 S	0.00837	0.02302	0.01674	0.04604	0.03139
29 C	0.00145	0.00251	0.00290	0.00502	0.00396
30 H	0.00610	0.00788	0.01220	0.01576	0.01398
31 H	0.02664	0.01047	0.05328	0.02094	0.03711
32 H	0.00324	0.00516	0.00648	0.01032	0.00840
33 H	0.00239	0.01029	0.00478	0.02058	0.01268
34 H	0.00087	0.00373	0.00174	0.00746	0.00460
35 H	0.00001	0.00009	0.00002	0.00018	0.00010
36 H	0.00001	0.00021	0.00002	0.00042	0.00022
37 H	0.00000	0.00014	0.00000	0.00028	0.00014
38 H	0.00336	0.00539	0.00672	0.01078	0.00875
39 H	0.00918	0.00504	0.01836	0.01008	0.01422
40 H	0.00026	0.00059	0.00052	0.00118	0.00085
41 H	0.00050	0.00100	0.00100	0.00200	0.00150
42 H	0.00071	0.00086	0.00142	0.00172	0.00157
43 Na	0.00245	0.00722	0.00490	0.01444	0.00967

有关研究表明，HOMO 对其电子的束缚较为松弛，具有电子给予体的性质，表现为还原性，有关文献报道，Fe(Ⅵ)易进攻这类位置[63]。此外，亲电反应中交易发生在基态分子中 HOMO 轨道电子云密度最大的两个原子处(即 $2FED^2_{HOMO}$ 最大)，亲核反应则发生在 LUMO 轨道电子云密度最大的两个原子处(即 $2FED^2_{LUMO}$ 最大)，自由基反应则发生在 $FED^2_{HOMO}+FED^2_{LUMO}$ 最大处，当其值为 0 时，表明优先进行自由基反应[64]。结合图 1.29、图 1.30 和表 1.11 可以得出，CFZ 分子中的头孢母核和噻二唑基团中 O、N 及 S 原子以及与它们相连的 C 原子有着较强的反应活性。

1.4.4 CFZ 降解

1.4.4.1 CFZ 降解产物分析

在最佳反应条件下，通过 GC-MS 进一步对 CFZ 降解过程的中间产物进行分析，得到图 1.31~图 1.33 的部分降解产物的实时质谱图，并通过查阅 NIST14.L 谱库和 DrugBank 数据库并结合量子化学计算来拟合质荷比(m/z)对应的可能化学结构，推测 Fe(Ⅵ)-clay-A 对 CFZ 降解过程中可能的降解路径。

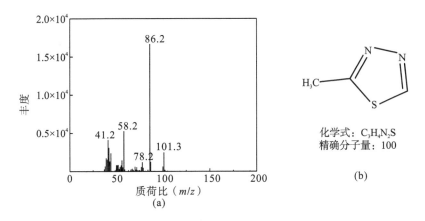

化学式：$C_3H_4N_2S$
精确分子量：100

图 1.31 CFZ 部分降解产物的实时质谱图(一)

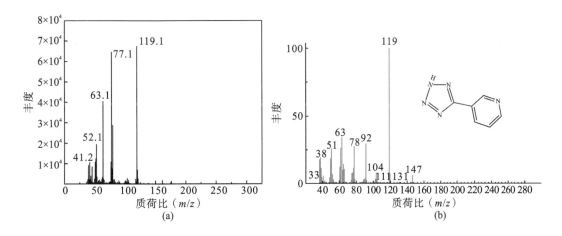

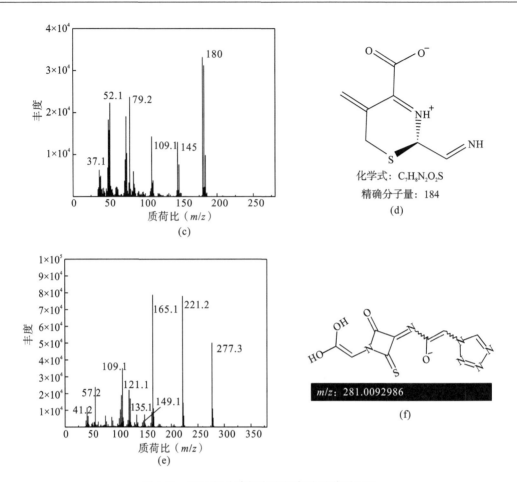

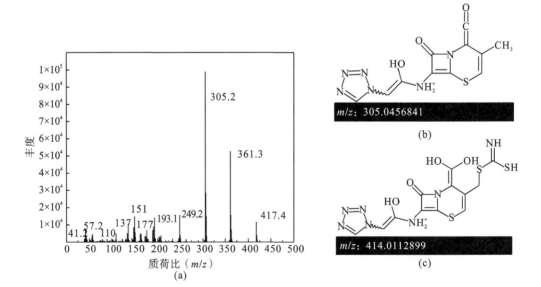

化学式：$C_7H_8N_2O_2S$

精确分子量：184

(d)

(c)

m/z：281.0092986

(f)

(e)

图 1.32 CFZ 部分降解产物的实时质谱图(二)

m/z：305.0456841

(b)

m/z：414.0112899

(c)

(a)

图 1.33 CFZ 部分降解产物的实时质谱图(三)

有关研究表明,头孢菌素类存在着一些共同的降解途径,如噻嗪环异构,β-内酰胺开环[65]。同时,在头孢菌素类分子中一些 S 原子、氨基和 β-内酰胺通常是富含电子的位点,同样易被氧化攻击[66]。我们通过溶剂样品、标准样品和两个取样时间点的试剂样,得到了图 1.31~图 1.33 中主要离子峰为 101.3、119.1、180、277.3、417.4。其中 101.3 处离子峰可能归属于图 1.31(b)中分子碎片;119.1 处的分子碎片通过匹配 NIST14.L 谱库,发现与图 1.32(b)中 NIST#315872 号物质有关,这可能是由四氮唑基团在前处理过程中与溶剂吡啶发生了反应导致或者该分子片段存在与此物质类似结构导致其产生相同的 119.1 处离子峰;180 处离子峰则归属于头孢母核分子碎片,课题组在其他头孢菌素类研究中,发现180 处的离子峰是较为常见的一个头孢分子碎片,该分子碎片可能的分子结构如图 1.32(d)所示[67];而 277.3、417.4 处离子峰,通过查阅 DrugBank 数据库,分子碎片结构式可能为图 1.32(f)和图 1.33(c)。

1.4.4.2　CFZ 降解途径预测

结合光谱学、质谱学和量子化学计算方法可以推断,在反应的早期阶段,5 元环和 6元环上的 N=N、N—N、N—C 和 S—C 键是被攻击的焦点。同时,大量的环状化合物表明了 CFZ 降解的复杂性。通过与文献中报道的实验结果进行比较,推测 CFZ 可能的降解路径如图 1.34 所示,主要存在的降解途径有三条。

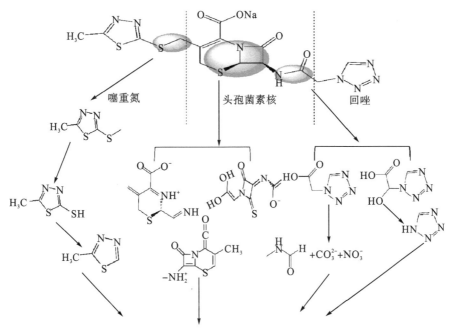

图 1.34　CFZ 可能的降解途径

(1)降解路径一:23 号 S 原子的 $2FED^2_{HOMO}$ 为 0.16264,是易发生亲电反应的位点。这与 Gurkan 等[68]利用福井(Fukui)函数和相对局部软度理论评价 CFZ 化学反应位点较为一致，即先由 5-methyl-1,3,4-thiadiazole-2-methylthiol 转化为 5-methyl-1,3,4-thiadiazole-2-thiol，然后脱硫成为 5-methyl-1,3,4-thiadiazole。随后环状物质开环矿化，转化为无机离子 SO_3^{2-} 和 NO_3^-。

（2）降解路径二：头孢菌素母核部分包含一个 6 元二氢噻嗪环和一个 4 元内酰胺环，在降解过程中，容易形成羰基化，并通过脱羧基反应而降解；6 元环中的双键同样容易异构化，这导致头孢母核基团裂解的多样性。随着 Fe(Ⅵ)-clay-A 对 CFZ 降解反应的进行，头孢母核发生内酰胺环脱羧基、羧基羰基化、噻嗪环开裂等，并最后矿化为小分子和无机离子。

（3）降解路径三：由量子化学计算得到的 CFZ 分子结构中前线电子密度可知，CFZ 的四氮唑部分是一个活性相对独立的部分，但随着反应的进行，仍会在 10N-11C 处发生断裂生成小分子胺类物质，最后生成小分子无机盐，或者被氧化为 1H-四氮唑后直至开环矿化生成无机盐和 N_2 等小物质。

1.5 电晕放电等离子体对头孢唑林的降解研究

1.5.1 引言

除了采用高铁黏土降解水体中的头孢唑林，另一个方法是采用电晕放电等离子体处理技术。电晕放电等离子体处理技术是利用放电产生高能电子将气体分子和水分子电离而产生大量高活性物质[69]，从而达到降解有机污染物的目的。常见的电晕放电等离子体装置示意图如图 1.35 所示。研究发现，在等离子体产生的同时，或产生紫外线释放了热量[70]，或引起了电液空化及超临界水氧化，或通过紫外光解形成短寿命自由基（·OH、·H、H_2O_2），这些过程中均可产生一些高活性粒子，间接对有机污染物的氧化降解做出贡献[71]。

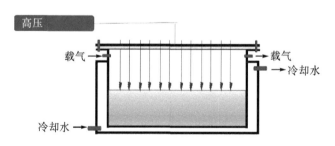

图 1.35　电晕放电装置示意图

本书选取头孢唑林为研究对象，采用电晕放电等离子体技术处理头孢唑林模拟废水，考察了体系初始 CFZ 浓度、初始 pH 及不同载气氛围等因素对 CFZ 降解的影响规律，并结合紫外-可见光（UV-Vis）光谱、傅里叶变换红外光谱（FT-IR）、三维荧光光谱（3D-fluorescence）分析了电晕放电等离子体降解 CFZ 过程中的荧光物质及官能团的动态变化，最终通过气相色谱-质谱（GC-MS）图及 Gaussian 09 软件，推断出电晕放电等离子降解 CFZ 过程中的部分中间产物及降解途径。

1.5.2　实验方法

1.5.2.1　电晕放电降解实验

(1)初始 CFZ 浓度对降解的影响:准确称取一定量的 CFZ 标准品,分别配制成浓度为 30 mg/L、70 mg/L 和 100 mg/L 的 CFZ 工作液,然后分别向反应器中加入 300 mL 不同浓度的 CFZ 工作液,开启等离子反应器电源,间隔 3 min 取样于 HPLC 上测试 CFZ 浓度。

(2)pH 对 CFZ 降解的影响:配制 100 mg/L 的 CFZ 工作液,使用 0.1 mg/L 乙酸钠/氢氧化钠体系调节 pH 分别为 3.0、5.0、7.0、9.0 和 11.0,稳定 10 min 后备用,分别准确移取 300 mL 上述 CFZ 溶液于反应器中,开启等离子反应器电源,间隔 3 min 取样于 HPLC 上分析测试。

(3)不同载气对 CFZ 降解的影响:取 100 mg/L 的 CFZ 工作液 300 mL 于反应器中,向反应器中分别持续通入空气、氮气、氩气,稳定 10 min,开启等离子反应器电源,间隔 3 min 取样,考察不同载气对 CFZ 降解的影响。

实验中各样品液的 CFZ 浓度采用 HPLC 进行定量,相关测试参数为:C18 反相柱(5 μm,4.6 mm×150 mm),柱温为 25℃;紫外检测波长为 254 nm;流动相为乙腈/0.1%体积分数甲酸(体积比为 20:80),流速为 1 mL/min;进样量为 20 μL。

1.5.2.2　光谱学分析实验

配制 300 mL、100 mg/L 的 CFZ 工作液,转移至等离子体反应器,然后开启反应器电源,间隔一定时间取样进行光谱学测试。采用紫外-可见分光光度计对各样品液进行紫外-可见光谱测定,扫描范围为 200~800 nm;采用傅里叶变换红外光谱仪进行红外光谱测定,测试时样品液需经冷干处理后配合溴化钾压片法($m_{样品}:m_{KBr}=1:200$)进行,波数为 400~4000 cm^{-1};采用高级荧光瞬态稳态测量系统对各样品液进行三维荧光光谱测定,激发波长 $E_x=200~600$ nm,发射波长 $E_m=200~600$ nm,扫描步长为 5 nm,狭缝宽为 5 nm,响应时间为 0.1 s。

1.5.2.3　GC-MS 分析实验

取 100 mg/L 的 CFZ 工作液 300 mL 于反应器中,开启反应器电源,每隔 10 min 取样一次。并将 100 mL 上述样品过 0.45 μm 纤维滤膜,用盐酸调节 pH 为 3.0。萃取前先使用 5 mL 甲醇和 5 mL 超纯水将固相萃取小柱进行活化,然后以 5 mL/min 的上样速度通入样品液,上样结束后用 5 mL 超纯水淋洗萃取小柱以便去除离子型杂质,氮气干燥 30 min 后用 6 mL 甲醇洗脱两次,并使用氮吹仪将洗脱液浓缩至近干,再用甲醇定容至 1 mL 后于 GC-MS 上测试。

GC-MS 测试条件如下:色谱柱为 DB-5MS 型 5%苯甲基硅氧烷弹性石英毛细管(30 m×0.25 mm×0.25 μm);进样量为 1.0 μL,不分流;载气为氦气;载气流速为 1.0 mL/min;气相色谱升温程序为初始 40℃保持 2 min,然后以 10 ℃/min 升至 290℃保持 1 min;离子源为电子轰击(electron impact,EI),电离电压为 70 eV,电子倍增器电压为 1447 V;扫描方式为全离子扫描模式(SCAN)，质荷比扫描范围为 35～650；质谱标准库为 NIST14.L 谱库。

1.5.3　数据处理

1.5.3.1　降解动力学

降解动力学采用准一级反应动力学模型拟合：

$$\ln(C_A / C_0) = -kt \tag{1-5}$$

上式可简化为

$$\ln C_A = -kt + \ln C_0 \tag{1-6}$$

式中，k 为反应速度常数，min^{-1}；C_0 为目标初始浓度，mg/L；C_A 为 t 时刻目标化合物浓度，mg/L；t 为反应时间，min。

　　均方误差(mean square error，MSE)的计算公式为

$$MSE = \sqrt{\sum (C_{Aexp} - C_{Acal}) / N} \tag{1-7}$$

式中，C_{Acal}、C_{Aexp} 分别代表用动力学模型算出的目标物浓度和实测目标物浓度。

1.5.3.2　高斯计算

　　量子化学计算采用高斯软件，利用密度泛函理论(density functional theory，DFT)来优化分子构型，采用 B3LYP 函数和 6-31G(d, p)基组。选择连续介质模型来探究 CFZ 分子在水中的溶剂效应，并通过不断优化计算分子的振动频率获得最稳定的分子结构，此时的原子电荷即为输出值。

1.5.4　结果与分析

1.5.4.1　初始 CFZ 浓度对降解的影响

　　对不同初始浓度 CFZ 溶液进行降解实验，反应器的操作参数在整个实验中不做任何调整，结果如图 1.36 所示。采用准一级动力学模型对降解过程进行拟合，结果发现，在

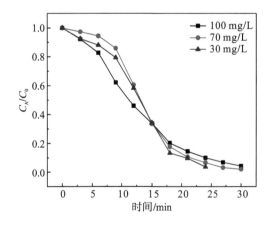
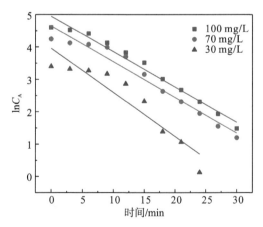

图 1.36　头孢唑林不同初始浓度降解曲线

降解初始阶段, CFZ 降解过程与准一级反应动力学偏差较大, 这主要是由于在降解过程初期, 溶液的导电性较差。在降解 6~9 min 后, 随着电晕放电过程的深入, 溶液导电能力趋于饱和; 降解中间过程阶段, 与准一级反应动力学高度吻合; 在降解过程后半段, 随着目标分子浓度的下降, 降解过程与准一级反应动力学产生偏差。此外, CFZ 初始浓度较高时, 降解过程中生成的副产物越多, 这些副产物会和 CFZ 形成竞争关系, 从而降低 CFZ 的降解速率。

1.5.4.2　溶液 pH 对 CFZ 降解的影响

保持 CFZ 的浓度为 100 mg/L, 考察初始 pH 为 3.0、5.0、7.0、9.0、11.0 对 CFZ 降解的影响, 其他的运行参数不做任何调整。结果如图 1.37 所示, 通过动力学拟合发现, CFZ 的降解过程与准一级反应动力学模型较为接近, 具体拟合参数见表 1.12。由表 1.12 可知, pH 为 3.0~11.0 时, CFZ 降解速率不尽相同, 总体趋势表现为先增大后减小再增大; 在 pH=5.0 时, CFZ 降解速率达到最大 (0.1683 min^{-1}); 当 pH=7.0 和 pH=11.0 时, 表现出较大的降解速率, 分别为 0.1398 min^{-1} 和 0.1309 min^{-1}。由于 CFZ 的酸度系数 pKa=3.6, 化学结构由富含电子的芳环组成[53], 在初始 pH=3.0 时, 此时环境 pH<pKa, CFZ 在水环境体系中主要以未电离形式存在。研究者认为酸性条件使污染物以分子状态存在以及有利于被活性物质攻击[72]。与此同时, 空气中的氮被高能电子碰撞生成含氮自由基, 进入溶液反应生成硝酸, 导致体系中 H^+ 浓度过高, 进而导致起重要作用的 $\cdot OH$ 减少, 因此其降解速率常数小于 pH=5.0 时的降解速率常数。然而, 在碱性条件下, 电晕放电生成的臭氧从气相扩散进入液相, 与液相中的 OH^- 反应生成 $\cdot OH$, 间接增强了液相有机物 CFZ 的降解[73]。

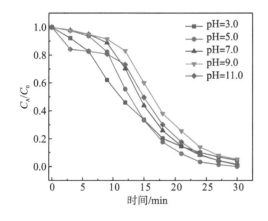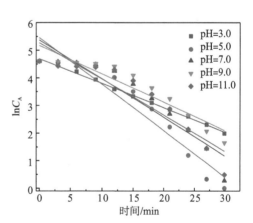

图 1.37　不同初始 pH 下头孢唑林的降解曲线

表 1.12　不同条件下头孢唑林降解动力学拟合参数

反应条件		速率常数	R^2	动力学方程	MSE
CFZ 含量/(mg/L)	30	0.0922	0.8805	$\ln C_A = -0.0922t + 4.1299$	2.6509
	70	0.1395	0.9581	$\ln C_A = -0.1395t + 4.9098$	10.9955
	100	0.1091	0.9760	$\ln C_A = -0.1091t + 4.9485$	13.6428

反应条件		速率常数	R^2	动力学方程	MSE
溶液 pH	3.0	0.0886	0.9970	$\ln C_A = -0.0886t + 4.6943$	3.3728
	5.0	0.1683	0.9151	$\ln C_A = -0.1683t + 5.4604$	44.8367
	7.0	0.1398	0.8854	$\ln C_A = -0.1398t + 5.3731$	39.6875
	9.0	0.1026	0.8834	$\ln C_A = -0.1026t + 5.1772$	26.8076
	11.0	0.1309	0.8664	$\ln C_A = -0.1309t + 5.2748$	33.3427
载气	空气	0.9890	0.8965	$\ln C_A = -0.9890t + 5.1874$	28.1518
	氮气	0.0858	0.9320	$\ln C_A = -0.0858t + 5.0022$	18.3188
	氩气	0.0381	0.8939	$\ln C_A = -0.0381t + 4.8011$	10.0943

1.5.4.3　不同载气对 CFZ 降解的影响

为探究不同载气对 CFZ 降解的影响，控制体系 CFZ 浓度为 100 mg/L，分别通入空气、氮气和氩气，其结果如图 1.38 所示。结果表明，不同载气条件下，CFZ 的降解速率存在明显差异。研究者认为，电晕放电过程形成的高能电子在气相中可发生如式(1-8)～式(1-12)的反应，并在气液表面进行传质后进入溶液内部与 CFZ 分子反应[74]。同时，液相中水分子可以在等离子体放电作用下，与高能电子作用产生大量的自由基、正负离子和激发态分子[75]。由图 1.38 可知，在不同载气条件下，CFZ 的降解效率明显不同，降解速率表现为空气＞氮气＞氩气。由表 1.12 可知，与无载气通入时的情况相比较，3 种气体条件下 CFZ 的降解速率均有不同程度下降，这说明体系中液相争夺高能电子的能力弱于气相，且以氩气环境下液相争夺高能电子的能力最弱。研究表明，氩气更易发生潘宁电离，捕获高能电子的能力强于空气与氮气，从而导致氩气氛围下液相高能电子的能力较弱，间接减缓了液相中 CFZ 的降解速率。

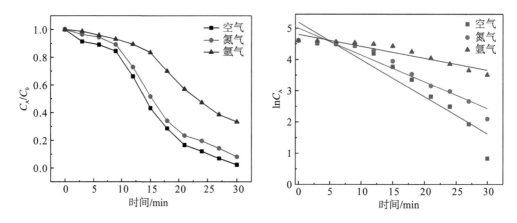

图 1.38　不同载气系统中头孢唑林的降解曲线

$$e + O_2 \longrightarrow 2e + O_2^+ \tag{1-8}$$

$$e + O_2 \longrightarrow 2e + O^+ + (^1D) \tag{1-9}$$

$$O_2 \xrightarrow{\ e\ } O(^3P) + O(^1D) \tag{1-10}$$

$$N_2 \xrightarrow{\ e\ } 2e + N_2^+ \tag{1-11}$$

$$A_r \xrightarrow{\ e\ } 2e + Ar^+ \tag{1-12}$$

1.5.4.4　CFZ 降解过程光谱学分析

1. 紫外-可见光谱分析

为探究 CFZ 降解过程的紫外-可见光谱特性变化特征，控制体系 CFZ 浓度为 100 mg/L，不同降解时间的紫外-可见光谱如图 1.39 所示。从图 1.39 可以看出，0 min 时 CFZ 溶液体系在 220 nm 和 270 nm 处有着较强的吸光度值。随着降解过程的深入，270 nm 处的吸光度值逐渐减小，说明 CFZ 分子被氧化分解，其分子结构已经发生了变化，结构中的共轭体系已经被破坏。220 nm 处吸光度值在 0～10 min 其值逐渐增大且发生了红移现象，具体表现为从远紫外区红移到近紫外区；10～20 min，伴随着红移，吸光度值变化趋于稳定，这可能是由于空气中的 N_2 在电击的过程中生成了—NH_2 等发色基团，形成了 p-π 共轭效应，导致 λ_{max} 红移并增大吸收强度[56]。在 20～30 min 后，红移现象停止，吸光度值逐渐下降。

2. 红外光谱分析

由图 1.40 可以看出，在降解 0 min、15 min、30 min 后，其红外光谱特征有着明显的变化。0 min 时，在 3425 cm^{-1}、3291 cm^{-1}、1762 cm^{-1}、1667 cm^{-1}、1602 cm^{-1}、1385 cm^{-1} 及 1184 cm^{-1} 处产生了主要的特征峰。其中，3400～3100 cm^{-1} 处的宽峰为—NH_2、—NH（缔合）的伸缩振动产生的强吸收宽带[59]；3291 cm^{-1} 处主要是酰胺类的—NH；1762 cm^{-1} 处主要是 β-内酰胺环上的 C=O 伸缩振动[57]；1667 cm^{-1} 处为酰胺 I 带中 N—H 的伸缩振动；1602 cm^{-1} 为 COONa 的反对称伸缩振动；1385 cm^{-1} 处为—CH_3 的面内剪式振动；1285～1003 cm^{-1} 处为 C—N、酰基中 C—N 伸缩振动。降解 15 min 后，1385 cm^{-1} 处—CH_3 的面内剪式振动成为主要的特征峰，结合 3425 cm^{-1} 处吸收峰的减弱，表明目标分子 CFZ 中含氮负电基团在逐步减少，降解 30 min 后，样品出现了新的特征峰，特征峰为 3455 cm^{-1}、1697 cm^{-1} 处游离伯酰胺发生缔合时蓝移所致，1539 cm^{-1} 处为游离态仲酰胺基 N—H

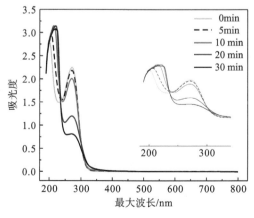

图 1.39　紫外-可见光谱图

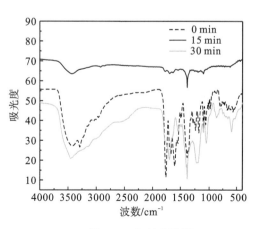

图 1.40　红外光谱图

剪式摆动，1385 cm^{-1}、1219 cm^{-1} 处主要是 NO$_3^-$在 1380～1320 cm^{-1}、1250～1230 cm^{-1} 处产生的特征谱带；1104 cm^{-1}、1052 cm^{-1}、593 cm^{-1} 处主要是 SO$_4^{2-}$在 1150～1050 cm^{-1}、650～575 cm^{-1} 处产生的特征谱带；868 cm^{-1} 处主要是 CO$_3^{2-}$在 880～860 cm^{-1} 处产生的特征谱带[76]。这些目标分子已经被矿化成一些小分子无机离子。

3. 三维荧光分析

CFZ 降解过程中的三维荧光光谱图如图 1.41 所示，一些具有刚性平面结构及电子共轭体会产生荧光现象，图 1.41 中主要的特征峰为富里酸荧光峰（E_x=310～360nm，E_m=370～450nm）和类腐殖峰（E_x=300～370nm，E_m=420～510nm）[77]。将每个样品三维荧光图谱出峰的荧光强度和位置进行比较，结果如表 1.13 所示。从图 1.41 和表 1.13 可以得出，随着电晕放电过程的不断深入，目标污染物浓度降低，各类峰的荧光强度和位置也发生了相应的变化。其中，峰 A 在降解 5 min 后，在激发轴和发射轴均发生了蓝移现象，发射轴产生了 20 nm 蓝移，激发轴产生了 15 nm 蓝移，且荧光强度减小。蓝移表明大分子的芳香族化合物分解为小分子结构，如芳香环和链状结构上共轭基团数量的减少，线形结构向非线形结构转化，以及特征官能团如羧基、羟基和胺基的消失[62]，而荧光强度的降低，表明上述取代基被较为复杂的、能使荧光强度减弱的取代基—COOH，C≕O 等所代替，使分子结构复杂化[63]。5～10 min 峰 A 未发生红移和蓝移现象，荧光强度增强，表明分子体系中出现了结构较简单的、增强分子荧光强度的基团—OH、—NH$_2$[63]；15～20 min，峰 A 位置发生微小变化且荧光强度增大，激发轴和发射轴均产生了 5 nm 红移，红移表明了羧基、羟基、烷氧基、胺基等基团的增加[62]，20～25 min 峰 A 位置发生微小蓝移且荧光强度减弱。荧光峰 B 在电晕放电降解过程中先消失，然后在 20 min 出现最大值，随后又降低。在降解 25 min 后，荧光 C 峰开始增强，这可能是由于降解过程中生成的小分子荧光物质造成的。

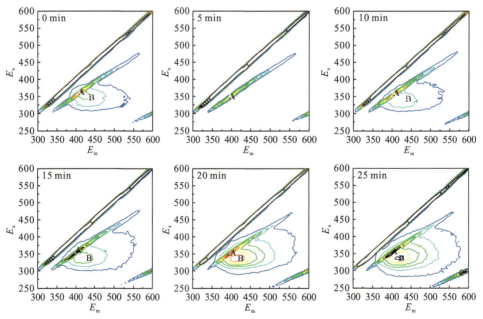

图 1.41　头孢唑林在不同降解阶段的三维荧光光谱图

表 1.13　不同降解阶段头孢唑林溶液的三维荧光峰对照表

时间/min	出峰范围/nm	E_{xmax}/E_{mmax}	荧光强度
0	$E_x=340\sim370/E_m=390\sim425$	360/410	24363
5	$E_x=340\sim370/E_m=390\sim425$	345/390	18950
10	$E_x=340\sim370/E_m=390\sim425$	345/390	22207
15	$E_x=340\sim370/E_m=390\sim425$	345/390	23541
20	$E_x=340\sim370/E_m=390\sim425$	350/390	35129
	$E_x=320\sim350/E_m=400\sim435$	335/415	30472
25	$E_x=335\sim375/E_m=380\sim430$	345/390	33131
	$E_x=330\sim345/E_m=405\sim430$	335/420	27261
	$E_x=290\sim310/E_m=570\sim600$	295/590	43376

1.5.5　CFZ 降解产物分析

通过量子化学计算对分子构型进行优化，确定容易发生反应的活性位点，为检测出的质谱碎片离子提供理论支持。表 1.14 列出了采用 B3LYP/6-31G(d, p)计算基组，其频率校正因子为 0.9627[78]，算出的 CFZ 的净电荷数为 10～19C(库仑)。原子序数及编号如图 1.42 所示，在计算得到的净电荷数据中，正电荷集中在 14C、17C、21C 和 H、S 原子上，负电荷集中在 O、N 和部分 C 原子上，最大正电荷数为 0.685680(17C)，最大负电荷为 $-0.545372(29O)$。

表 1.14　CFZ 在 B3LYP/6-31G(d,p)水平下的电荷值

原子	电荷	原子	电荷	原子	电荷	原子	电荷
1C	−0.076253	12C	−0.082135	23C	−0.126157	34H	0.196709
2N	−0.255820	13N	−0.477918	24N	−0.270148	35H	0.151478
3N	−0.254627	14C	0.287652	25N	−0.062260	36H	0.157820
4C	0.084748	15C	0.512397	26N	−0.082918	37H	0.177025
5S	0.228289	16O	−0.537707	27N	−0.317847	38H	0.165906
6C	−0.364570	17C	0.685680	28C	0.332220	39H	0.166062
7S	0.209949	18C	−0.085399	29O	−0.545372	40H	0.297410
8C	−0.416390	19O	−0.526048	30Na	0.530965	41H	0.174607
9C	0.041911	20N	−0.503646	31H	0.156259	42H	0.163496
10C	−0.399070	21C	0.563785	32H	0.137858	43H	0.177166
11S	0.118235	22O	−0.472853	33H	0.139442	—	—

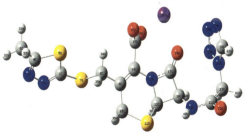

图 1.42　CFZ 的原子序号图

　　电晕放电产生的等离子体与水分子、空气分子发生反应形成具有高活性的粒子和自由基。特别是·OH 能够快速地与有机物进行反应，同时不具有选择性，能够更加彻底地去除污染物质。Gurkan 等利用 DFT 反应性描述活性位点，通过计算 Fukui 函数和相对局部软度，采用了"软匹配原理"表明该反应途径中·OH 主要攻击的是 S7 和 S5 原子[79]。先由 5-甲基-1,3,4-噻二唑-2-甲基硫醇转化为 5-甲基-1,3,4-噻二唑-2-硫醇，随后脱硫成为 5-甲基-1,3,4-噻二唑，随着噻二唑环的破坏进一步降解，矿化为 SO_4^{2-} 和 NO_3^-，红外图谱上表现为 1385 cm^{-1} 处—CH_3 的面内剪式振动成为主要的特征峰，在降解 30 min 后 SO_4^{2-} 和 NO_3^-在红外图谱上也有所体现。检测到其降解产物如图 1.43 所示。

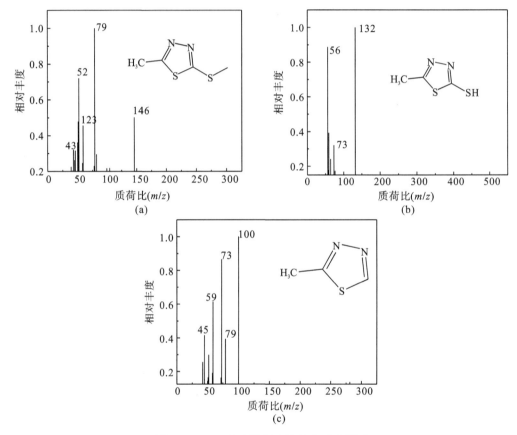

图 1.43　CFZ 部分降解产物的实时质谱图

　　降解 20 min 后的电解液在 19.573 min 的实时质谱图如图 1.44 所示，出现了 m/z 为 156 的分子碎片，在 NIST14.L 谱库中检索发现了相似化合物 N-((5Ar,6R)-1,7-dioxo-1,4,5a, 6-tetrahydro-3H,7H-azeto[2,1-b]furo[3,4-d][1,3]thiazin-6-yl)propionamide，其标准质谱图如图 1.45 所示。同时，在红外光谱图上表现出 1601 cm^{-1} 处 COONa 反对称伸缩振动减弱消失，由此推断可能是头孢母环在·OH 自由基进攻 S7-C8 后，中心自由基的 C8 生成羟基化产物后，头孢菌素母核发生了分子间的重排，发生内酯化反应，生成与上述物质较为类似的环内酯结构。随后，β-内酰胺环脱掉酮基造成环断链，紧接着二氢噻嗪环开裂，得到降解[80]。

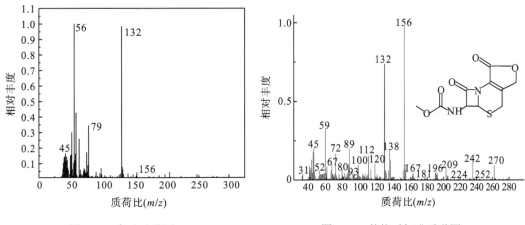

图 1.44　实时质谱图　　　　　　　　　　　　图 1.45　某物质标准质谱图

　　如表 1.14 所示，根据 CFZ 分子结构中电荷密度的分布情况，CFZ 的四氮唑部分主要为负电荷，易与臭氧等物质发生亲电反应，在 1539 cm^{-1} 波数上出现了游离态仲酰胺基，表明其降解途径可能是 C21-C23 断链后，·OH 连续攻击导致在开环和矿化之前形成 1H-四唑。随后 1H-四唑开环中的氮元素以氮气的形式释放到溶液体系中。推测 CFZ 可能的降解路径如图 1.46 所示。

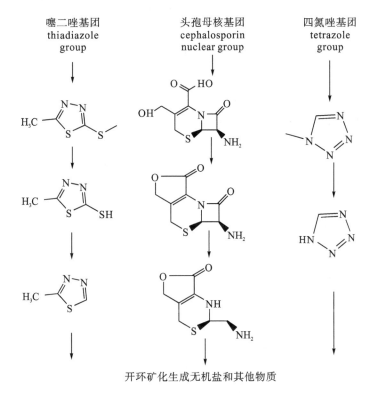

图 1.46　CFZ 可能的降解途经

1.6　本章小结

1. 高铁黏土对头孢唑林的降解

(1) 通过强碱性原位合成技术和原位柱撑吸附技术，分别合成了 Fe(VI)-clay-A 和 Fe(VI)-clay-B 两种高铁黏土。其中，Fe(VI)-clay-A 在层间距中生成了 K_2FeO_4 颗粒，直径范围在 0.5~3 μm，同时 K_2FeO_4 颗粒的生长加大层剥离。Fe(VI)-clay-B 中存在着 K_2FeO_4 颗粒。但由于其自身模板孔洞直径在 0.3~1.5 μm，较商品 K_2FeO_4 颗粒小，这使得 K_2FeO_4 颗粒主要存在于片层结构边缘处。以 CFZ 为目标污染物，考察了两种材料的循环伏安曲线并初步对降解进行定性定量分析，结果表明，Fe(VI)-clay-A 和 Fe(VI)-clay-B 同 K_2FeO_4 一样，对 CFZ 有着相同的降解过程，当投加 0.1 g 材料时，180 min 内 CFZ 的降解率为 PF>Fe(VI)-clay-B>Fe(VI)-clay-A，投加 0.1 g 高铁当量时，180 min 内 CFZ 的降解率为 Fe(VI)-clay-A>PF>Fe(VI)-clay-B，并且循环伏安实验过程中 Fe(VI)-clay-A 的响应电流大于 Fe(VI)-clay-B。

(2) 利用自制的 Fe(VI)-clay-A 对水中 CFZ 开展降解实验研究。CFZ 浓度为 100 mg/L 并保持不变，当反应进行到 150 min 以后，反应基本结束。当 Fe(VI)-clay-A 投加量大于 0.75 g 时，继续投加材料，CFZ 降解率并没有显著提升。而溶液 pH 并不能显著影响 CFZ 的降解，但溶液 pH 越小，CFZ 降解率越低。运用响应面实验设计方法优化降解条件，结果表明，最佳的降解反应条件是反应时间为 137 min、Fe(VI)-clay-A 投加量为 0.79 g、pH 为 5.16。此时，CFZ 最大降解率为 87.96%。

(3) 光谱学研究表明，Fe(VI)-clay-A 对 CFZ 分子有着很好的降解效果，紫外-可见光谱扫描表明，CFZ 在 200 nm 和 270 nm 处有强吸收峰，并随着反应进行，270 nm 处吸收峰出现红移现象，强度降低。同时，FT-IR 和三维荧光光谱表明，CFZ 分子被降解成一些含三键、累积双键、—OH，—NH_2 等基团小分子碎片和 NO^{3-}、SO_2^{3-} 和 CO_2^{3-} 等小分子无机离子。量子化学计算结合质谱学研究表明，Fe(VI)-clay-A 对 CFZ 分子的降解过程途径主要为分子内 β-内酰胺、噻二唑、四氮唑和二氢噻嗪环断裂。具体表现为：在 23 号原子处，含噻二唑基团碎片结构逐步脱硫降解；头孢母核基团则发生内酰胺环脱羧基、羧基羰基化、噻嗪环开裂过程；在 10N-11C 处，含四氮唑基团碎片结构逐步开环矿化。

2. 电晕放电等离子体对头孢唑林的降解

(1) 电晕放电等离子技术对 CFZ 有着良好的降解效能，且降解过程基本符合一级反应动力学。动力学研究表明，不同反应条件下 CFZ 的降解存在一定的差异性。较高初始 CFZ 浓度条件对 CFZ 的降解表现为抑制作用，而酸性条件和碱性条件均能促进体系中 CFZ 的去除，且碱性条件下的促进作用强于酸性条件。此外，空气氛围下 CFZ 的降解速率最大，氩气氛围下最小，这与氩气更易发生电离，捕获高能电子的能力更强相关。

(2) 光谱学研究发现，降解过程中 CFZ 的分子结构发生了明显变化。CFZ 溶液在 220 nm 和 270 nm 处有着较强的紫外吸收，且在 220 nm 处出现了吸收峰红移现象。同时，降解的深入使得 CFZ 逐渐被矿化成 SO_4^{2-}、NO_3^- 和 CO_3^{2-} 等小分子无机离子以及结构较简单的—OH、—NH_2 等基团。

（3）电晕放电过程中 CFZ 主要有 3 种降解途径：①噻二唑基团脱硫降解随后矿化为小分子离子硫酸盐、硝酸盐；②头孢母核发生分子间内酯化，β-内酰胺环开环脱掉酮基，二氢噻嗪环开裂直到完全矿化；③四氮唑被攻击成为 1H-四唑开环以氮气形式释放。

参 考 文 献

[1] Kümmerer K. Antibiotics in the aquatic environment-a review-part I[J]. Chemosphere, 2009, 75（4）: 417-434.

[2] Alanis A J. Resistance to antibiotics: Are we in the post-antibiotic era? [J]. Archives of Medical Research, 2005, 36（6）: 697-705.

[3] Terico A T, Gallagher J C. Beta-lactam hypersensitivity and cross-reactivity[J]. Journal of Pharmacy Practice, 2014, 27（6）: 530-544.

[4] 钱清华, 张萍. 药物合成技术[M]第二版. 北京: 化学工业出版社, 2016.

[5] 王润卿. 新型碳青霉烯类抗生素多尼培南的合成[D]. 上海: 华东师范大学, 2006.

[6] Zagursky R J, Pichichero M E. Cross-reactivity in beta-lactam allergy[J]. The Journal of Allergy and Clinical Immunology: In Practice, 2018, 6（1）: 72-81.

[7] Zhang L L, Qin S, Shen L, et al. Bioaccumulation, trophic transfer, and human health risk of quinolones antibiotics in the benthic food web from a macrophyte-dominated shallow lake, North China[J]. Science of the Total Environment, 2020, 712: 136557.

[8] Li R P, Zhang Y, Charles C L, et al. Hydrophilic interaction chromatography separation mechanisms of tetracyclines on amino-bonded silica column[J]. Journal of Separation Science, 2011, 34（13）: 1508-1516.

[9] Mann J. Antibiotics: Actions, origins, resistance[J]. Natural Product Reports, 2005, 22（2）: 304-305.

[10] Danner M C, Robertson A, Behrends V, et al. Antibiotic pollution in surface fresh waters: Occurrence and effects[J]. Science of the Total Environment, 2019, 664: 793-804.

[11] Gaskins H R, Collier C T, Anderson D B. Antibiotics as growth promotants: Mode of action[J]. Animal Biotechnology, 2002, 13（1）: 29-42.

[12] Cromwell G L. Why and how antibiotics are used in swine production[J]. Animal Biotechnology, 2002, 13（1）: 7-27.

[13] Zhang Q Q, Ying G G, Pan C G, et al. Comprehensive evaluation of antibiotics emission and fate in the river basins of China: Source analysis, multimedia modeling, and linkage to bacterial resistance[J]. Environmental Science & Technology, 2015, 49（11）: 6772-6782.

[14] 周日宇, 王彬, 董发勤, 等. 电晕放电等离子体对头孢唑林的降解[J]. 环境化学, 2019, 38（12）: 2768-2779.

[15] Carvalho I T, Santos L. Antibiotics in the aquatic environments: A review of the European scenario[J]. Environment International, 2016, 94: 736-757.

[16] EUCAST. European Committee on Antimicrobial Susceptibility Testing breakpoint tables for interpretation of MICs and Zone diameters[EB/OL]. http://www.eucast.org/clinical_breakpoints/. Ref Type: Data File, 2016.

[17] Zhang Y, Geissen S, Gal C. Carbamazepine and diclofenac: Removal in wastewater treatment plants and occurrence in water bodies[J]. Chemosphere, 2008, 73（8）: 1151-1161.

[18] Chen H, Li X J, Zhu S C. Occurrence and distribution of selected pharmaceuticals and personal care products in aquatic environments: A comparative study of regions in China with different urbanization levels[J]. Environmental Science & Pollution

Research, 2012, 19(6): 2381-2389.

[19] Gulkowska A, He Y, So M K, et al. The occurrence of selected antibiotics in Hong Kong coastal waters[J]. Marine Pollution Bulletin, 2007, 54(8): 1287-1306.

[20] Christian T, Schneider R J, Frber H A F, et al. Determination of antibiotic residues in manure, soil, and surface waters[J]. Acta Hydrochim. Hydrobiologica, 2003, 31(1): 36-44.

[21] Azanu D, Styrishave B, Darko G, et al. Occurrence and risk assessment of antibiotics in water and lettuce in Ghana[J]. Science of the Total Environment, 2018, 622-623: 293-305.

[22] Cha J M, Yang S, Carlson K H. Trace determination of β-lactam antibiotics in surface water and urban wastewater using liquid chromatography combined with electrospray tandem mass spectrometry[J]. Journal of Chromatography A, 2006, 1115(1): 46-57.

[23] Cullmann W, Edwards D, Kissing M, et al. Cefetamet pivoxil: A review of its microbiology, toxicology, pharmacokinetics and clinical efficacy[J]. International Journal of Antimicrobial Agents, 1992, 1(4): 175-191.

[24] 张永信. 抗菌药合理应用的原则及常用品种定位[J]. 药品评价, 2006(1): 12-29.

[25] 武洁花. 头孢唑林钠结晶过程研究[D]. 天津: 天津大学, 2007.

[26] Talaro K P. Foundations in Microbiology[M]. New York: McGraw-Hill, 2008.

[27] Selvi A, Das D, Das N. Potentiality of yeast Candida sp SMN04 for degradation of cefdinir, a cephalosporin antibiotic: Kinetics, enzyme analysis and biodegradation pathway[J]. Environmental Technology, 2015, 36(21-24): 3112-3124.

[28] 王伟华, 张万峰. 头孢类抗生素残留检测方法及环境风险评估研究[J]. 环境科学与管理, 2015, 40(11): 144-146.

[29] Thai P K, Ky L X, Binh V N, et al. Occurrence of antibiotic residues and antibiotic-resistant bacteria in effluents of pharmaceutical manufacturers and other sources around Hanoi, Vietnam[J]. Science of the Total Environment, 2018, 645: 393-400.

[30] Duan X Y, Zhang Y, Yan J Q, et al. Progress in pretreatment and analysis of cephalosporins: An update since 2005[J]. Critical Reviews in Analytical Chemistry, 2019: 1-32.

[31] Das N, Madhavan J, Selvi A, et al. An overview of cephalosporin antibiotics as emerging contaminants: A serious environmental concern[J]. 3 Biotech, 2019, 9(6): 231.

[32] Yang B, Zuo J, Li P, et al. Effective ultrasound electrochemical degradation of biological toxicity and refractory cephalosporin pharmaceutical wastewater[J]. Chemical Engineering Journal, 2016, 287: 30-37.

[33] Bojnourd F M, Pakizeh M. Preparation and characterization of a PVA/PSf thin film composite membrane after incorporation of PSSMA into a selective layer and its application for pharmaceutical removal[J]. Separation and Purification Technology, 2018, 192: 5-14.

[34] 张洪亮. 基于介孔材料检测头孢氨苄及其吸附性能研究[D]. 石家庄: 河北科技大学, 2018.

[35] Song G F, Guo Y J, Li G T, et al. Comparison for adsorption of tetracycline and cefradine using biochar derived from seaweed Sargassum sp.[J]. Desalination and Water Treatment, 2019, 160: 316-324.

[36] 鲍晓丽, 隋铭皓, 关春雨, 等. 水处理中的高级氧化技术[J]. 环境科学与管理, 2006, 31(1):105-107.

[37] Wang X H, Lin A. Phototransformation of cephalosporin antibiotics in an aqueous environment results in higher toxicity[J]. Environmental Science & Technology, 2012, 46(22): 12417-12426.

[38] Zhang E, Yu Q L, Zhai W J, et al. High tolerance of and removal of cefazolin sodium in single-chamber microbial fuel cells operation[J]. Bioresource Technology, 2018, 249: 76-81.

[39] Lazaratou C V, Vayenas D V, Papoulis D. The role of clays, clay minerals and clay-based materials for nitrate removal from water systems: A review[J]. Applied Clay Science, 2020, 185: 105377.

[40] 赵子豪, 孙红娟, 彭同江, 等. 超声离心法钠化提纯膨润土[J]. 非金属矿, 2017, 40(3): 14-17.

[41] Yilmaz Y Y, Yalçinkaya E E, Demirkol D O, et al. 4-aminothiophenol-intercalated montmorillonite: Organic-inorganic hybrid material as an immobilization support for biosensors[J]. Sensors and Actuators B: Chemical, 2020, 307: 127665.

[42] 李细方. 高铁酸钾的电化学制备[D]. 上海: 上海应用技术学院, 2015.

[43] 冯长春, 周志浩, 蒋凤生, 等. 高铁酸钾的结构研究[J]. 化学世界, 1991(3): 102-106.

[44] 胡冰洁. 改性蒙脱石吸附对硝基氯苯及六价铬的研究[D]. 广州: 华南理工大学, 2011.

[45] Wei Y L, Wang Y S, Liu C H. Preparation of potassium ferrate from spent steel pickling liquid[J]. Metals, 2015, 5(4): 1770-1787.

[46] 李俊珂. 高铁酸钾的制备及其氧化 5-羟甲基糠制备呋喃二甲酸的研究[D]. 杭州:浙江理工大学, 2016.

[47] Lei B, Zhou G D, Cheng T X. Synthesis of potassium ferrate by chemical dry oxidation and its properties in degradation of methyl orange[J]. Asian Journal of Chemistry, 2013, 25(1): 27-31.

[48] Prucek R, Tuček J, Kolařík J, et al. Ferrate(VI)-Induced arsenite and arsenate removal by in situ structural incorporation into magnetic Iron(III) oxide nanoparticles[J]. Environmental Science & Technology, 2013, 47(7): 3283-3292.

[49] Wang Y L, Ye S H, Bo J K, et al. Electrochemical reduction mechanism of Fe(VI) at a porous pt black electrode[J]. Journal of the Electrochemical Society, 2009, 156(7): A572-A576.

[50] 陈红燕. 碱性高铁酸盐电池中高铁酸钾的合成及稳定性能和放电性能的改善[D]. 长沙: 中南大学, 2012.

[51] Das N, Madhavan J, Selvi A, et al. An overview of cephalosporin antibiotics as emerging contaminants: A serious environmental concern[J]. 3 Biotech, 2019, 9(6): 231.

[52] Jiang J, Lloyd B. Progress in the development and use of ferrate(VI) salt as an oxidant and coagulant for water and wastewater treatment[J]. Water Research, 2002, 36(6): 1397-1408.

[53] Samarghandi M R, Rahmani A, Asgari G, et al. Photocatalytic removal of cefazolin from aqueous solution by AC prepared from mango seed plus ZnO under UV irradiation[J]. Global Nest Journal, 2018, 20(2): 399-407.

[54] Chen J B, Wang Y, Qian Y J, et al. Fe(III)-promoted transformation of β-lactam antibiotics: Hydrolysis vs oxidation[J]. Journal of Hazardous Materials, 2017, 335: 117-124.

[55] Sharma V K. Potassium ferrate(VI): An environmentally friendly oxidant[J]. Advances in Environmental Research, 2002, 6(2): 143-156.

[56] 刘宏民. 实用有机光谱解析[M]. 郑州: 郑州大学出版社, 2008.

[57] Tian Y, Wang W D, Zou W B, et al. Application of solid-State NMR to reveal structural differences in cefazolin sodium pentahydrate from different manufacturing processes[J]. Frontiers in Chemistry, 2018, 6: 113-119.

[58] 杨晨, 王国平. 头孢氨苄水解物的镍/锌单核配合物的合成、晶体结构及抗肿瘤活性[J]. 无机化学学报, 2018, 34(12): 2172-2178.

[59] Wei M X, Wang B, Chen S, et al. Study on spectral characteristics of dissolved organic matter collected from the decomposing process of crop straw in West Sichuan Plain[J]. Spectroscopy and Spectral Analysis, 2017, 37(9): 2861-2868.

[60] 宁永成. 有机化合物结构鉴定与有机波谱学[M]. 第三版. 北京: 科学出版社, 2014.

[61] Valencia S, Marin J M, Restrepo G, et al. Application of excitation-emission fluorescence matrices and UV/Vis absorption to monitoring the photocatalytic degradation of commercial humic acid[J]. Science of the Total Environment, 2013, 442(JAN.1):

207-214.

[62] Zhang J Z, Yang Q, Xi B D, et al. Study on spectral characteristic of dissolved organic matter fractions extracted from municipal solid waste landfill leachate[J]. Spectroscopy and Spectral Analysis, 2008, 28（11）: 2583-2587.

[63] 杨涛. Fe（Ⅵ）对双酚 A 类有机污染物和有机砷去除效能与机制[D]. 哈尔滨: 哈尔滨工业大学, 2019.

[64] 彭涛, 杨滨, 徐超, 等. 量子化学在化学品环境污染研究中的应用[J]. 环境化学, 2020, 4（39）:876-890.

[65] 金晓玲. 头孢类抗生素超声/芬顿降解过程产物鉴定及生物毒性分析[D]. 保定: 河北大学, 2018.

[66] Zhang K J, Zhou X Y, Du P H, et al. Oxidation of β-lactam antibiotics by peracetic acid: Reaction kinetics, product and pathway evaluation[J]. Water Research, 2017, 123: 153-161.

[67] 刘忠莹, 杨鹏博, 黄晓军, 等. LC-MS/MS 法分析注射用头孢唑林钠中的有关物质[J]. 新疆医科大学学报, 2014, 37（12）: 1608-1613.

[68] Gurkan Y Y, Turkten N, Hatipoglu A, et al. Photocatalytic degradation of cefazolin over N-doped TiO_2 under UV and sunlight irradiation: prediction of reaction paths via conceptual DFT[J]. Chemical Engineering Journal, 2012, 184: 113-124.

[69] Sugiarto A T, Sato M. Pulsed plasma processing of organic compounds in aqueous solution[J]. Thin Solid Films, 2001, 386（2）: 295-299.

[70] Marotta E, Ceriani E, Schiorlin M, et al. Comparison of the rates of phenol advanced oxidation in deionized and tap water within a dielectric barrier discharge reactor[J]. Water Research, 2012, 46（19）: 6239-6246.

[71] Hu Y, Bai Y, Li X, et al. Application of dielectric barrier discharge plasma for degradation and pathways of dimethoate in aqueous solution[J]. Separation and Purification Technology, 2013, 120: 191-197.

[72] Ince N H, Tezcanli-Güyer G. Impacts of pH and molecular structure on ultrasonic degradation of azo dyes[J]. Ultrasonics, 2004, 42（1-9）: 591-596.

[73] 商克峰, 王肖静, 鲁娜, 等. 介质阻挡放电脱色酸性橙Ⅱ废水的动力学及脱色物化效应[J]. 高电压技术, 2018, 44（9）: 3009-3015.

[74] Rong S P, Sun Y B. Wetted‐wall corona discharge induced degradation of sulfadiazine antibiotics in aqueous solution[J]. Journal of Chemical Technology & Biotechnology, 2014, 89（9）: 1351-1359.

[75] 何东, 孙亚兵, 冯景伟, 等. 电晕放电等离子体技术处理水中四环素的研究[J]. 环境科学学报, 2014, 34（9）: 2219-2225.

[76] 褚小立. 化学计量学方法与分子光谱分析技术[M]. 北京: 化学工业出版社, 2011.

[77] 吴丰昌. 天然有机质及其与污染物的相互作用[M]. 北京: 科学出版社, 2010.

[78] Merrick J P, Radom L. An evaluation of harmonic vibrational frequency scale factors[J]. The Journal of Physical Chemistry A, 2007, 111（45）: 11683-11700.

[79] Gurkan Y Y, Turkten N, Hatipoglu A, et al. Photocatalytic degradation of cefazolin over N-doped TiO_2 under UV and sunlight irradiation: Prediction of the reaction paths via conceptual DFT[J]. Chemical Engineering Journal, 2012, 184: 113-124.

[80] Okamoto Y, Kiriyama K, Namiki Y, et al. Degradation kinetics and isomerization of cefdinir, a new oral cephalosporin, in aqueous solution.2. Hydrolytic degradation pathway and mechanism for beta-lactam ring opened lactones[J]. Journal of Pharmaceutical Sciences, 1996, 85（9）: 976-983.

第 2 章　分散式生活污水处理站脱氮除磷协同提升技术

2.1　概　　述

水体污染是中国面临的主要环境问题之一。中国十分重视水环境保护，并采取了多种措施进行水污染防治。城镇污水排放标准随之提高，同时对污水厂去除 COD_{Cr}、总氮 (TN)、总磷 (TP)、NH_3-N 等指标提出了更高的要求，不仅从工艺选择上，也从污水厂的稳定运行水平上提高了要求。随着新环保法和《水污染防治行动计划》(简称 "水十条") 的实施，为达到《城镇污水处理厂污染物排放标准》(GB 18918—2002) 一级 A 标准要求，对 TN、TP 等污染物排放不达标的污水处理厂进行升级改造是一条必经途径，而新建的生活污水处理厂必须考虑应用氮磷深度处理技术。

鉴于此，研究开发建造方式灵活、运行成本低、适于当前处理出水中氮磷不达标的城镇污水厂改造的工艺技术和新建生活污水处理厂氮磷深度处理技术，是必然的发展趋势。

本章拟以绵阳某污水处理站氧化沟工艺为研究对象，通过对出水氮磷不达标进行分析，在自制氧化沟小试装置中采用微生物调控技术、增加前置厌氧、化学强化或磷回收等单元，提升氧化沟工艺的脱氮除磷效果，确保氧化沟工艺出水氮磷稳定达到《城镇污水处理厂污染物排放标准》(GB 18918—2002) 一级 A 标准；同时将生态净化床作为氧化沟、移动床生物膜反应器 (moving bed biofilm reactor，MBBR) 等生活污水二级生化处理后的脱氮除磷深度处理单元，探讨生态净化床的脱氮除磷效能，探明采用生态净化床作为脱氮除磷深度处理单元的技术经济可行性。考虑到自制氧化沟小试装置出水 TP 浓度难以稳定达到《城镇污水处理厂污染物排放标准》(GB 18918—2002) 一级 A 标准，还需配合其他方法进一步除磷。本章设计采用鸟粪石沉淀法对污泥浓缩池上清液中的氮磷进行回收，探讨溶液初始 pH、反应时间、反应温度等对鸟粪石形成的影响，以探明鸟粪石形成的适宜沉淀条件、鸟粪石回收的经济可行性及污泥浓缩池上清液磷回收后对氧化沟进水中 PO_4^{3-}-P、NH_4^+-N 浓度的影响。除此之外也进一步探讨了零价铁与生物脱氮除磷有无协同作用，分别将零价铁的种类、投加量、pH、C/N、C/P 作为控制条件探讨了零价铁耦合脱氮除磷的效能，为脱氮除磷技术提供参考。

2.2　氧化沟水质指标的影响及其优化

该污水处理站采用的 T 形氧化沟工艺是典型的交替运行式氧化沟，B 池 (中沟) 始终作为曝气池，两个边沟交替作为厌氧池与沉淀池。整个工艺在运行上具有周期性的时序特征，氧化沟各沟道混合液中 COD_{Cr}、TN、NH_3-N、TP 浓度在时间和空间上是动态变化的。

本节以该污水处理站同一组氧化沟为研究对象，考察了不同曝气时间、沉淀时间和水力停留时间(hydraulic retention time，HRT)对混合液中 COD_{Cr}、TN、NH_3-N、TP 等水质指标的影响。

2.2.1 材料与方法

2.2.1.1 实验用水、所用药剂及仪器

1. 实验用水来源

实验用水均取自该污水处理站相关污水处理构筑物，但考察参数不同，其实验用水来源不同，具体用水来源如下。

(1)探讨不同曝气时间、沉淀时间影响时，实验用水取自氧化沟中处于曝气状态刚结束时的混合液。其水质指标为：COD_{Cr} 为 66～78 mg/L；TN 为 16.5～19.50 mg/L；NH_3-N 为 9.3～11.2 mg/L；TP 为 0.25～0.48 mg/L；pH 为 7.21～7.96。

(2)探讨不同 HRT 影响时，实验用水取自分配井。其水质指标为：COD_{Cr} 为 330～412 mg/L；TN 为 40.20～42.55 mg/L；NH_3-N 为 28.54～31.68 mg/L；TP 为 5.0～6.3 mg/L；pH 为 7.21～7.96。

所用药剂：盐酸、氢氧化钠、浓硫酸、过硫酸钾、抗坏血酸碘化汞、碘化钾等。除过硫酸钾为优级纯，其他均为分析纯。

所用仪器：UV-1600 型紫外分光光度计；pHS-320 型 pH 计；LDZX-30KBS 立式压力蒸汽灭菌器；HI9143 便携式自动 DO 测定仪。

2. 分析测试方法

COD_{Cr}：快速消解法[1]；TN：碱性过硫酸钾分光光度法[2]；溶解性总磷：钼酸铵分光光度法[3]；氨氮：纳氏试剂分光光度法[4]。

2.2.1.2 实验方法

1. 增加曝气时间对水质指标的影响

取氧化沟中沟曝气 1.5 h 后的污水作为实验用水。实验设置 4 组，用 2 L 烧杯为反应容器继续曝气，曝气时间分别增加 0 min、10 min、20 min、30 min，通过测定各组曝气前后溶液中 COD_{Cr}、TN、NH_3-N、TP 浓度值，考察增加曝气时间对水质指标的影响。

为探究实验用水的 pH 由 7.9 升至 8.6 时氨氮的逃逸量，本书采用烧杯实验的方法。模拟废水：称取约 0.041 g 氯化铵，加入无氨水溶解，配置成 NH_3-N 初始浓度为 9.28 mg/L 的溶液，采用无氨水配置的 NaOH 溶液调节其溶液的 pH；在室温 20℃左右及有搅拌、无曝气的条件下，调节模拟废水的 pH 由 7.9 升至 8.6 时，考察模拟废水中氨氮浓度的变化。

2. 不同沉淀时间对水质指标的影响

取氧化沟边沟曝气 1.5 h 后的污水作为实验用水。实验设置 6 组，用 2 L 烧杯作为反应容器进行沉淀，沉淀时间分别设置为：0 h、1 h、2 h、3 h、4 h、5 h，通过测定各组沉淀前后溶液中 COD_{Cr}、TN、TP、NH3-N、DO 浓度值，考察不同沉淀时间对水质指标的影响。

3. 不同 HRT 对水质指标的影响

取分配井中的污水作为实验用水，实验设置 11 组，用 2 L 烧杯作为反应容器，模拟污水站原氧化沟运行方式(具体见 2.3.2 节)，各组 HRT 分别设置为 10 h、11 h、12 h、13 h、14 h、15 h、16 h、17 h、18 h、19 h、20 h，通过测定一定停留时间前后溶液中 COD_{Cr}、TN、NH₃-N、TP 的浓度值，考察不同 HRT 对氧化沟出水水质的影响。

2.2.2　结果与分析

2.2.2.1　增加曝气时间对出水水质的影响

增加不同曝气时间后溶液中 COD_{Cr}、TN、NH₃-N、TP、pH 变化如表 2.1 所示。

表 2.1　增加曝气时间对溶液中 COD_{Cr}、TN、NH₃-N、TP、pH 的影响

增加时间/min	COD_{Cr}/(mg/L)	TN/(mg/L)	NH₃-N/(mg/L)	TP/(mg/L)	pH
0	66	19.5	9.3	0.48	7.9
10	60	16.7	7.8	0.32	8.2
20	55	14.9	5.7	0.26	8.5
30	53	14.2	5.0	0.18	8.6

由表 2.1 可以看出，随着曝气时间的增加，污水中 TN、NH₃-N、TP、COD_{Cr} 浓度总体呈下降趋势。当曝气时间为 30 min 时，污水中 TN、NH₃-N、TP 浓度均已满足《城镇污水处理厂污染物排放标准》(GB 18918－2002)一级 A 标准；但污水中 COD_{Cr} 浓度仍未满足一级 A 标准排放要求(50 mg/L)。曝气时间为 30 min 与曝气时间为 20 min 相比，污水中 TN、NH₃-N、TP、COD_{Cr} 浓度变化不大。

NH₃-N 浓度的降低，可能与氨逃逸和硝化作用有关。氨逃逸化学式为

$$NH_4^+ + OH^- \longrightarrow NH_3 + H_2O \tag{2-1}$$

影响氨逃逸的因素主要有 pH、温度，在增加曝气时间的实验研究中，混合液的 pH 变化范围为 7.9～8.6，室温在 20 ℃左右。实验中，氨氮浓度降低了 4.3 mg/L，氨氮浓度降低可能存在氨逃逸作用和硝化作用。

为探讨溶液 pH 变化时氨的逃逸情况，进行了氨逃逸的烧杯实验，其实验结果为：当 pH 由 7.9 增至 8.6 时，氨氮浓度由 9.3 mg/L 降至 7.9 mg/L，氨氮浓度降低 1.4 mg/L，即在本实验研究条件下氨逃逸浓度为 1.4 mg/L。

由表 2.1 可以看出：当曝气时间由 0 min 增加至 30 min 时，氨氮浓度降低了 4.3 mg/L。

结合氨逃逸的烧杯实验结果，当曝气时间由 0 min 增加至 30 min 时，氨逃逸量约占 1.4 mg/L，所以，氨氮浓度的降低除了存在氨逃逸作用，还存在氨氮的生物硝化作用。

当曝气时间分别为 10 min、20 min、30 min 时，TN 浓度分别减少了 2.8 mg/L、4.6 mg/L、5.3 mg/L，结合氨氮浓度的变化，TN 浓度降低与氨的逃逸、硝化作用及同步硝化反硝化作用有关。

TP 浓度降低可能主要源于聚磷菌在好氧状态下能超量地将污水中的磷吸入体内，从而降低溶液中 TP 含量。

综上所述，增加曝气时间可以降低污水中 COD_{Cr}、TN、NH_3-N、TP 的浓度，但综合考虑能耗及曝气时间对水质指标的降低效果，选择增加曝气 20 min 较为适宜。

2.2.2.2　不同沉淀时间对出水水质的影响

为探讨不同沉淀时间对氧化沟出水水质的影响，本书取氧化沟中处于曝气刚结束时的污水进行沉淀，并对不同沉淀时间混合液中 DO 浓度进行了测定，具体测定结果如表 2.2 所示。

表 2.2　边沟不同沉淀时间混合液中 DO 浓度　　　　　　（单位：mg/L）

日期	沉淀时间/h					
	0	1	2	3	4	5
11.05	1.86	1.52	1.03	0.89	0.53	0.18
11.06	1.62	1.33	0.95	0.66	0.49	0.22
11.08	1.84	1.66	1.09	0.81	0.59	0.29
11.12	1.78	1.46	1.18	0.95	0.62	0.37
11.16	1.88	1.25	1.22	0.80	0.44	0.29
11.20	1.91	1.56	1.00	0.61	0.39	0.39

由表 2.2 可得：在 5 h 的沉淀时间内，随着沉淀时间的增加，边沟 DO 浓度呈下降趋势；当沉淀时间增至 4 h 以后，随沉淀时间的增加，边沟逐渐形成兼氧乃至厌氧环境。

取边沟不同沉淀时间的污水，测定不同沉淀时间时溶液中 COD_{Cr}、TN、NH_3-N、TP、SS 浓度。具体结果如图 2.1 所示。

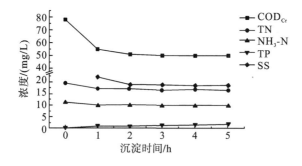

图 2.1　不同沉淀时间对水质指标的影响

由图 2.1 可以看出，随着沉淀时间的增加，COD_{Cr}、TN、SS 浓度呈下降趋势。在沉淀 2 h 后，随沉淀时间增加，COD_{Cr}、TN、SS 浓度基本稳定。COD_{Cr}、TN、SS 在沉淀 3 h 后浓度基本无变化。在沉淀 5 h 后，NH_3-N 浓度保持在 10～11.2 mg/L。而随着沉淀时间的增加，TP 浓度呈增加趋势。沉淀至 5 h 时，TP 浓度从开始沉淀时的 0.25 mg/L 增至 1.94 mg/L。沉淀时间为 2 h 时，TP 浓度为 0.45 mg/L，满足《城镇污水处理厂污染物排放标准》（GB 18918—2002）一级 A 标准要求（0.5 mg/L）。结合不同沉淀时间 DO 浓度变化情况的分析结果，当沉淀时间增至 4 h 以后，A/C 池（边沟）逐渐形成兼氧乃至厌氧环境，有利于聚磷菌的释磷，从而导致 TP 浓度由 1.10 mg/L 增加至 1.76 mg/L。

据上分析，综合考虑不同沉淀时间对污水中 COD_{Cr}、TN、NH_3-N、TP、SS 浓度的影响，沉淀时间设置为 3 h 较合适。

2.2.2.3　HRT 对出水水质的影响

不同 HRT 时，混合液中 COD_{Cr}、TN、NH_3-N、TP 浓度变化如表 2.3 所示。

表 2.3　不同 HRT 时混合液中 COD_{Cr}、TN、NH_3-N、TP 浓度变化

HRT/ h	COD_{Cr}			TN			NH_3-N			TP		
	进水/ (mg/L)	出水/ (mg/L)	去除率/ %	进水/ (mg/L)	出水/ (mg/L)	去除率/ %	进水/ (mg/L)	出水/ (mg/L)	去除率/ %	进水/ (mg/L)	出水/ (mg/L)	去除率/ %
10	363	62	83	41.22	19.8	52	28.54	9.9	65	5.7	0.80	86
11	352	56	84	40.28	17.3	57	30.31	9.4	69	6.3	0.94	85
12	330	56	83	40.02	16.4	59	29.82	9.5	68	5.5	0.66	88
13	372	59	84	40.11	16.0	60	30.25	9.0	70	6.2	0.74	88
14	412	57	86	40.36	15.7	61	30.47	8.2	73	5.3	0.68	87
15	361	46	87	41.34	13.2	68	31.56	7.8	75	6.1	0.91	85
16	386	46	88	41.69	12.9	69	29.68	5.0	83	5.0	0.75	85
17	403	40	90	40.39	12.1	70	30.02	4.5	85	6.1	1.00	84
18	396	31	92	42.55	13.6	68	30.17	4.5	85	5.1	0.90	82
19	375	33	91	40.66	12.6	69	31.68	5.0	84	5.5	1.10	80
20	369	29	92	41.36	12.4	70	30.47	4.5	85	6.0	1.20	80

由表 2.3 可以看出：当 HRT 为 10～17 h 时，随 HRT 的增加，COD_{Cr} 的去除率逐步上升，当 HRT 为 18 h 和 20 h 时，COD_{Cr} 的去除率最高，为 92%，在实验研究条件下，HRT 大于等于 15 h 时，COD_{Cr} 浓度均低于《城镇污水处理厂污染物排放标准》（GB 18918—2002）一级 A 标准。当 HRT 为 10～16 h 时，随 HRT 的增加，TN 去除率呈增加趋势，当 HRT 为 17 h 时，TN 的去除率最高，为 70%，在实验研究条件下，HRT≥15 h 时，TN 浓度均低于一级 A 标准。当 HRT 为 10～17 h 时，随 HRT 的增加，NH_3-N 去除率逐步上升，当 HRT 为 17 h、18 h 和 20 h 时，NH_3-N 去除率最高，为 85%，在实验研究条件下，HRT≥16 h 时，NH_3-N 浓度均低于一级 A 标准。当 HRT 为 10～13 h 时，随 HRT 的增加，TP 去除率逐步上升，当 HRT 为 12 h 和 13 h 时，TP 去除率最高，为 88%，在实验研究条件下，TP 浓度均高于一级 A 标准（0.5 mg/L）。

目前该污水处理站单组氧化沟 HRT 为 18.2 h，HRT 较长，根据以上数据分析，综合考虑出水 COD_{Cr}、TN、NH_3-N、TP 等指标浓度值，HRT 设置为 16 h。

综上分析：调整该污水处理站氧化沟工艺的曝气时间、沉淀时间和 HRT，可在一定程度上提高该氧化沟工艺的出水水质。

2.2.3　小结

2.2 节考察了氧化沟曝气 90 min 后，增加曝气时间 0～30 min 对混合液水质的影响；考察了在氧化沟边沟一个运行周期内，A/C 池（边沟）不同沉淀时间时各水质指标变化情况；探讨了当 HRT 在 10～20 h 变化时，不同 HRT 对氧化沟出水水质的影响。得出如下研究结果。

(1)在原污水处理站运行方式的基础上，在增加曝气 20 min 后，COD_{Cr} 浓度保持在 53～55 mg/L；TN 浓度保持在 14.2～14.9 mg/L；NH_3-N 保持在 5～5.7 mg/L；TP 浓度保持在 0.18～0.26 mg/L。在增加曝气 20～30 min 后，随着曝气时间增加，混合液中 COD_{Cr}、TN、NH_3-N、TP 浓度虽有降低，但变化不大，考虑能耗，增加曝气 20 min 较为适宜。

(2)A/C 池（边沟）沉淀 5 h 内：开始沉淀的 2 h 内，COD_{Cr}、TN、NH_3-N、SS 的浓度随沉淀时间的延长呈下降趋势，当沉淀时间至 2 h 后，COD_{Cr} 浓度保持在 50.1～50.3 mg/L、TN 浓度保持在 16.5～16.8 mg/L、NH_3-N 浓度保持在 10.0～11.2 mg/L、SS 浓度保持在 18.5～18.8 mg/L；但随沉淀时间增加至 5 h，TP 浓度由起始的 0.25 mg/L 增加至 1.94 mg/L；当沉淀时间由 3 h 增至 4 h 时，A/C 池（边沟）已逐渐形成兼氧乃至厌氧环境，TP 浓度由 1.10 mg/L 增加至 1.76 mg/L。在 A/C（边沟）一个运行周期内，边沟沉淀时间应由原来的 5 h 缩短到 3 h 较为适宜。

(3)结合不同 HRT 时混合液中 COD_{Cr}、TN、NH_3-N、TP 浓度的变化情况，HRT 由原来的 18.2 h 缩短至 16 h 较为适宜。

2.3　自制氧化沟小试装置的启动运行及工艺参数优化

根据 2.2 节研究结果可知：改变运行周期中各阶段的时间与状态，如适当增加曝气时间或减少沉淀时间，可降低出水中 COD_{Cr}、TN、NH_3-N、TP 等的含量。基于以上研究结果，本节采用自制氧化沟小试装置，提出不同于该污水处理站氧化沟工艺的两种新运行方式，对比两种运行方式，调整了 HRT、排泥方式等参数，旨在优选出适宜的运行方式和工艺参数。

2.3.1　实验装置的设计

设计实验装置日处理量为 1 m^3/d。设计出水水质指标达到《城镇污水处理厂污染物排放标准》（GB 18918—2002）一级 A 标准。

2.3.1.1　设计参数

设计参数的选取源自《排水工程(下册)》[5]:污泥泥龄 T_s 设计范围为 4~48 h。取 T_s=30 d(考虑污泥稳定);产泥系数为 Y:设计范围为 0.8~4 kg MLSS/kg BOD_5,取 Y=0.48 kg MLSS/kg BOD_5;内源代谢系数为 K_d:设计范围为 0.075~0.04 d^{-1},取 K_d=0.05 d^{-1};污泥浓度 X=4000 mg/L;可生物降解的 VSS 比例 f_b=0.7;反硝化速率 V_{DN}=0.026 kg NO_3^--N/(kgVSS·d);回流污泥浓度 X_R=10000 mg/L。

2.3.1.2　设计计算

1. 碳氧化、氮硝化容积(好氧区的容积)计算

$$V_1 = \frac{1000YQ(L_0 - L_e)\theta_c}{X(1 + K_d\theta_c)} \tag{2-2}$$

式中,V_1 为碳氧化、氮硝化容积,m^3;Y 为产泥系数,kg MLSS/kg BOD_5;L_0、L_e 为进水、出水的 BOD_5 的浓度,mg/L;X 为污泥浓度,mg/L;K_d 为内源代谢系数,d^{-1};θ_c 为污泥龄,d。则碳氧化、氮硝化容积为

$$V_1 = \frac{YQ(L_0 - L_e)\theta_c}{4(1 + K_d\theta_c)} = \frac{0.48 \times 1 \times 0.23 \times 30}{4 \times (1 + 0.05 \times 30)} = 0.33(m^3) \tag{2-3}$$

2. 反硝化区容积的计算

1)计算反硝化区脱氮量 W(单位为 kg N/d)

$$W = \frac{Q(N_0 - N_e) - 0.124YQ(L_0 - L_e)}{1000} \tag{2-4}$$

式中,N_0、N_e 分别为进、出水中总氮浓度,mg/L;0.124 表示微生物细胞分子式 $C_5H_7NO_2$ 中氮占 12.4%。则

$$W = \frac{Q(N_0 - N_e) - 0.124YQ(L_0 - L_e)}{1000} = \frac{1 \times 48 - 0.124 \times 0.48 \times 1 \times 350}{1000} \tag{2-5}$$
$$= 0.0272(kg\ N/d)$$

2)反硝化区所需污泥量 G(单位为 kg)为

$$G = \frac{W}{V_{DN}} \tag{2-6}$$

式中,V_{DN} 为反硝化速率,kgNO_3^--N/(kg MLSS·d)。

在水温为 8℃时,氧化沟中污泥浓度 X=4000 mg/L 时,V_{DN}=0.026 kg NO_3^--N/(kg VSS·d),则

$$G = \frac{W}{V_{DN}} = \frac{0.027}{0.026} = 1.038(kg) \tag{2-7}$$

3)反硝化区容积 V_2(单位为 m^3)

$$V_2 = \frac{G}{X} = \frac{1.03 \times 1000}{4000} = 0.2575(m^3) \tag{2-8}$$

3. 氧化沟总容积和沉淀区容积的计算[6]

1) 氧化沟的总容积

$$V = \frac{V_1 + V_2}{K} \tag{2-9}$$

式中，K 为具有活性作用的污泥占总污泥量的比例，$K=0.55$。

则

$$V = \frac{V_1 + V_2}{K} = \frac{0.33 + 0.25}{0.55} = 1.05\,(\mathrm{m}^3) \tag{2-10}$$

2) 澄清沉淀区容积

三沟式氧化沟两条边沟是轮换做澄清沉淀用的，澄清沉淀区容积为

$$V_3 = V - V_1 - V_2 = 1.05 - 0.33 - 0.25 = 0.47\,(\mathrm{m}^3) \tag{2-11}$$

4. 氧化沟尺寸的设计计算

设氧化沟单座，则装置氧化沟有效容积为

$$V_{\text{单}} = 1.05\,(\mathrm{m}^3) \tag{2-12}$$

三组沟道采用相同的容积，则每组沟道容积为

$$V_{\text{单沟}} = \frac{V_{\text{单}}}{3} = 0.35\,(\mathrm{m}^3) \tag{2-13}$$

每组氧化沟单沟宽度 $B=0.5\,(\mathrm{m})$，有效水深 $h=0.4\,(\mathrm{m})$，超高为 0.2 m，中间分隔墙厚度 $b=0.02\,(\mathrm{m})$。

每组沟道面积为

$$A = \frac{V_{\text{单沟}}}{h} = \frac{0.34}{0.4} = 0.875\,(\mathrm{m}^2) \tag{2-14}$$

直线段长度为

$$L = \frac{A}{B} = \frac{0.85}{0.5} = 1.75\,(\mathrm{m}) \tag{2-15}$$

氧化沟小试装置采用聚氯乙烯(polyvinyl chloride, PVC)板制作而成，该反应器尺寸为：1.7 m×1.5 m×0.6 m，每条沟的尺寸为：1.7 m×0.5 m×0.6 m。反应器总有效容积为 1 m³。中沟始终作为曝气池，两个边沟交替作为厌氧池与沉淀池。实验期间，平均气温为 5~12℃。

2.3.2　材料与方法

2.3.2.1　实验用水

实验用水取自该污水处理站分配井，其水质指标：COD_{Cr} 为 350~539 mg/L；TN 为 43.17~70.16 mg/L；NH_3-N 为 31.35~60.87 mg/L；TP 为 5.0~6.3 mg/L；pH 为 7.21~7.96。

2.3.2.2　接种污泥

氧化沟小试装置接种污泥取自该污水处理站氧化沟，混合液悬浮固体(mixed liquid suspended solid, MLSS)浓度为 4 g/L，其挥发性悬浮物(volatile suspended solid, VSS)/总

悬浮物(total suspended solid，TSS)为 0.7。

2.3.2.3　启动方法

氧化沟小试装置采用连续流方式启动运行，HRT 为该污水处理站氧化沟的 18.2 h，运行方式采用原污水处理站运行方式，排泥方式同原污水处理站，即从中沟(B 池)排泥。

2.3.2.4　分析测定方法

COD_{Cr}、TN、NH_3-N、TP、pH 水质指标检测方法同 2.2.1.1 节。

2.3.3　运行方式改进

根据 2.2 节研究结果，本节提出不同于该污水处理站氧化沟工艺的两种新运行方式：即运行方式 1 和运行方式 2。两种运行方式如图 2.2 所示。

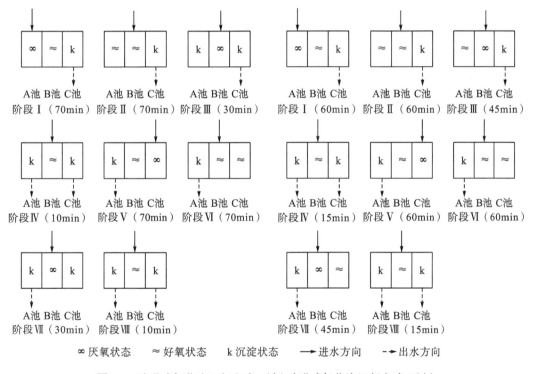

图 2.2　改进式氧化沟运行方式 1(左)改进式氧化沟运行方式 2(右)

2.3.3.1　运行方式 1

运行方式 1：每组氧化沟单条沟 1 个运行周期分为 8 个阶段(Ⅰ～Ⅷ)。单条氧化沟运行周期为 360 min(6 h)，三条沟全部完成一个运行周期需要 18 h，其一个周期内的时序分配见表 2.4。

表 2.4　运行方式 1 一个周期内时序分配表

项目	A 池/min	B 池/min	C 池/min	总计/min	时间占比/%
厌氧时间	70	60	70	200	18.52
好氧时间	70	300	70	440	40.74
沉淀时间	220	0	220	440	40.74
合计	360	360	360	1080	100

结合表 2.4,与该污水处理站氧化沟工艺运行方式相比,就单条沟的一个运行周期而言,阶段Ⅰ、Ⅱ、Ⅴ、Ⅵ由原来的 90 min 变为 70 min,阶段Ⅲ、Ⅶ由原来的 45 min 变为 30 min,阶段Ⅳ、Ⅷ由原来的 15 min 变为 10 min。其运行方式见图 2.2 左图。

氧化沟由三条沟组成,由左到右依次表示为:A 池、B 池、C 池。

阶段Ⅰ:污水由 A 池进入系统,A 池开启搅拌设备,由缺氧状态转入厌氧状态。B 池处于曝气状态,C 池作为沉淀池。阶段Ⅰ过程持续 70 min(1.17 h)。

阶段Ⅱ:污水由 B 池进入系统,A 池开始曝气。B 池、C 池仍然保持阶段Ⅰ状态。阶段Ⅱ过程持续 70 min(1.17 h)。

阶段Ⅲ:污水仍然由 B 池进入系统,A 池停止曝气,进入沉淀状态。B 池开启搅拌设备,由好氧状态转为缺氧状态。C 池仍是沉淀池。阶段Ⅲ过程持续 30 min(0.5 h)。

阶段Ⅳ:为过渡阶段。污水由 B 池进入系统,A 池仍处于沉淀状态。B 池开启曝气设备,进入好氧状态,C 池仍然保持沉淀状态。阶段Ⅳ过程持续 10 min(0.17 h)。

阶段Ⅴ:污水改从 C 池进入系统,A 池作为沉淀池,C 池开启搅拌设备,由沉淀状态转为厌氧状态,B 池始终处于曝气状态。阶段Ⅴ过程持续 70 min(1.17 h)。

阶段Ⅵ:污水由 B 池进入系统,C 池开始曝气。A 池、B 池仍然保持上一阶段状态。阶段Ⅵ过程持续 70 min(1.17 h)。

阶段Ⅶ:污水仍然由 B 池进入系统,C 池停止曝气,进入沉淀状态。B 池开启搅拌设备,由好氧转为厌氧状态。A 池仍是沉淀池。阶段Ⅶ过程持续 30 min(0.5 h)。

阶段Ⅷ:为过渡阶段。污水改从 B 池进入系统,A 池仍处于沉淀状态。B 池开启曝气设备进入好氧状态,C 池仍然保持沉淀状态。阶段Ⅷ过程持续 10 min(0.17 h)。

阶段Ⅰ、Ⅱ、Ⅲ和Ⅳ分别同阶段Ⅴ、Ⅵ、Ⅶ和Ⅷ运行时间相同,只是进水方向发生了改变。从阶段Ⅰ开始至阶段Ⅷ结束称为一个周期,每一阶段的切换均通过相应的仪器、仪表及自控设备自动实现。

2.3.3.2　运行方式 2

运行方式 2:每组氧化沟单条沟 1 个运行周期分为 8 个阶段(Ⅰ~Ⅷ)。单条沟运行周期为 360 min(6 h),三条沟全部完成一个运行周期需要 18 h,其一个周期内的时序分配见表 2.5。

表 2.5　运行方式 2 一个周期内时序分配表

项目	A 池/min	B 池/min	C 池/min	总计/min	时间占比/%
厌氧时间	60	90	60	210	19.44
好氧时间	105	270	105	480	44.44
沉淀时间	195	0	195	390	36.11
合计	360	360	360	1080	99.99

注：因四舍五入，时间占比总和不为 100%。

结合表 2.5，与该污水处理站氧化沟工艺运行方式相比，除阶段Ⅲ的 A 池、阶段Ⅶ的 C 池由沉淀状态变为曝气状态外，其他阶段运行状态没有改变。阶段Ⅰ、Ⅱ、Ⅳ、Ⅴ的运行时间均发生了改变，阶段Ⅰ、Ⅱ、Ⅴ、Ⅵ的运行时间由原来的 90 min 变为 60 min。其运行方式见图 2.2 右图。

阶段Ⅰ：污水由 A 池进入系统，A 池开启搅拌设备，由缺氧状态转入厌氧状态。B 池处于曝气状态，C 池作为沉淀池。阶段Ⅰ过程持续 60 min（1 h）。

阶段Ⅱ：污水由 B 池进入系统，A 池开始曝气。B 池、C 池仍然保持阶段Ⅰ状态。阶段Ⅱ过程持续 60 min（1 h）。

阶段Ⅲ：污水仍然由 B 池进入系统，A 池处于曝气状态。B 池开启搅拌设备，由好氧转为厌氧状态。C 池仍是沉淀池。阶段Ⅲ过程持续 45 min（0.75 h）。

阶段Ⅳ：为过渡阶段。污水由 B 池进入系统，A 池处于沉淀状态，B 池开启曝气设备，进入好氧状态，C 池仍然保持沉淀状态。阶段Ⅳ过程持续 15 min（0.25 h）。

阶段Ⅴ：污水改从 C 池进入系统，A 池作为沉淀池，C 池开启搅拌设备，由沉淀状态转为厌氧状态，B 池始终处于曝气状态。阶段Ⅴ过程持续 60 min（1 h）。

阶段Ⅵ：污水由 B 池进入系统，C 池开始曝气。A 池、B 池仍然保持上一阶段状态。阶段Ⅵ过程持续 60 min（1 h）。

阶段Ⅶ：污水仍然由 B 池进入系统，C 池处于曝气状态。B 池开启搅拌设备，由好氧转为厌氧状态。A 池仍是沉淀池。阶段Ⅶ过程持续 45 min（0.75 h）。

阶段Ⅷ：为过渡阶段。污水改从 B 池进入系统，A 池仍处于沉淀状态。B 池开启曝气设备进入好氧状态，C 池仍然保持沉淀状态。阶段Ⅷ过程持续 15 min（0.25 h）。

阶段Ⅰ、Ⅱ、Ⅲ和Ⅳ分别同阶段Ⅴ、Ⅵ、Ⅶ和Ⅷ运行时间相同，只是进水方向发生了改变。从阶段Ⅰ开始至阶段Ⅷ结束称为一个周期，每一阶段的切换均通过相应的仪器、仪表及自控设备自动实现。

通过测定实验装置的进出水质指标：TN、TP、NH_3-N、COD_{Cr} 浓度值及 pH 等，考察不同运行方式对实验装置出水水质指标的影响。

2.3.4　实验方案

2.3.4.1　不同运行方式对出水水质指标的影响

在装置启动完成后，采用连续进水方式启动运行小型氧化沟装置，保持 HRT 为 18.2 h，排泥地点为中沟(同原污水处理站氧化沟工艺)。本书对实验装置采用不同于原污水处理站的2种方式运行:即运行方式1、运行方式2。通过测定不同运行方式下实验装置的进出水质指标 COD_{Cr}、TN、NH_3-N、TP、pH 等的变化,对比不同运行方式对实验装置出水水质的影响。

2.3.4.2　不同 HRT 对出水水质指标的影响

在装置启动完成后,采用连续进水方式运行小型氧化沟装置。根据 2.2.2.3 节结论可得:HRT 为 16 h 时,氧化沟的出水水质较好。

因此,当以运行方式1运行时,实验设置为5组,控制进水流速,调整 HRT 分别为:13 h、14 h、15 h、16 h、17 h;当以运行方式2运行时,实验设置为5组,调整 HRT 分别为:13 h、14 h、15 h、16 h、17 h。考察两种运行方式下,不同 HRT 对实验装置出水水质的影响。

2.3.4.3　不同排泥方式对出水水质指标的影响

原污水处理站氧化沟工艺排泥方式为:在运行阶段为Ⅲ、Ⅶ结束时,从 B 池(中沟)排泥。在装置启动完成后,本书采用小试氧化沟装置模拟运行,保持 HRT 为 18.2 h:以运行方式1运行时,实验设置为a、b两组。a组:在运行阶段Ⅲ结束时,从 A 池、B 池抽取剩余污泥,抽取比例为5:2,在运行阶段Ⅶ结束时,从 B 池、C 池抽取剩余污泥,抽取比例为2:5。b组:以原污水处理站排泥方式排泥。

当以运行方式2运行时,实验设置c、d两组。c组:在运行阶段Ⅰ运行 15 min 时,从 A 池抽取剩余污泥,运行阶段Ⅲ结束时,从 B 池抽取剩余污泥;A 池与 B 池污泥抽取比例为5:2。在运行阶段Ⅴ运行 15 min 时,从 C 池抽取剩余污泥,运行阶段Ⅶ结束时,从 B 池抽取剩余污泥,B 池与 C 池抽取剩余污泥比例为2:5。d组:以原污水处理站排泥方式排泥。a、b、c、d 每组每天排出的干污泥量约为 180 g。采用不同排泥方式,考察不同排泥方式对实验装置出水水质的影响。

2.3.5　结果与讨论

2.3.5.1　氧化沟小试装置的启动运行

氧化沟小试装置启动一周后,连续 6 d 测定装置进出水 COD_{Cr} 浓度,COD_{Cr} 浓度及其去除率随运行天数的变化如表 2.6 所示。

表 2.6　装置启动期间进出水 COD_{Cr} 及其去除率变化

项目	时间/d					
	1	2	3	4	5	6
进水/(mg/L)	386	520	350	437	366	450
出水/(mg/L)	58	60	33	35	33	41
去除率/%	85	88	91	92	91	91

由表 2.6 可得：在前 4 d COD_{Cr} 的去除率稳定提升，由 85% 上升至 92%，在第 3 d 后，COD_{Cr} 的去除率稳定为 90%～92%。结合该污水处理站 2012～2014 年 1 月和 12 月进出水 COD_{Cr} 数据，COD_{Cr} 的去除率为：87%～94%。由上述分析可知，在第 3 d 后，该装置对污水中 COD_{Cr} 的去除效果基本稳定。

氧化沟小试装置启动一周后，连续 6 d 测定装置进出水 TN 浓度，其 TN 浓度及其去除率随运行天数的变化如表 2.7 所示。

表 2.7　装置启动期间进出水 TN 及其去除率变化

项目	时间/d					
	1	2	3	4	5	6
进水/(mg/L)	52.75	55.89	52.25	70.16	63.87	61.72
出水/(mg/L)	16.88	16.76	14.77	18.32	17.56	17.59
去除率/%	68.0	70.0	71.7	73.9	72.5	71.5

由表 2.7 可得：前 4 d TN 的去除率稳定提升，由 68.0% 上升至 73.9%。在第 3 d 后，TN 的去除率稳定为 71.5%～73.9%，结合该污水处理站 2012～2014 年 1 月和 12 月进出水 TN 数据，TN 的去除率为 67%～75%。由上述分析可知，在第 3 d 后，该装置对污水中 TN 的去除效果基本稳定。

氧化沟小试装置启动一周后，连续 6 d 测定装置进出水 $NH_3\text{-}N$ 浓度，其 $NH_3\text{-}N$ 浓度及其去除率随运行天数的变化如表 2.8 所示。

表 2.8　启动期间进出水 $NH_3\text{-}N$ 及其去除率变化

项目	时间/d					
	1	2	3	4	5	6
进水/(mg/L)	31.35	43.69	43.52	60.87	50.49	38.56
出水/(mg/L)	5.0	8.3	7.4	8.4	8.4	7.7
去除率/%	84	81	83	86	83	80

由表 2.8 可得：在 6 d 的时间内，该装置对污水中 $NH_3\text{-}N$ 的去除率保持在 80%～86%。结合该污水处理站 2012～2014 年 1 月和 12 月进出水 $NH_3\text{-}N$ 数据，$NH_3\text{-}N$ 的去除率为 61%～84%。由上述分析可知，在实验期间，该装置对污水中 $NH_3\text{-}N$ 的去除效果较为稳定。

氧化沟小试装置启动一周后，连续 6 d 测定装置进出水 TP 浓度，其 TP 浓度及其去除率随运行天数的变化如表 2.9 所示。

表 2.9　启动期间进出水 TP 及其去除率变化

项目	时间/d					
	1	2	3	4	5	6
进水/(mg/L)	4.2	6.7	5.8	6.6	4.5	5.5
出水/(mg/L)	0.9	1.4	1.0	1.2	0.9	1.0
去除率/%	79	79	83	82	80	82

由表 2.9 可得：前 3 d TP 的去除率稳定提升，由 79% 上升至 83%。在第 3 d 后，TP 的去除率稳定为 80%~82%；结合该绵阳污水处理站 2012~2014 年 1 月和 12 月进出水 TP 数据，TP 的去除率为 75%~89%。由上述分析可知，在实验期间，该装置对污水中 TP 的去除效果较稳定。

由上述分析可得：该小试装置经一周的运行，其对 COD_{Cr}、TN、NH_3-N、TP 去除效果较稳定，且装置中 MLSS 保持在 3.7~4.2 g/L、pH 保持在 7.3~7.8，即可认为该装置经一周的运行，已完成启动。

2.3.5.2　不同运行方式对出水水质的影响

在装置启动完成后，改变其运行方式，分别采用运行方式 1 和运行方式 2，探讨了氧化沟小试装置在不同运行方式下，其出水 COD_{Cr}、TN、NH_3-N、TP 的浓度变化。

不同运行方式下，进出水 COD_{Cr}、TN、NH_3-N、TP 浓度变化如图 2.3 所示。

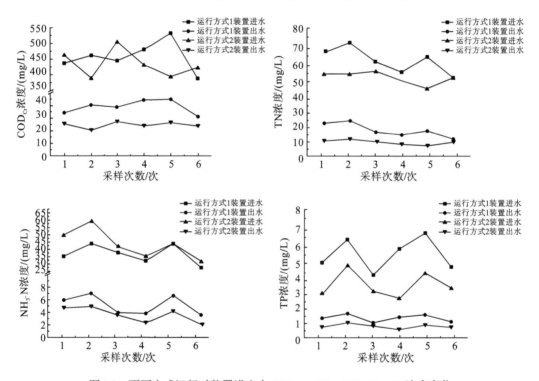

图 2.3　不同方式运行时装置进出水 COD_{Cr}、TN、NH_3-N、TP 浓度变化

由图 2.3 分析可知：运行方式 2 对 COD_{Cr}、TN、NH_3-N、TP 的去除率和平均绝对去除量整体高于运行方式 1。因此，运行方式 2 对 TN 的去除效果优于运行方式 1。

在 6 次采样中，污水厂进水 pH 为 7.35~7.91；以运行方式 1 运行时，装置出水 pH 为 7.12~7.98；以运行方式 2 运行时，装置出水 pH 为 7.56~8.02。运行方式 1、2 的 pH 出水均满足《城镇污水处理厂污染物排放标准》（GB 18918—2002）一级 A 标准（6~9 mg/L）。通过上述数据可得：运行方式 2 对 COD_{Cr}、TN、NH_3-N、TP 的去除效果比运行方式 1 好。

2.3.5.3　不同 HRT 对出水水质的影响

（1）在装置启动完成后，装置以运行方式 1 运行时，不同 HRT 时装置进出水 COD_{Cr}、TN、NH_3-N、TP 浓度变化如表 2.10 所示。

表 2.10　不同 HRT 混合液中 COD_{Cr}、TN、NH_3-N、TP 浓度变化

HRT/h	COD_{Cr}			TN			NH_3-N			TP		
	进水/ (mg/L)	出水/ (mg/L)	去除率/ %	进水/ (mg/L)	出水/ (mg/L)	去除率/ %	进水/ (mg/L)	出水/ (mg/L)	去除率/ %	进水/ (mg/L)	出水/ (mg/L)	去除率/ %
13	452	72.3	84	56.89	14.22	75	45.85	10.08	78	5.1	0.4	92
14	518	62.1	88	59.43	12.48	79	48.63	8.75	82	5.7	0.5	91
15	439	39.5	91	53.49	10.69	80	45.86	6.88	85	5.2	0.5	90
16	468	28.8	94	57.42	12.05	79	42.87	4.71	89	4.6	0.6	87
17	504	30.2	94	57.86	10.42	82	47.63	5.71	88	6.7	0.8	88

通过表 2.10 可以看出：当 HRT 为 13～17 h 时，随 HRT 的增加，COD_{Cr} 去除率逐步上升，当 HRT 为 16 h、17 h 时，COD_{Cr} 的去除率最高，为 94%，当 HRT 为 15 h 时，COD_{Cr} 出水浓度为 39.5 mg/L。在实验研究条件下，HRT 大于等于 15 h 时，出水 COD_{Cr} 浓度均低于《城镇污水处理厂污染物排放标准》（GB 18918—2002）一级 A 标准。随 HRT 的增加，TN 去除率呈增加趋势，当 HRT 为 17 h 时，TN 的去除率最高，为 82%。在 HRT 为 13～17 h 时，出水 TN 浓度均低于一级 A 标准。NH_3-N 去除率呈稳步增加趋势，当 HRT 为 16 h 时，NH_3-N 去除率最高，为 89%。在实验研究条件下，HRT 大于等于 16 h 时，出水 NH_3-N 浓度均低于一级 A 标准。TP 去除率呈下降趋势，当 HRT 为 13 h 时，TP 去除率最高，为 92%，当 HRT 为 15 h 时，出水 TP 浓度为 0.5 mg/L。在实验研究条件下，HRT 小于等于 15 h，出水 TP 浓度均低于一级 A 标准。

根据上述分析，综合考虑装置对污水中 COD_{Cr}、TN、NH_3-N、TP 的去除效果，当装置以运行方式 1 运行时，HRT 设置为 16 h 较为适宜。

（2）在装置启动完成后，装置以运行方式 2 运行时，不同 HRT 时装置进出水 COD_{Cr}、TN、NH_3-N、TP 浓度变化如表 2.11 所示。

表 2.11　不同 HRT 混合液中 COD_{Cr}、TN、NH_3-N、TP 浓度变化

HRT/h	COD_{Cr}			TN			NH_3-N			TP		
	进水/ (mg/L)	出水/ (mg/L)	去除率/ %	进水/ (mg/L)	出水/ (mg/L)	去除率/ %	进水/ (mg/L)	出水/ (mg/L)	去除率/ %	进水/ (mg/L)	出水/ (mg/L)	去除率/ %
13	467	65.3	86	45.92	7.81	83	32.19	5.47	83	4.9	0.3	94
14	396	39.6	90	53.46	8.55	84	40.57	6.08	85	3.7	0.2	95
15	512	35.8	93	43.17	7.33	83	33.98	4.07	88	3.9	0.4	90
16	475	23.7	95	50.29	6.03	88	40.75	4.05	90	2.9	0.3	90
17	423	21.1	95	46.58	5.12	89	35.76	3.22	91	3.3	0.3	91

通过表 2.11 可以看出：当 HRT 为 13～17 h 时，随 HRT 的增加，COD_{Cr} 的去除率逐

步上升，当 HRT 为 16 h、17 h 时，COD_{Cr} 的去除率最高，为 95%，当 HRT 为 14 h 时，出水 COD_{Cr} 浓度为 39.6 mg/L。在实验研究条件下，HRT 大于等于 14 h 时，出水 COD_{Cr} 浓度均低于《城镇污水处理厂污染物排放标准》(GB 18918—2002) 一级 A 标准。随 HRT 的增加，TN 去除率呈增加趋势，当 HRT 为 17 h 时，TN 的去除率最高，为 89%。在实验研究条件下，出水 TN 浓度均低于一级 A 标准。NH_3-N 去除率呈稳步增加趋势，当 HRT 为 17 h 时，NH_3-N 去除率最高，为 91%，当 HRT 为 15h 时，出水 NH_3-N 浓度为 4.07mg/L。在实验研究条件下，HRT 大于等于 15 h 时，出水 NH_3-N 浓度均低于一级 A 标准。TP 去除率呈下降趋势，当 HRT 为 14 h 时，TP 去除率最高，为 95%。当 HRT 为 13 h 时，出水 TP 浓度为 0.3 mg/L。在实验研究条件下，出水 TP 浓度均低于一级 A 标准。

以运行方式 2 运行时，结合装置对污水中 COD_{Cr}、TN、NH_3-N、TP 的去除率，HRT 设置为 16 h 较为适宜。

由上述数据可得：在相同 HRT 时，运行方式 2 去除污染物的效果比运行方式 1 高。综合考虑氧化沟小试装置对污水中 COD_{Cr}、TN、NH_3-N、TP 的去除效果，HRT 设置为 16 h 较为适宜。

2.3.5.4　不同排泥方式对出水水质指标的影响

在装置启动完成后，装置以运行方式 1 运行时，测定不同排泥方式 a、b 组装置出水水质指标变化如表 2.12 所示；装置以运行方式 2 运行时，测定不同排泥方式 c、d 组，装置出水水质指标变化如表 2.13 所示。

表 2.12　以运行方式 1 运行时不同排泥方式对 a、b 两组水质指标的影响

水质指标	COD_{Cr}	TN	NH_3-N	TP
进水/(mg/L)	412~533	55.67~67.45	33.57~50.89	5.7~7.5
a 组平均出水/(mg/L)	33.7	12.87	8.55	1.0
b 组平均出水/(mg/L)	34.8	13.91	8.58	1.5
a 组去除率/%	91.8~93.4	76.9~80.9	74.5~83.2	80.7~85.3
b 组去除率/%	91.5~93.4	76.8~79.4	74.5~83.1	73.7~80.0

表 2.13　以运行方式 2 运行时不同排泥方式对 c、d 两组水质指标的影响

水质指标	COD_{Cr}	TN	NH_3-N	TP
进水/(mg/L)	379~517	44.48~60.31	33.26~49.89	3.5~6.8
c 组平均出水/(mg/L)	32.2	8.23	5.03	0.6
d 组平均出水/(mg/L)	34.4	9.72	4.37	0.8
c 组去除率/%	91.5~93.7	81.5~86.4	84.8~89.9	82.9~91.2
d 组去除率/%	90.9~93.3	78.1~83.8	86.8~91.2	77.1~88.2

由表 2.12 可得：在进水 TP 浓度为 5.7~7.5 mg/L 时，a 组对 TP 的去除效果优于 b 组。由表 2.13 可得：在进水 TP 浓度为 3.5~6.8 mg/L 时，c 组对 TP 的去除效果优于 d 组。a、b 两组和 c、d 两组对 COD_{Cr}、TN、NH_3-N 的去除效果差距不大。因此，从 A/C（边

沟)池与 B 池(中沟)排泥的方式与仅从 B 池排泥的方式相比,A/C(边沟)池与 B 池(中沟)的排泥方式对 TP 的去除效果优于仅从 B 池排泥的方式。

2.3.5.5　优化运行条件下小试装置的处理效果

根据以上研究结果,该小试装置在启动完成后,采用运行方式 2 运行,HRT 保持为 16 h,采用边沟和中沟排泥。在优化运行条件下,连续 6 d 测定装置进出水 COD_{Cr} 浓度变化,进出水 COD_{Cr} 浓度及其去除率随运行天数的变化如表 2.14 所示。

表 2.14　在优化条件下进出水 COD_{Cr} 浓度及其去除率变化

项目	时间/d					
	1	2	3	4	5	6
进水/(mg/L)	433	363	370	501	450	539
出水/(mg/L)	26	40	37	30	36	38
去除率/%	94	89	90	94	92	93

由表 2.14 可知:在优化运行条件下,装置出水 COD_{Cr} 浓度均低于《城镇污水处理厂污染物排放标准》(GB 18918—2002)一级 A 标准。

在优化运行条件下,连续 6 d 测定装置进出水 TN 浓度变化,进出水 TN 浓度及其去除率随运行天数的变化如表 2.15 所示。

表 2.15　在优化条件下进出水 TN 浓度及其去除率变化

项目	时间/d					
	1	2	3	4	5	6
进水/(mg/L)	53.84	59.09	45.95	62.5	63.87	63.77
出水/(mg/L)	11.4	7.8	6.2	7.5	12.7	7.7
去除率/%	79	87	87	88	80	88

由表 2.15 可知:在优化运行条件下,装置出水 TN 浓度均低于《城镇污水处理厂污染物排放标准》(GB 18918—2002)一级 A 标准。

在优化运行条件下,连续 6 d 测定装置进出水 NH_3-N 浓度变化,进出水 NH_3-N 浓度及其去除率随运行天数的变化如表 2.16 所示。

表 2.16　最优条件下进出水 NH_3-N 浓度及其去除率变化

项目	时间/d					
	1	2	3	4	5	6
进水/(mg/L)	41.4	38.6	37.3	50.2	51.9	51.4
出水/(mg/L)	4.0	4.2	2.5	4.0	4.2	4.1
去除率/%	90	89	93	92	92	92

由表 2.16 可知:在优化运行条件下,装置出水 NH_3-N 浓度均低于《城镇污水处理厂

污染物排放标准》（GB 18918—2002）一级 A 标准。

在优化运行条件下，连续 6 d 测定装置进出水 TP 浓度，进出水 TP 浓度及其去除率随运行天数的变化如表 2.17 所示。

表 2.17　优化运行条件下进出水 TP 浓度及其去除率变化

项目	时间/d					
	1	2	3	4	5	6
进水/(mg/L)	6.5	3.0	5.0	7.2	5.1	4.5
出水/(mg/L)	0.52	0.33	0.45	0.52	0.43	0.39
去除率/%	92	89	91	93	92	91

由表 2.17 可知：在优化运行条件下，相比该污水处理站 2014 年 1 月和 2 月对 TP 的去除率分别为 58% 和 65%，在该优化条件下，装置对 TP 的去除率（89%～92%）已高于原污水处理站对 TP 的去除能力。

综上分析，该小试装置通过改进运行方式及参数优化，其出水 COD_{Cr}、TN、NH_3-N 均能满足《城镇污水处理厂污染物排放标准》（GB 18918—2002）一级 A 标准要求，但出水 TP 浓度难以稳定达到一级 A 标准，还需配合其他方法进一步除磷。

2.3.6　小结

2.3 节采用自制小试氧化沟装置处理生活污水，对比了运行方式 1 和运行方式 2 对污染物的去除效果，探讨了不同 HRT、不同排泥方式对装置出水水质的影响，得出如下研究结果。

（1）HRT 保持为 18.2 h 时，运行方式 2 对污水中 TN、NH_3-N、TP 的去除效果高于运行方式 1，但两者对 COD_{Cr} 的去除效果无明显差别。对比运行方式 1、运行方式 2 及该污水处理站原运行方式，运行方式 2 为较优运行方式。

（2）HRT 在 13～17 h 时，结合运行方式 1、2 对 COD_{Cr}、TN、NH_3-N、TP 的去除效果，HRT 由原来的 18.2 h 缩短为 16 h 较为适宜。

（3）实验 a、c 组出水 TP 平均浓度低于 b、d 组出水 TP 平均浓度，a、c 组对 TP 的去除率整体高于 b、d 组；a、b、c、d 四组对 COD_{Cr}、TN、NH_3-N 的去除效果差距不大。A/C 池（边沟）和 B 池（中沟）联合排泥与仅从 B 池（中沟）排泥的方式相比，A/C 池（边沟）和 B 池（中沟）联合排泥方式可有效降低污水中的 TP 浓度。

（4）在优化参数运行条件下，装置出水 COD_{Cr}、TN、NH_3-N 浓度均满足《城镇污水处理厂污染物排放标准》（GB 18918—2002）一级 A 标准要求；装置对污水中 TP 的去除率保持在 89%～92%，其出水 TP 浓度为 0.33～0.80 mg/L，难以稳定达到一级 A 标准要求。但对比该污水处理站 2014 年 1 月和 2 月对 TP 的去除率（分别为 58% 和 65%），该装置在优化条件下，对污水中 TP 的去除效果好于原污水处理站对 TP 的去除效果。

2.4　鸟粪石回收污泥浓缩池上清液氮磷对氧化沟进水氮磷的影响

根据 2.3 节的内容可知，自制氧化沟小试装置出水 TP 浓度难以稳定达到《城镇污水处理厂污染物排放标准》（GB 18918—2002）一级 A 标准，还需配合其他方法进一步除磷。因为污泥浓缩池上清液具有高浓度的 PO_4^{3-}-P，上清液回流加大了氧化沟进水的 PO_4^{3-}-P 浓度。如果要有效降低污泥浓缩池上清液中的 PO_4^{3-}-P 浓度，可降低氧化沟进水中的 PO_4^{3-}-P 浓度，从而有利于出水 PO_4^{3-}-P 浓度的降低。

鸟粪石是一种白色晶体状物质，化学成分为 $MgNH_4PO_4 \cdot 6H_2O$，正菱形晶体结构，其 P_2O_5 含量约为 58.0%，是一种极高品位的磷矿石，在自然界中的储量极少[7-11]。鸟粪石中含有氮、磷、镁等动植物所需的营养元素，是一种很好的缓释肥。因此，如何将废水中的氮磷变为可用的资源，值得探讨。

本章采用鸟粪石沉淀法对污泥浓缩池上清液中的氮磷进行回收，探讨溶液初始 pH、反应时间、反应温度等对鸟粪石形成的影响，以探明鸟粪石形成的适宜沉淀条件、鸟粪石回收的经济可行性及污泥浓缩池上清液磷回收后对氧化沟进水中 PO_4^{3-}-P、NH_4^+-N 浓度的影响。

2.4.1　鸟粪石形成原理

当水溶液中含有 Mg^{2+}(Mg)、NH_4^+(N) 以及 PO_4^{3-}(P)，且离子浓度积大于溶度积常数 K_{SP} 而处于过饱和状态时，会自发沉淀生成鸟粪石。

鸟粪石沉淀过程可分为两个阶段，即成核和生长。在成核阶段，组成晶体的各种离子形成晶胚。在生长阶段，晶体的组分离子不断结合到晶胚上，晶体逐渐长大，最后达到平衡。而溶液达到平衡时的化学位势与溶液过饱和时的化学位势之差是生成鸟粪石沉淀的推动力[12]。溶液 pH、离子浓度、反应时间、反应温度等是影响鸟粪石沉淀的重要因素。因污泥浓缩池上清液中 NH_4^+-N、Mg^{2+} 摩尔质量均高于 TP，而本书重在去除污泥浓缩池上清液中的 TP，故暂不考虑 Mg：N：P 物质的量对实验的影响。

2.4.2　材料与方法

2.4.2.1　实验材料及仪器

实验用水取自该污水处理站污泥浓缩池上清液，其水质指标：NH_4^+-N 为 1.6～2.4 mmol/L；PO_4^{3-}-P 为 0.43～0.49 mmol/L；Mg^{2+} 为 0.60～0.62 mmol/L；Ca^{2+} 为 1.32～1.38 mmol/L；pH 为 7.26～7.35。

所用试剂：碳酸钠、盐酸、氢氧化钠、浓硫酸、过硫酸钾、抗坏血酸等均为分析纯。

所用仪器：UV-1600 型紫外分光光度计；DIONEX ICS-900 型离子色谱仪；pHS-320 型 pH 计；HJ-6A 六联数显控温磁力搅拌器；SHB-Ⅲ型循环水式多用真空泵；S440 型立体

扫描电子显微镜等。

2.4.2.2 实验方法

1. 预处理除 Ca^{2+}

由污泥浓缩池上清液的水质指标值可知，其中 Ca^{2+} 含量较大。根据前期研究可知，Ca^{2+} 的存在会对鸟粪石形成产生不利影响[10,13,14]，因此，进行鸟粪石沉淀实验之前，先对污泥浓缩池上清液进行预处理，以去除其中的 Ca^{2+}，减少 Ca^{2+} 对鸟粪石沉淀反应的影响。

预处理设置六组，每组取 1L 污泥浓缩池上清液，分别向其投加 0 mg、40 mg、60 mg、80 mg、100 mg、120 mg 的 Na_2CO_3，同时用搅拌器搅拌 30 min，静置 10 min 后取上清液测定各组溶液中 Ca^{2+} 浓度，考察不同 Na_2CO_3 加入量对 Ca^{2+} 去除的影响。

根据预实验结果：取经适宜 Na_2CO_3 加入量预处理后的上清液为后续研究的实验用水（各单因素研究采用的实验用水为不同批次）。

2. 溶液初始 pH

实验设置 9 组，每组取 1 L 实验用水，在水温为 25 ℃时，实验用水中 Ca^{2+} 初始浓度为 0.055 mmol/L、Mg^{2+} 初始浓度为 0.6 mmol/L、PO_4^{3-} 初始浓度为 0.42 mmol/L、NH_4^+-N 初始浓度为 1.95 mmol/L，每组反应时间控制为 10 min，用 10 mol/L NaOH 及 0.1 mol/L HCl 调节各组溶液初始 pH。有研究表明[15]：鸟粪石反应在 pH>7.5 时明显。因此，本实验调节各溶液初始 pH 分别为 8.0、8.5、9.0、9.5、10.0、10.5、11.0、11.5、12.0，通过测定反应前后溶液中 PO_4^{3-}、NH_4^+-N 的浓度，考察不同溶液初始 pH 对鸟粪石形成的影响。以反应前溶液中 PO_4^{3-}-P 浓度（C_{P1}）与反应后溶液中 PO_4^{3-}-P（C_{P2}）的差（ΔC）计算磷回收率（%），如式 2-16 所示。同理可得 NH_4^+-N 回收率（%）如式 2-17 所示。

$$PO_4^{3-}\text{-P回收率} = \frac{C_{P1} - C_{P2}}{C_{P1}} \times 100\% \qquad (2\text{-}16)$$

$$NH_4^+\text{-N回收率} = \frac{C_{N1} - C_{N2}}{C_{N1}} \times 100\% \qquad (2\text{-}17)$$

式中，C_{N1} 和 C_{N2} 分别为反应前后溶液中 NH_4^+-N 浓度。

3. 反应时间

实验设置 7 组，每组取 1 L 实验用水，在水温为 25℃时，实验用水中 Ca^{2+} 初始浓度为 0.052 mmol/L、Mg^{2+} 初始浓度为 0.58 mmol/L、PO_4^{3-}-P 初始浓度为 0.44 mmol/L、NH_4^+-N 初始浓度为 1.98 mmol/L；根据不同溶液初始 pH 对鸟粪石形成影响的实验结果，调节各组溶液初始 pH 均在适宜条件，各组沉淀反应时间分别取 0 min、5 min、10 min、15 min、20 min、25 min、30 min，通过测定反应前后溶液中溶解性磷、氨氮含量，考察不同沉淀反应时间对鸟粪石形成的影响。

4. 反应温度

就全年而言，四川绵阳地区污泥浓缩池上清液水温范围为 10~28℃。实验设置 5 组，每组取 1 L 实验用水，实验用水中 Ca^{2+} 初始浓度为 0.053 mmol/L、Mg^{2+} 初始浓度为 0.61 mmol/L、PO_4^{3-}-P 初始浓度为 0.45 mmol/L、NH_4^+-N 初始浓度为 2.02 mmol/L，调节各组溶液初始 pH 在适宜条件，根据反应时间对鸟粪石形成影响的实验结果，反应时间均取适宜值。各组实验水温分别调至 10℃、15℃、20℃、25℃、30℃，通过测定反应前后溶液中 PO_4^{3-}-P、NH_4^+-N 含量，考察不同反应温度对鸟粪石形成的影响。

2.4.2.3　分析测定方法

TP、氨氮：水质指标检测方法同 2.2.1.1 节中的分析测试方法；NH_4^+-N: DIONEX ICS-900 型离子色谱仪；PO_4^{3-}-P、Mg^{2+}、Ca^{2+}: $optima^{TM}$ 8300 ICP-OES；沉淀物纯度：化学剖析法；沉淀物形貌观察：S440 型立体扫描电子显微镜。

郝晓地等[16]研究表明：鸟粪石矿物通常采用粉末 X 射线衍射(XRD)技术来进行表征，然而 XRD 技术只能通过简单比较 XRD 谱图中衍射峰的位置和强度判断沉淀物中是否含有鸟粪石成分，而不能对鸟粪石的纯度进行定量分析。为了确定沉淀物中鸟粪石纯度，实验引入化学剖析法，即利用酸溶液将鸟粪石沉淀法中所得沉淀物溶解后进行相应的元素分析，根据沉淀物中的 NH_4^+-N 含量间接计算确定鸟粪石纯度的分析方法。本实验称量 50.00 mg 沉淀物，用少量盐酸溶液(pH<1)溶解，最后用超纯水稀释定容至 200 mL，用离子色谱仪(DIONEX ICS-900 型)测定 NH_4^+-N 浓度，从而得出鸟粪石纯度(%)，如式 2-18 所示：

$$鸟粪石纯度 = \frac{n_{氨} \times M_{鸟粪石}}{m_{沉淀物}} \times 100\% \tag{2-18}$$

式中，$n_{氨}$ 为氨的物质的量；$M_{鸟粪石}$ 为鸟粪石的摩尔质量；$m_{沉淀物}$ 为沉淀物的质量。

2.4.3　结果与分析

2.4.3.1　预处理除 Ca^{2+}

对污泥浓缩池上清液进行预处理除 Ca^{2+} 反应后，不同 Na_2CO_3 投加量致使上清液中各离子浓度及溶液 pH 变化如表 2.18 所示。

表 2.18　投加 Na_2CO_3 去除 Ca^{2+} 对溶液中 PO_4^{3-}-P、NH_4^+-N、pH 的影响

	投加量/mg					
	0	40	60	80	100	120
Ca^{2+}/(mmol/L)	1.55	0.975	0.75	0.375	0.055	0.0375
PO_4^{3-}-P/(mmol/L)	0.45	0.44	0.44	0.42	0.42	0.40
NH_4^+-N/(mmol/L)	2.28	2.07	2.04	1.98	1.94	1.87
pH	7.25	7.84	8.37	8.68	8.82	8.98

由表 2.18 可以看出，随着 Na_2CO_3 投加量的增加，溶液 pH 逐步增大，但 Ca^{2+}、PO_4^{3-}-P、NH_4^+-N 浓度呈递减趋势，其原因是 Na_2CO_3 为弱碱，随其投加量的增加，溶液 pH 逐步上升；又因溶液中含有 Mg^{2+}、NH_4^+-N、PO_4^{3-}-P，溶液 pH 的增大有利于鸟粪石沉淀反应的进行。

但因 pH 尚未达到鸟粪石沉淀所需的最佳条件且溶液中 Ca^{2+} 含量较多，鸟粪石沉淀反应较弱[17]。考虑 Ca^{2+} 去除效果和药剂成本，本书选取除 Ca^{2+} 用 Na_2CO_3 投加量为 100 mg/L。

2.4.3.2 溶液初始 pH 对鸟粪石沉淀的影响

陈龙等[18]研究表明：pH 是影响鸟粪石反应的最关键因素，影响着鸟粪石反应中各种离子的存在形态和浓度。所以考察溶液初始 pH 对鸟粪石反应的影响具有重要意义。

随着溶液初始 pH 变化，其 PO_4^{3-}-P、NH_4^+-N 回收率如图 2.4 所示。

由图 2.4(a)可以看到，随着溶液初始 pH 变化，PO_4^{3-}-P、NH_4^+-N 回收率变化趋势基本一致。当溶液初始 pH 不大于 9.5 时，随溶液初始 pH 的增加，PO_4^{3-}-P 回收率与 NH_4^+-N 回收率均保持同步增长，这是由于鸟粪石沉淀具有溶解于酸性溶液而不溶于碱性溶液的性质[19]，随着溶液初始 pH 的提高，鸟粪石的溶解度降低，PO_4^{3-}-P、NH_4^+-N 回收率随之升高。由图中可知，当溶液初始 pH 为 9.5 时，PO_4^{3-}-P 回收率和 NH_4^+-N 回收率均达到最大。

当溶液初始 pH 大于 9.5 时，随溶液初始 pH 的增加，PO_4^{3-}-P 回收率与 NH_4^+-N 回收率呈逐步下降趋势，其原因为当溶液 pH 大于 10 时，反应会产生大量 $Mg_3(PO_4)_2$ 与 $Mg(OH)_2$ 等一系列副产物，NH_4^+-N 会转变为氨气逸出，降低 NH_4^+-N 浓度[20, 21]，不利于鸟粪石形成，造成 PO_4^{3-}-P、NH_4^+-N 回收率下降。因此，本试验条件下，选择溶液初始 pH 为 9.5。

2.4.3.3 反应时间对鸟粪石沉淀的影响

鸟粪石形成源于化学沉淀反应，其反应速度较快，在反应时间达到 5 min 时，肉眼可观察到沉淀的形成。随着反应时间变化，其 PO_4^{3-}-P、NH_4^+-N 回收率的变化如图 2.4(b)所示。

从图 2.4(b)可知：反应时间为 0~10 min 时，随着反应时间的增加，PO_4^{3-}-P 回收率与 NH_4^+-N 回收率呈快速增长趋势；反应时间大于 10 min 后，PO_4^{3-}-P 回收率及 NH_4^+-N 回收率变化不大。当反应时间为 10 min 时，反应基本达到平衡。因此，后续实验取 10 min 作为反应时间。

2.4.3.4 反应温度对鸟粪石沉淀的影响

鸟粪石的溶度积与反应温度有关，实验考察了反应温度对鸟粪石形成的影响，具体如图 2.4(c)所示。

从图 2.4(c)可知：在水温不大于 30℃时，PO_4^{3-}-P 回收率和 NH_4^+-N 回收率变化范围分别为 65.0%~66.0% 和 11.5%~13.0%。水温在 10~30℃的范围内变化时，其对 PO_4^{3-}-P 回收率和 NH_4^+-N 回收率的影响较小；当水温大于 30℃时，因鸟粪石的溶度积与温度有关，Liu 等[22]研究表明：随着温度升高，鸟粪石的溶解度增加，不利于鸟粪石沉淀，导致 TP 回收率明显下降。结合当地全年水温变化情况，温度变化对鸟粪石沉淀反应的影响不大，后续实验选水温 25℃为反应温度。

2.4.3.2~2.4.3.4 分别研究了 pH、反应时间、反应温度对鸟粪石反应效果的影响。研究结果如图 2.4 所示。

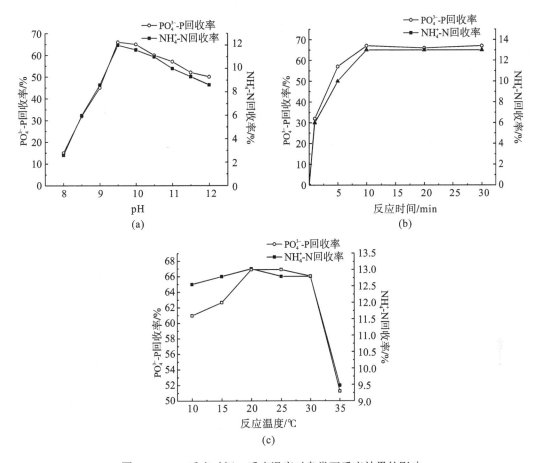

图 2.4　pH、反应时间、反应温度对鸟粪石反应效果的影响

2.4.3.5　沉淀物纯度及形貌分析

取去除 Ca^{2+} 后的实验用水，在适宜单因素反应条件下：溶液初始 pH 调为 9.5、反应时间控制在 10 min，在水温为 25℃时进行鸟粪石反应，得到的沉淀物采用化学剖析法分析得出：NH_4^+-N 浓度为 6.12 mg/L，Mg^{2+} 浓度为 18.5 mg/L。由此可计算得到鸟粪石纯度为 44%。

同批次沉淀物采用扫描电镜对沉淀物放大 2000 倍进行形貌观察，如图 2.5 所示。

图 2.5　沉淀物电镜扫描照片

Wilsenach 等[23]研究表明：鸟粪石形状为斜方形、叉状结构。由图 2.5 可得：图中存在斜方形结构，说明沉淀物中含有鸟粪石成分，纯度为 44%，形状不标准。王崇成等[24]研究表明：鸟粪石沉淀反应从 pH＞9.0 时开始出现杂质沉淀，$Mg_3(PO_4)_2$（K_{sp}=6.31×10^{-24}）、$Mg(OH)_2$（K_{sp}=1.2×10^{-11}）、$Ca_3(PO_4)_2$（K_{sp}=2.1×10^{-33}）和 $CaHPO_4$（K_{sp}=1.8×10^{-7}），图中存在大块片状物质则为反应产生的杂质 $Mg(OH)_2$[25]。

2.4.3.6　鸟粪石去除氮磷的效果及其对氧化沟单元进水氮磷浓度的影响

由上述研究结果可知：在适宜鸟粪石形成的反应条件下，PO_4^{3-}-P、NH_4^+-N 回收率分别同时达到：68%、13%。鸟粪石沉淀对溶液中 PO_4^{3-}-P、NH_4^+-N 的去除效果如表 2.19 所示。

表 2.19　鸟粪石反应去除氮磷效果分析表

水质指标	实验用水均值/(mmol/L)	最大回收率/%	去除量/(mmol/L)	回流时浓度/(mmol/L)	实验用水去除量/(mmol/L)
PO_4^{3-}-P	0.46	68	0.31	0.15	0.31（9.61 mg/L）
NH_4^+-N	2.0	13	0.26	1.74	0.26（3.64 mg/L）

从表 2.19 可以看出，通过鸟粪石回收上清液的氮磷，鸟粪石沉淀法对实验用水中 PO_4^{3-}-P 和 NH_4^+-N 的去除量分别为 0.31 mmol/L（9.61 mg/L）和 0.26 mmol/L（3.64 mg/L）。该污水处理站污泥浓缩池上清液回流量约为 100 m^3/d（回流至配水井），回流液中 PO_4^{3-}-P、NH_4^+-N 浓度分别以 14.3 mg/L、27.89 mg/L 计，污泥浓缩池上清液回流后增加污水处理站氧化沟单元进水 PO_4^{3-}-P、NH_4^+-N 的量分别约为 1426 g/d、2789 g/d，则污泥浓缩池上清液回流后，污水处理站氧化沟单元进水 PO_4^{3-}-P 和 NH_4^+-N 平均浓度分别变为 5.58 mg/L 和 46.55 mg/L。经过鸟粪石沉淀后，回流液中 PO_4^{3-}-P、NH_4^+-N 浓度分别以 4.7 mg/L、24.26 mg/L 计，污泥浓缩池上清液回流量约为 100 m^3/d，可以降低 PO_4^{3-}-P 961 g/d、NH_4^+-N 364 g/d；则污水站氧化沟单元进水 PO_4^{3-}-P 的量变为 26939 g/d、NH_4^+-N 的量变为 232386 g/d。污水站处理水量以 5000 m^3/d 计，经鸟粪石沉淀反应后，污水站氧化沟单元进水 PO_4^{3-}-P 浓度为 5.38 mg/L、NH_4^+-N 浓度为 46.47 mg/L。

由上述数据得：鸟粪石沉淀反应可降低污水处理站氧化沟单元进水 PO_4^{3-}-P 浓度 0.2 mg/L、进水 NH_4^+-N 浓度 0.08 mg/L。该沉淀反应可有效降低污泥浓缩池上清液回流时对污水处理站氧化沟处理单元的 PO_4^{3-} 和 NH_4^+-N 负荷。

2.4.4　小结

在实验研究条件下，鸟粪石形成的适宜反应控制条件为：溶液初始 pH 为 9.5、反应时间为 10 min、温度为 10～30℃。在此反应条件下，通过鸟粪石沉淀反应，实验用水中的 PO_4^{3-}-P 和 NH_4^+-N 含量（均值）由反应前的 0.46 mmol/L、2.0 mmol/L 降至反应后的 0.15 mmol/L、1.74 mmol/L，对 PO_4^{3-}-P 和 NH_4^+-N 的去除量分别为 0.31 mmol/L（9.61 mg/L）和 0.26 mmol/L（3.64 mg/L），对 PO_4^{3-}-P 和 NH_4^+-N 的去除率分别为 68% 和 13%。鸟粪石反应对污泥浓缩池上清液中 PO_4^{3-}-P 和 NH_4^+-N 回收率可同时达到 68% 和 13%。沉淀

物中鸟粪石纯度为 44%。

污泥浓缩池上清液回流量约为 100 m^3/d,鸟粪石反应对污泥浓缩池上清液中 PO_4^{3-}-P(以 TP 计)的绝对去除量约为 961 g/d、NH_4^+-N(以 NH_3-N 计)的绝对去除量约为 364 g/d。

根据 2014 年度进水 TP 和 NH_3-N 平均数据(分别为 5.3 mg/L 和 46 mg/L),鸟粪石沉淀反应可降低污水处理站氧化沟单元进水 TP 浓度 0.2 mg/L、进水 NH_3-N 浓度 0.08 mg/L。鸟粪石沉淀在回收氮磷资源的同时可降低污泥浓缩池上清液回流对氧化沟处理单元带来的 TP 和 NH_3-N 负荷。

2.5　水培植物系统对污水中 TN、TP 去除效果的影响

2.5.1　水培植物净化床的制作及成本估算

1. 立体水培植物净化床的制作

本节以水培植物净化床作为生活污水经二级生化处理后的深度脱氮除磷单元,探讨其对污水中氮磷的净化效果。通过查阅相关资料,拟将立体水培植物净化床装置设计成五排、每排两根 PVC 管、每根 PVC 管长 4000 mm。制作两套立体水培植物净化床装置,置于室外室内各一套,其装置如图 2.6 所示。

(a)室外立体水培植物净化床装置　　(b)室内立体水培植物净化床装置　　(c)水平水培植物净化床装置

图 2.6　水培植物净化床装置图

单套立体水培植物净化床装置总共 5 排,每排为一级,由上到下分别为第一级、第二级、第三级、第四级和第五级;相邻两级间距为 600 mm;每排两根 PVC 管的间距为 450 mm;每根 PVC 管长 4000 mm,直径为 110 mm;每根 PVC 管开有 31 个圆形孔洞用于栽种植物,圆孔直径为 65 mm,每两个圆孔间距为 65 mm。单套立体水培植物净化床装置占地面积约为 2.7 m^2,占地空间约为 8 m^3。污水经沉淀桶沉淀后,进入进水桶,由提升泵提入立体水培植物净化床系统最上排的第一级,而后污水借助重力作用自上而下流经净化系统后排出。

2. 水平水培植物净化床的制作

制作四套水平水培植物净化床装置，每套水平水培植物净化床装置采用 2 根 PVC 管制作而成，置于室外，其装置如图 2.6(c) 所示。

每套水平植物净化床装置由两根 PVC 管组成，管道间距为 60 mm；每根 PVC 管长 4000 mm，直径为 110 mm；每根 PVC 管上开有 31 个圆形孔洞用于栽种植物，圆孔直径为 65 mm，每两个圆孔间距为 65 mm。四套水平植物净化床装置占地总面积约为 5.0 m²，每套装置配有一个进水管，污水进入装置后经两级管道净化后排出。

2.5.2 不同水培植物系统对污水中 TN、TP 的去除效果

2.5.2.1 冬季水培小白菜系统对污水中 TN、TP 的去除效果

通过查阅文献[26]可知，小白菜性喜冷凉，又较耐低温和高温，常年均可种植，适宜在四川地区冬季栽种。小白菜的生长可分为营养生长阶段和生殖生长阶段，营养生长阶段可分为 5 个时期，分别为发芽期、幼苗期、莲座期、结球期和休眠期，生殖生长阶段可分为 3 个时期，分别为抽薹期、开花期和结荚期。

本节选用小白菜作为立体净化床用水培植物，通过对系统进水及各级出水中氮磷的测定，研究小白菜不同生长时期水培植物系统对二级生化出水中氮磷的净化效果。

1. 材料与方法

1) 实验植物、种植方法及研究时段

实验植物选用小白菜，幼苗购自附近农贸市场，平均株高约 15 cm。水培植物净化床隔一个圆孔栽种 1 株小白菜，即间隔种植。

小白菜自幼苗至衰败所用时间，共 139 d，其间水温为 3～24℃。

2) 实验装置及运行方式

实验装置：采用室外立体水培植物净化床装置，同图 2.6(a)。

运行方式：采用连续进水连续出水方式运行，装置系统进水流量约为 0.37 m³/d，系统总水力停留时间约为 10 h，有效水深约为 45 mm，采用自然通风供氧。

3) 试验用水

试验用水来源于生活污水经二级生化处理后的出水。根据水培小白菜系统研究周期内的监测数据，系统进水 pH 为 7.12～7.93，水培小白菜系统进水氮磷浓度值变化范围：NH_3-N 为 0.32～28.87 mg/L；TN 为 4.47～39.71 mg/L；TP 为 0.10～1.67 mg/L。

4) 监测项目及分析方法

NH_3-N：纳氏试剂分光光度法；TN：碱性过硫酸钾消解紫外分光光度法；TP：钼酸铵分光光度法。

2. 结果与分析

1）水培期间小白菜生长状况

小白菜水培前单株鲜重约为 25 g。在 139 d 的水培期间，小白菜生长状况照片如图 2.7 所示。

（a）水培前　　　　　（b）第 50 d（抽薹期）　　　　（c）第 99 d（开花期）　　　　（d）第 139 d（结荚期）

图 2.7　水培期间小白菜生长状况照片

水培小白菜第 36 d 前，小白菜处于营养生长阶段；水培至第 36 d 时小白菜开始抽薹，小白菜由营养生长阶段进入生殖生长阶段；水培至第 78 d 时，小白菜开始开花，进入开花期；水培至第 99 d 时，个别小白菜叶片开始变黄；水培至 106 d 时，小白菜开始结荚，进入结荚期；水培至第 139 d 时，大部分小白菜出现叶片枯黄掉落，移除装置内小白菜，此时小白菜单株鲜重约为 180 g，因此时的小白菜已呈现枯萎状，故此时的鲜重并非水培期间小白菜的鲜重最重质量。

综上分析可知，至 139 d 水培结束，单株小白菜鲜重增重约 155 g。

2）水培小白菜系统对 TN 的去除效果

在 139 d 的水培小白菜期间，系统对 TN 的去除情况如表 2.20 所示。

表 2.20　水培小白菜系统对 TN 的去除情况

水培时间/ d	进水浓度/ (mg/L)	第一级/ (mg/L)	第二级/ (mg/L)	第三级/ (mg/L)	第四级/ (mg/L)	第五级/ (mg/L)	去除率/ %	绝对去除量/ (mg/d)
1	20.75	21.04	21.19	19.97	20.70	20.21	2.60	199.8
8	23.99	23.35	22.71	23.05	23.01	21.14	11.88	1054.5
15	34.25	30.68	26.42	24.06	21.47	18.36	46.39	5879.3
22	34.63	31.00	27.48	24.35	20.32	19.29	44.30	5675.8
29	31.34	25.92	20.23	18.20	17.86	15.65	50.06	5805.3
36	33.26	27.52	25.74	23.23	20.42	18.48	44.44	5468.6
43	38.15	32.36	27.28	24.67	22.79	20.97	45.03	6356.6
50	34.29	30.36	27.34	25.98	22.67	20.18	41.15	5220.7
57	31.33	28.47	26.62	24.28	22.76	20.24	35.40	4103.3
64	28.67	22.38	19.64	17.81	16.22	14.23	50.37	5342.8
71	24.83	20.64	20.12	18.47	15.49	14.12	43.13	3962.7
78	22.25	19.33	17.42	16.38	16.14	15.41	30.74	2530.8

水培时间/d	进水浓度/(mg/L)	第一级/(mg/L)	第二级/(mg/L)	第三级/(mg/L)	第四级/(mg/L)	第五级/(mg/L)	去除率/%	绝对去除量/(mg/d)
86	23.32	20.27	19.48	18.06	17.46	16.21	30.49	2630.7
92	22.45	20.66	19.08	17.79	16.52	15.47	31.09	2582.6
99	21.78	18.25	16.47	15.56	14.03	13.54	37.83	3048.8
106	21.58	18.49	15.65	14.58	13.62	13.37	38.04	3037.7
113	27.71	24.15	20.22	18.52	17.03	16.39	40.85	4188.4
120	24.37	22.32	20.29	18.36	17.25	20.75	14.85	1339.4
127	23.39	21.19	20.21	19.01	17.69	16.95	27.53	2382.8
134	31.39	24.96	24.83	19.81	19.44	17.60	43.93	5102.3
139	26.55	20.24	17.05	15.09	10.07	10.13	61.85	6075.4

由表2.20可知，在139d的水培小白菜期间，系统进出水TN浓度整体呈波动趋势，且出水TN浓度变化趋势与进水TN浓度变化趋势基本一致。

在水培第1～29d，小白菜处于营养生长阶段，在水培第36～71d，小白菜处于抽薹期，在水培第78～99d，小白菜处于开花期，在水培第106～139d，小白菜处于结荚期，系统各级出水TN浓度均逐级递减。

由此可见，在139d的水培小白菜期间，系统对TN有较高的去除效果，各级出水TN浓度呈逐级递减趋势。水培至第64d、71d、99d、106d和139d时，系统进水TN浓度均未达到《城镇污水处理厂污染物排放标准》(GB 18918—2002)一级B标准要求，经五级水培小白菜系统净化后，出水TN浓度均达到一级A标准要求。系统对TN单日去除量由高到低分别为小白菜抽薹期、营养生长期、结荚期、开花期；系统对TN的去除率由高到低分别为小白菜抽薹期、结荚期、开花期、营养生长期。

3)水培小白菜系统对TP的去除效果

在139d的水培小白菜期间，系统对TP的去除情况如表2.21所示。

表2.21　水培小白菜系统对TP的去除情况

水培时间/d	进水浓度/(mg/L)	第一级/(mg/L)	第二级/(mg/L)	第三级/(mg/L)	第四级/(mg/L)	第五级/(mg/L)	去除率/%	绝对去除量/(mg/d)
1	0.80	0.75	0.70	0.64	0.70	0.62	22.50	66.6
8	1.33	1.35	1.37	1.25	1.36	1.33	0	0
15	1.17	1.18	1.2	1.19	1.16	1.16	0.85	3.7
22	0.29	0.25	0.23	0.20	0.17	0.11	62.07	66.6
29	0.72	0.63	0.56	0.47	0.38	0.30	58.33	155.4
36	0.43	0.4	0.29	0.22	0.16	0.11	74.42	118.4
43	1.67	1.27	0.47	0.30	0.15	0.06	96.41	595.7
50	0.89	0.57	0.42	0.27	0.12	0.08	91.01	299.7
57	0.76	0.52	0.38	0.21	0.10	0.05	93.42	262.7
64	0.68	0.51	0.34	0.19	0.11	0.04	94.12	236.8
71	0.73	0.64	0.48	0.25	0.18	0.09	87.67	236.8

水培时间/ d	进水浓度/ (mg/L)	第一级/ (mg/L)	第二级/ (mg/L)	第三级/ (mg/L)	第四级/ (mg/L)	第五级/ (mg/L)	去除率/ %	绝对去除量/ (mg/d)
78	0.92	0.74	0.56	0.31	0.22	0.13	85.87	292.3
86	1.19	0.83	0.68	0.54	0.42	0.30	74.79	325.6
92	0.19	0.11	0.08	0.05	0.04	0.04	78.95	55.5
99	0.79	0.46	0.34	0.19	0.11	0.06	92.41	270.1
106	0.19	0.10	0.07	0.04	0.03	0.03	84.21	59.2
113	0.43	0.21	0.15	0.09	0.05	0.04	90.70	144.3
120	0.93	0.85	0.52	0.42	0.20	0.04	95.70	329.3
127	0.25	0.19	0.12	0.08	0.04	0.03	88.00	81.4
134	0.10	0.07	0.05	0.04	0.04	0.03	70.00	25.9
139	0.29	0.12	0.07	0.05	0.05	0.04	86.21	92.5

由表 2.21 可知，在 139 d 的水培小白菜期间，系统进水 TP 浓度处于波动状态，变化范围为 0.10~1.67 mg/L。

水培第 1~29 d，小白菜处于营养生长阶段，水培至第 15 d、第 22 d 和第 29 d，各级出水 TP 浓度均逐级递减。水培第 36~71 d，小白菜处于抽薹期，水培第 78~99 d，小白菜处于开花期，水培第 106~139 d，小白菜处于结荚期，系统各级出水 TP 浓度均逐级递减。

由此可见，在 139 d 的水培小白菜期间，系统对 TP 去除效果较好，各级出水 TP 浓度呈逐级递减趋势，且水培至第 22 d 以后，系统出水 TP 浓度稳定在 0.03~0.30 mg/L，均达到《地表水环境质量标准》（GB 3838—2002）Ⅳ类水质标准要求。系统对 TP 日绝对去除量由高到低分别为小白菜抽薹期、开花期、结荚期、营养生长期；系统对 TP 去除率由高到低分别为小白菜抽薹期、结荚期、开花期、营养生长期。

2.5.2.2　夏秋季水培水稻系统对污水中 TN、TP 的去除效果

通过查阅文献[27]可知，水稻是草本稻属的一种，为一年生禾本科植物，单子叶，性喜温湿，短日照，适宜在四川地区夏秋季栽种。水稻按生长发育特性分为营养生长阶段、生殖生长阶段和衰败阶段，按形态特征分为幼苗期、分蘖期、拔节期、开花期、灌浆期等 5 个时期。

本节以水稻为水培植物，通过对系统进水及各级出水中氮磷的测定，研究水稻不同生长时期对二级生化出水中氮磷的净化效果。

1. 材料与方法

1）实验植物、种植方法及研究时段

实验植物采用水稻，水稻幼苗购自附近农贸市场，单株鲜重约为 8 g。水培植物净化床每个圆孔栽种 5 株水稻。

水稻自幼苗至衰败所用时间，共 104 d，其间水温为 20~35℃。

2)实验装置及运行方式

采用室外五级立体水培植物净化床装置，具体同 2.5.2.1 节中的实验装置及运行方式。

3)试验用水

试验用水来自生活污水经二级生化处理后的出水。根据水培水稻系统研究期间的监测数据，系统进水 pH 为 7.03～7.85，水培水稻系统进水氮磷浓度变化范围：NH_3-N 为 0.23～1.12 mg/L；TN 为 4.47～13.71 mg/L；TP 为 0.20～1.86 mg/L。

4)监测项目及分析方法

监测项目及分析方法同 2.5.2.1 节。

2. 结果与分析

1)水培期间水稻生长状况

水稻水培前单株鲜重约为 8 g，在 104 d 的水培期间，水稻生长状况照片如图 2.8 所示。

(a)水培前　　　　(b)第 32 d(营养生长)　　　(c)第 84 d(生殖生长)　　　(d)第 104 d(衰败阶段)

图 2.8　水培期间水稻生长状况照片

由图 2.8 可以看出，夏季水稻能够在水培环境下正常生长。第 32 d 前，水稻处于营养生长阶段；水培第 33～84 d，水稻处于生殖生长阶段，在这个阶段水稻拔节孕穗，抽穗开花，灌浆结实；水培第 85～104 d，水稻处于衰败阶段，在这个阶段水稻茎叶逐渐枯黄，部分籽粒掉落；水培至 104 d 时，单株水稻鲜重约为 18 g，但此时单株水稻鲜重并非水培期间的单株最重鲜重。

综上分析可知，至 104 d 水培结束，单株水稻鲜重增重约 10 g。

2)水培水稻系统对 TN 的去除效果

在 104 d 的水培水稻期间，系统对 TN 的去除情况如表 2.22 所示。

表 2.22　水培水稻系统对 TN 的去除情况

水培时间/ d	进水浓度/ (mg/L)	第一级/ (mg/L)	第二级/ (mg/L)	第三级/ (mg/L)	第四级/ (mg/L)	第五级/ (mg/L)	去除率/ %	绝对去除量/ (mg/d)
2	11.24	5.49	5.18	5.00	4.18	3.02	73.13	3077.6
5	10.21	4.47	2.51	1.53	0.78	0.50	95.10	3635.4
8	11.17	4.38	1.57	0.88	0.76	0.42	96.24	4024.8
12	11.65	4.56	0.69	0.59	0.31	0.30	97.42	4249.4
15	9.77	4.39	1.28	0.62	0.38	0.21	97.85	3579.3
18	7.92	3.11	1.85	1.76	1.20	0.22	97.22	2882.9

水培时间/d	进水浓度/(mg/L)	第一级/(mg/L)	第二级/(mg/L)	第三级/(mg/L)	第四级/(mg/L)	第五级/(mg/L)	去除率/%	绝对去除量/(mg/d)
21	10.22	3.08	1.22	0.71	0.41	0.20	98.04	3751.5
24	11.47	3.30	0.27	0.17	0.15	0.10	99.13	4256.9
27	11.75	3.86	1.99	1.02	0.50	0.50	95.74	4212.0
30	10.24	2.89	1.23	0.81	0.52	0.31	96.97	3717.8
33	10.67	1.53	0.31	0.17	0.13	0.10	99.06	3957.4
36	10.38	3.38	0.56	0.18	0.10	0.04	99.61	3871.3
40	10.11	4.00	0.87	0.09	0.08	0.05	99.51	3766.5
44	9.69	3.39	0.13	0.08	0.08	0.06	99.38	3605.5
48	9.88	3.42	0.89	0.20	0.09	0.05	99.49	3680.4
52	4.47	3.39	2.51	0.73	0.36	0.35	92.17	1542.5
56	6.85	2.32	0.08	0.05	0.03	0.03	99.56	2553.4
60	10.07	5.68	3.30	0.97	0.27	0.18	98.21	3702.8
64	9.87	4.23	2.42	0.88	0.34	0.22	97.77	3613.0
67	8.25	4.09	2.97	1.48	1.11	0.83	89.94	2778.1
71	9.34	4.96	2.74	1.83	1.26	0.92	90.15	3152.5
74	11.23	6.79	6.18	5.34	5.10	4.32	61.53	2587.1
78	12.31	9.12	8.87	7.14	7.10	5.02	59.22	2729.4
81	13.71	9.97	9.55	7.31	7.83	5.40	60.61	3111.3
84	10.16	6.33	4.75	3.67	2.51	1.48	85.43	3249.8
89	11.75	7.41	6.47	7.50	8.90	6.47	44.94	1976.8
94	11.33	7.87	7.92	6.38	7.87	6.66	41.22	1748.5
97	10.34	7.46	6.37	6.78	7.21	6.34	38.68	1497.6
100	12.48	11.56	9.61	8.57	9.34	8.26	33.81	1580.0
104	8.25	5.35	5.49	8.15	3.81	5.01	39.27	1213.1

由表 2.22 可知，在 104 d 的水培水稻期间，系统进出水 TN 浓度处于波动状态。水培至第 52 d 时，系统进水 TN 浓度最低为 4.47 mg/L，经五级水培水稻系统净化后，系统出水 TN 浓度为 0.35 mg/L。水培水稻第 5~71 d，系统进水 TN 浓度变化范围为 4.47~11.75 mg/L，波动幅度较大，但经五级水培水稻系统净化后，系统出水 TN 浓度变化范围在 0.03~0.92 mg/L，出水 TN 浓度较为稳定。水培至第 81 d 时，系统进水 TN 浓度最高为 13.71 mg/L，经五级水培水稻系统净化后，系统出水 TN 浓度为 5.40 mg/L。

在 104 d 的水培水稻期间，系统出水 TN 浓度呈逐级递减趋势。系统对 TN 去除率为 33.81%~99.61%、平均去除率为 82.55%，系统对 TN 绝对去除量为 1213.1~4256.9 mg/d、日均绝对去除量为 3110.2 mg。系统进水及各级出水 TN 浓度均达到《城镇污水处理厂污染物排放标准》(GB 18918—2002)一级 A 标准要求。

由此可见，水培水稻分别至第 5 d、第 8 d、第 12 d、第 15 d、第 18 d、第 21 d、第 24 d、第 27 d、第 30 d、第 33 d、第 36 d、第 40 d、第 44 d、第 48 d、第 52 d、第 56 d、第 60 d、第 64 d、第 67 d、第 71 d、第 84 d 时，系统进水 TN 浓度均未达到《地表水环境质量标准》(GB 3838—2022)Ⅳ类水质标准要求，而经五级水培水稻系统净化后，系统出水 TN 浓度均达到该水质标准要求。

在水稻的营养生长阶段和生殖生长阶段，系统对污水中 TN 的去除效果均优于衰败阶段，且营养生长阶段水培水稻系统对 TN 的去除效果最好。

3）水培水稻系统对 TP 的去除效果

在 104 d 的水培期间，系统对 TP 的去除情况如表 2.23 所示。

表 2.23　水培水稻系统对 TP 的去除情况

水培时间/d	进水浓度/(mg/L)	第一级/(mg/L)	第二级/(mg/L)	第三级/(mg/L)	第四级/(mg/L)	第五级/(mg/L)	去除率/%	绝对去除量/(mg/d)
2	0.53	0.40	0.38	0.37	0.37	0.36	32.08	63.7
5	1.86	1.70	1.32	0.79	0.45	0.35	81.18	565.3
8	1.23	0.78	0.38	0.32	0.26	0.18	85.37	393.1
12	1.01	0.60	0.16	0.17	0.11	0.10	90.10	340.7
15	0.98	0.53	0.13	0.07	0.05	0.04	95.92	351.9
18	1.03	0.56	0.31	0.25	0.24	0.13	87.38	337.0
21	1.12	0.78	0.42	0.28	0.23	0.22	80.36	337.0
24	1.51	1.15	1.14	0.90	0.79	0.68	54.97	310.8
27	1.20	0.52	0.23	0.19	0.19	0.17	85.83	385.6
30	1.18	0.99	0.76	0.55	0.39	0.32	72.88	322.0
33	1.35	0.81	0.80	0.68	0.57	0.50	62.96	318.2
36	1.48	1.22	0.62	0.50	0.48	0.47	68.24	378.1
40	1.49	1.05	0.78	0.66	0.54	0.38	74.50	415.6
44	1.56	0.59	0.36	0.35	0.26	0.09	94.23	550.4
48	1.46	1.21	0.98	0.72	0.49	0.31	78.77	430.6
52	0.69	0.18	0.11	0.09	0.04	0.04	94.20	243.4
56	0.89	0.25	0.10	0.07	0.06	0.05	94.38	314.5
60	0.67	0.20	0.09	0.05	0.05	0.05	92.54	232.1
64	0.76	0.38	0.17	0.11	0.08	0.07	90.79	258.3
67	1.62	1.12	1.10	0.86	0.79	0.69	57.41	348.2
71	1.12	0.83	0.71	0.58	0.51	0.46	58.93	247.1
74	0.54	0.23	0.20	0.13	0.09	0.07	87.04	176.0
78	0.38	0.14	0.12	0.10	0.08	0.07	81.58	116.1
81	0.20	0.11	0.11	0.08	0.07	0.07	65.00	48.7
84	0.36	0.13	0.11	0.09	0.08	0.07	80.56	108.6
89	0.24	0.19	0.24	0.14	0.11	0.06	75.00	67.4
94	0.24	0.25	0.42	0.37	0.25	0.13	45.83	41.2
97	1.41	1.22	1.19	0.93	0.81	0.72	48.94	258.3
100	1.35	1.24	1.18	0.82	0.76	0.67	50.37	254.6
104	0.28	0.18	0.19	0.14	0.13	0.17	39.29	41.2

由表 2.23 可知，在 104 d 的水培期间，系统进出水 TP 浓度处于波动状态，系统出水 TP 浓度变化趋势与进水 TP 浓度变化趋势基本一致。水培水稻至第 5 d 时，系统进水 TP

浓度最高为 1.86 mg/L，相应系统出水 TP 浓度为 0.35 mg/L。水培水稻至第 81 d 时，系统进水 TP 浓度最低，为 0.20 mg/L，相应系统出水 TP 浓度为 0.07 mg/L。系统对 TP 去除率为 32.08%～95.92%、平均去除率为 73.55%，系统对 TP 绝对去除量为 41.2～565.3 mg/d，日均绝对去除量为 275.2 mg。

综合表格各数据可知，在 104 d 的水培期间，水培水稻至第 56 d 时，系统对 TP 去除率最高，为 94.38%，相应的绝对去除量为 314.5 mg/d。水培至第 2 d 时，系统对 TP 去除率最低，为 32.08%，相应的绝对去除量为 63.7 mg/d。水培水稻至第 5 d 时，系统对 TP 绝对去除量最高，为 565.3 mg/d，相应对 TP 的去除率为 81.18%。水培水稻至第 94 d、第 104 d 时，系统对 TP 绝对去除量最低，为 41.2 mg/d，相应对 TP 的去除率分别为 45.83%、39.29%。

水培水稻至第 32 d 前，水稻处于营养生长阶段，在这个阶段水稻根系生长旺盛，分蘖增加，叶片增多，该阶段水稻系统对污水中 TP 的去除率为 32.08%～95.92%，平均去除率为 76.61%，系统对 TP 的绝对去除量为 63.7～565.3 mg/d，日均绝对去除量为 340.7 mg。水培第 33～84 d，水稻处于生殖生长阶段，在这个阶段水稻拔节孕穗，抽穗开花，灌浆结实，该阶段水稻系统对污水中 TP 的去除率为 57.41%～94.38%，平均去除率为 78.74%，系统对 TP 的绝对去除量为 48.7～550.4 mg/d、日均绝对去除量为 279.1 mg。水培第 85～104 d，水稻处于衰败阶段，在这个阶段水稻茎叶逐渐枯黄，部分籽粒掉落，该阶段水培水稻系统对污水中 TP 的去除率整体低于前两个阶段，为 39.29%～75.00%、平均去除率为 51.89%，系统对 TP 的绝对去除量为 41.2～258.3 mg/d、日均绝对去除量为 132.5 mg。

由此可见，水培水稻分别至第 8 d、第 12 d、第 15 d、第 18 d、第 21 d、第 27 d、第 44 d、第 52 d、第 56 d、第 60 d、第 64 d、第 74 d、第 78 d 和第 84 d 时，系统进水 TP 浓度均未达到《地表水环境质量标准》(GB 3838—2002)Ⅳ类水质标准要求，而经五级水培水稻系统净化后，系统出水 TP 浓度均达到该水质标准要求。

在水稻的营养生长阶段和生殖生长阶段，系统对污水中 TP 的去除效果均优于衰败阶段，且营养生长阶段水培水稻系统对 TP 的去除效果最好。

2.5.3　水培水稻系统各脱氮除磷作用对 TN、TP 的去除贡献

水培植物系统对水体中氮磷有一定的去除效果：植物可通过自身生物量的生长来吸收水体中的氮磷；固体颗粒在系统内的沉淀作用可降低污水中的氮磷含量；植物根系具有泌氧作用，使其根部形成好氧-厌氧环境，根际微生物活动对于污水中氮磷去除具有重要作用[28, 29]。

本节在 2.5.2.2 节研究的基础上，结合 2.5.2.2 节第一级的系统进出水氮磷浓度数据，进一步探讨不同氮磷去除方式在整体氮磷去除中的贡献。

2.5.3.1　材料与方法

1. 实验植物、种植方法及研究时段

实验植物、种植方法及研究时段同 2.5.2.2 节。

2. 实验装置及运行方式

采用 2.5.2.2 节的第一级，该级采用两根 PVC 管平行连接制作而成，单根 PVC 管长约
4 m，距地面高度约为 3 m，该级采光通风条件较好，具体装置平面图如图 2.9 所示。

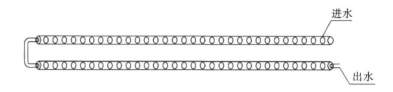

图 2.9　单级水培水稻净化床装置

该级的运行方式同 2.5.2.2 节。

3. 试验用水

试验用水同 2.5.2.2 节。

4. 监测项目及分析方法

1）水中氮磷含量测定方法
测定方法同 2.5.2.1 节。

2）水稻中氮磷含量测定方法

水稻中 TN 和 TP 含量按农业行业标准方法测定[30]，用浓硫酸与过氧化氢消解样品，
凯氏微量法测定植株氮含量，钼锑抗吸光光度法测定植株磷含量。

3）沉积物中氮磷含量测定方法

实验结束后，收集装置内沉淀物，采用城建标准中的污泥检测方法[31]，测定 TN 和
TP 含量。

4）微生物及其他作用对氮磷去除量的计算

系统对氮磷的去除总量减去植物吸收、沉淀物作用去除的氮磷量，即为微生物及其他
作用对氮磷的去除量。

2.5.3.2　结果与讨论

1. 水培期间水稻的生长状况

水稻水培前单株重约 8 g。水培水稻至第 32 d 前，水稻处于营养生长阶段；水培第
33～84 d，水稻处于生殖生长阶段，在这个阶段水稻拔节孕穗，抽穗开花，灌浆结实；水
培第 85～104 d，水稻处于衰败阶段，在这个阶段水稻茎叶逐渐枯黄，部分籽粒掉落，此
时水稻单株重约 18 g，将装置内水稻移除，试验周期结束。

2. 水培水稻系统第一级对 TN 的去除及各除氮作用的贡献

植物需吸收无机氮作为自身的营养成分，用于合成植物蛋白等有机氮；同时植物根部
附近能够形成好氧、缺氧、厌氧的微环境，有利于硝化菌和反硝化菌的生长，从而增强微

生物的硝化和反硝化作用，可提高对污水中氮的净化效率[32]；另外，在一定条件下，氨逃逸作用也会降低污水中的 TN 含量。基于以上分析，水培水稻系统对污水中氮的去除主要有微生物作用、植物吸附作用、氨逃逸作用等。

1）水培水稻系统第一级对 TN 的去除效果

在 104 d 的水培期间，水培水稻系统第一级对 TN 的去除情况如图 2.10 所示。

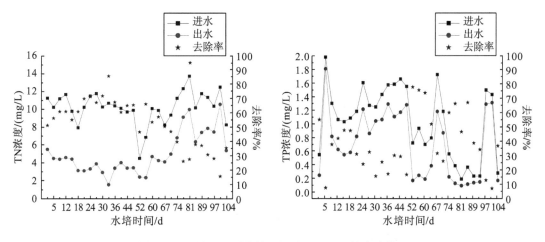

图 2.10　水培水稻系统第一级对 TN、TP 的去除情况

由图 2.10 可以看出：水培水稻系统第一级进出水 TN 浓度的变化趋势大致相同，即出水 TN 浓度随进水 TN 浓度而变化；系统第一级进水 TN 浓度为 4.47～13.71 mg/L，相应出水 TN 浓度为 1.53～10.56 mg/L，系统第一级对 TN 的去除率为 15.44%～85.72%。水培至第 32 d 前，水稻处于营养生长阶段，该阶段水稻系统第一级对污水中 TN 的去除率整体呈上升趋势，为 51.20%～71.84%，平均去除率为 64.59%，系统第一级对 TN 的日绝对去除量为 1800.9～3422.0 mg，日均去除量为 2561.2 mg。水培第 33～84 d，水稻处于生殖生长阶段，该阶段水稻系统对污水中 TN 的去除率整体呈下降趋势，为 25.93%～85.69%，平均去除率为 50.67%，系统第一级对 TN 的日绝对去除量为 778.8～2620.8 mg，日均去除量为 1798.5 mg。水培第 85～104 d，水稻处于衰败阶段，该阶段水培水稻系统第一级对污水中 TN 的去除率整体低于前两个阶段，为 15.42%～36.91%，平均去除率为 29.17%，系统第一级对 TN 的日绝对去除量为 718.9～1624.9 mg，日均去除量为 1160.6 mg。

2）水培水稻系统第一级各除氮作用对 TN 的去除贡献

孙宏伟等[33]考察在不同氨浓度梯度下氨逃逸的变化规律，结果表明当 pH 为 7.50～8.10、0.62 mg/L＜游离态氨（FA）＜7.70 mg/L 时，水中游离态氨和水分子结合，生成较稳定的 $NH_3 \cdot H_2O$，几乎未发生氨逃逸。张亮等[34]研究认为 FA 的质量浓度随着溶液 pH 和氨氮质量浓度的升高而升高。常温（20℃）下，当 pH 为 7 时，FA 约占氨氮浓度的 1%，在 pH 为 8 时，FA 约占氨氮浓度的 10%。而在 104 d 的水培水稻期间，系统第一级进水 pH 为 6.50～7.80，氨氮浓度为 0.14～0.95 mg/L，因而 FA 浓度远远低于 7.70 mg/L，氨逃逸量可忽略。

在 104 d 的水培期间，水培水稻系统第一级共去除 TN 量约为 193.7 g。水稻吸收作用、沉淀作用、微生物及其他作用去除 TN 量分别为 34.3 g、7.9 g、151.5 g，各种作用对 TN

去除的贡献如图 2.11 所示。

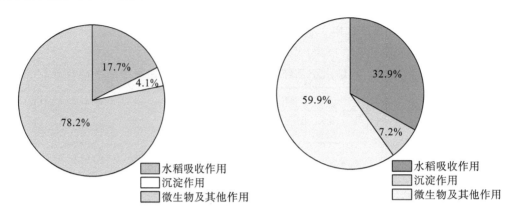

图 2.11　水培水稻系统第一级不同除氮作用对 TN、TP 去除的贡献

据图 2.11 可知：水稻吸收作用去除的 TN 占 17.7%；沉淀作用去除的 TN 占 4.1%；微生物及其他作用对 TN 去除的贡献最大，占系统 TN 去除量的 78.2%。这与徐欢[35]在水培梭鱼草净化槽对黑臭河水营养盐净化效果研究中的结果相近，在夏季，水培梭鱼草系统对 TN 的去除以微生物作用为主。

3. 水培水稻系统第一级对 TP 的去除及各除磷作用的贡献

植物可吸收同化水中的无机磷，转化成自身的有机成分；固体颗粒在系统内的沉淀作用可降低污水中磷含量[36]；此外，植物根区为各种微生物提供各自的小生境，有利于聚磷微生物的生长，促进微生物对磷的过量积累，达到除磷效果[37]。综上所述，水培水稻系统对污水中磷的去除主要有水稻吸收作用、沉淀作用、微生物及其他作用等。

1）水培水稻系统第一级对 TP 的去除效果

在 104 d 的水培期间，水培水稻系统第一级对 TP 的去除情况如图 2.10 所示：在 104 d 的水培期间，系统第一级进水 TP 浓度为 0.36～0.89 mg/L 时，系统第一级对污水中 TP 的去除效果较好。这与周世玲等[38]研究的浮床水稻对生活污水中氮磷的去除作用结果相近，即当污水总磷浓度为 0.65 mg/L 时，浮床水稻系统对 TP 去除率最高。

水培水稻至第 32 d 前，水稻处于营养生长阶段，该阶段水培水稻系统第一级对污水中 TP 的去除率为 8.60%～45.91%，平均去除率为 32.48%，系统第一级对 TP 的日绝对去除量为 59.9～176.0 mg，日均去除量为 130.7 mg。水培第 33～84 d，水稻处于生殖生长阶段，该阶段水培水稻系统第一级对污水中 TP 的去除率为 17.57%～73.91%，平均去除率为 46.09%，系统第一级对 TP 的日绝对去除量为 33.7～239.6 mg，日均去除量为 135.3 mg。水培第 85～104 d，水稻处于衰败阶段，该阶段水培水稻系统第一级对污水中 TP 的去除率为 8.15%～37.5%，平均去除率为 25.63%，系统第一级对 TP 的日绝对去除量为 30.0～71.1 mg，日均去除量为 42.7 mg。

2）水培水稻系统第一级各除磷作用对 TP 去除的贡献

在 104 d 的水培期间，水培水稻系统第一级共去除 TP 量约 13.3 g。水稻吸收作用、沉淀作用、微生物及其他作用去除 TP 量分别为 4.4 g、1.0 g、7.9 g，各种作用对 TP 去除的贡献如图 2.11 所示。

据图 2.11 可知：水稻吸收作用去除的 TP 占 32.9%；沉淀作用去除的 TP 占 7.2%；微生物及其他作用对 TP 去除的贡献最大，占系统第一级中 TP 去除量的 59.9%。李先会[39]研究表明荇菜-微生物水生系统中，对磷的去除以荇菜吸收为主，聚磷菌也起到了一定的作用。而从本书研究结果可知，水稻吸收作用对磷的去除量虽然占了较大比例，但不是对 TP 去除贡献最大的部分，该水培水稻系统中微生物及其他作用对磷的去除量占比较大，具体还需深入探讨。

2.5.4　不同 HRT 对水培水稻系统净化氮磷效果的影响

HRT 是污水处理工程运行中的重要控制参数。对水培植物系统而言，HRT 越短，水力负荷越大，系统内水流速度越快，植物根系与污水接触的时间相应减少，导致出水水质相对较差[22]。虽然 HRT 越长，系统对污染物的去除效果可能相对越好，但 HRT 的增长会造成工程基建投资和占地面积的增大。因而，要从技术经济方面综合考虑 HRT 的选取。

本节以水稻为水培植物，栽种于室外水平水培植物净化床内，通过对系统进水及各级出水中氮磷的测定，研究不同 HRT 时水培水稻系统对二级生化出水中氮磷的净化效果。

2.5.4.1　材料与方法

1. 实验植物、种植方法及研究时段

实验植物采用水稻，购自附近农贸市场，该水稻在水培前已生长一月有余，单株鲜重约为 14 g。水培植物系统每个圆孔栽种 5 株水稻。

水稻自拔节抽穗至衰败所用时间，共 64 d，其间水温为 21～35℃。

2. 实验装置及运行方式

实验装置：采用 4 套水平水培植物净化床装置，编号依次为 1#、2#、3#、4#，每套系统由 2 级组成，置于室外，具体装置同图 2.6。

运行方式：各装置系统采用连续进水连续出水方式，1#、2#、3#、4#系统的进水流量分别约为 0.18 m³/d、0.24 m³/d、0.37 m³/d、0.74 m³/d；1#、2#、3#、4#系统的 HRT 分别为 4.0 h、3.0 h、2.0 h、1.0 h，采用自然通风供氧。

3. 试验用水

试验用水来源于生活污水经二级生化处理后的出水。根据水培水稻系统研究期间的监测数据，各系统进水 pH 为 6.26～7.72，各系统进水氮磷浓度变化范围：NH_3-N 为 0.11～0.68 mg/L；TN 为 4.60～15.60 mg/L；TP 为 0.27～1.72 mg/L。

4. 监测项目及分析方法

监测项目及分析方法同 2.5.2.1 节。

2.5.4.2　结果与分析

1. 水培期间水稻的生长状况

水稻水培前单株重约为 14 g，在 64 d 的水培期间，1#系统第一级水稻生长状况照片如图 2.12 所示。

(a) 水培前　　　(b) 第 14 d (生殖生长)　　　(c) 第 44 d (衰败)　　　(d) 第 64 d (衰败)

图 2.12　水培期间水稻生长状况照片

水培水稻至第 36 d 前，水稻处于生殖生长阶段，在这个阶段水稻拔节孕穗，抽穗开花，灌浆结实；水培第 37～63 d，水稻处于衰败阶段，在这个阶段水稻茎叶逐渐枯黄，部分籽粒掉落，试验周期结束时，水稻单株鲜重约为 20 g，较移栽前鲜重增重约 6 g。

2. 不同 HRT 水培水稻系统对 TN 的去除效果

1) 不同 HRT 下，各水培水稻系统进出水 TN 浓度及其去除率

水培水稻期间，不同 HRT 时各系统进水及其各级出水 TN 浓度变化如表 2.24 所示。

表 2.24　不同 HRT 时各系统进水及其各级出水 TN 浓度变化

水培时间/d	1#系统/(mg/L)			2#系统/(mg/L)			3#系统/(mg/L)			4#系统/(mg/L)		
	进水	一级出水	二级出水	进水	一级出水	二级出水	进水	一级出水	二级出水	进水	一级出水	二级出水
2	9.41	8.84	7.97	10.07	9.27	8.01	9.95	9.38	8.20	9.27	9.12	8.81
5	10.22	7.22	3.42	10.19	8.34	6.25	10.27	9.42	7.42	10.26	10.01	9.11
8	11.17	6.71	2.93	11.05	8.95	6.57	10.72	9.83	7.22	10.93	10.07	9.09
11	10.11	5.28	3.22	10.10	6.33	4.28	10.09	7.65	5.66	10.14	8.56	6.24
14	8.23	4.76	2.88	8.19	5.21	3.89	8.22	5.61	5.13	8.17	6.33	5.95
16	5.01	3.63	3.23	4.62	4.52	4.05	5.31	4.93	4.54	4.62	4.58	4.43
19	6.55	3.86	0.64	6.43	5.45	5.12	6.85	6.01	5.13	6.73	6.19	5.49
21	8.82	6.71	4.34	8.79	6.82	6.45	8.84	7.55	6.89	8.85	7.64	6.99
24	9.91	6.99	3.91	9.87	7.41	5.68	10.11	8.76	6.89	10.07	8.85	8.71
27	7.81	5.34	3.65	7.93	5.81	5.44	7.83	6.43	6.21	7.88	6.59	6.11
30	7.76	4.05	2.27	8.15	6.05	4.65	8.25	6.47	4.70	8.07	6.61	5.40
33	8.18	4.34	2.34	8.22	6.25	4.71	8.21	6.52	4.82	8.16	6.68	5.33

水培时间/d	1#系统/(mg/L)			2#系统/(mg/L)			3#系统/(mg/L)			4#系统/(mg/L)		
	进水	一级出水	二级出水	进水	一级出水	二级出水	进水	一级出水	二级出水	进水	一级出水	二级出水
37	10.37	7.53	3.34	10.29	7.69	5.21	10.39	8.10	6.98	10.26	9.12	8.11
41	11.98	8.43	4.84	12.61	8.53	6.15	12.77	10.86	9.88	13.64	11.84	10.25
45	9.38	1.76	0.08	9.29	2.74	0.10	9.13	3.86	0.41	9.26	7.08	2.13
49	11.75	8.63	4.98	12.03	10.53	9.04	12.26	11.56	10.39	12.18	11.89	11.19
53	11.33	4.09	0.87	11.70	7.64	5.59	10.82	7.78	6.80	10.96	9.32	10.16
57	10.28	6.94	6.10	10.30	8.06	6.38	10.16	8.53	6.80	10.22	8.66	6.99
60	15.48	9.79	5.49	15.34	12.03	8.34	15.62	13.19	11.89	15.59	13.24	13.10
63	9.63	2.93	1.01	9.51	5.91	2.23	9.70	7.17	5.82	9.66	7.78	5.96

由表 2.24 可知,在 63 d 的水培期间,不同 HRT 下,各水培水稻系统进水及各级出水 TN 浓度均逐级减小。水培至第 60 d 时,四种水培水稻系统进水 TN 浓度均未达到《城镇污水处理厂污染物排放标准》(GB 18918—2002)一级 A 标准要求;其他水培时间,四种系统进水 TN 浓度均达到一级 A 标准要求。水培水稻至第 19 d、第 45 d、第 53 d 和第 63 d 时,1#水培系统进水 TN 浓度分别为 6.55 mg/L、9.38 mg/L、11.33 mg/L 和 9.63 mg/L,其二级出水 TN 浓度分别为 0.64 mg/L、0.08 mg/L、0.87 mg/L 和 1.01 mg/L,即出水 TN 浓度均达到《地表水环境质量标准》(GB 3838—2002)Ⅳ类水质标准要求。水培至第 45 d 时,2#系统进水 TN 浓度为 9.29 mg/L,其二级出水 TN 浓度为 0.10 mg/L,即出水 TN 浓度达到Ⅳ类水质标准要求。水培至第 45 d 时,3#水培系统进水 TN 浓度为 9.13 mg/L,其二级出水 TN 浓度为 0.41 mg/L,出水 TN 浓度达到Ⅳ类水质标准要求。其余水培时间内,四套水培水稻系统出水 TN 浓度均未达到Ⅳ类水质标准要求。

由此可见,在 63 d 水培期间,不同 HRT 下,1#、2#、3#和 4#水培水稻系统进水 TN 浓度相近,但系统出水 TN 浓度由低到高为:1#系统(HRT=4.0 h)＜2#系统(HRT=3.0 h)＜3#系统(HRT=2.0 h)＜4#系统(HRT=1.0 h)。在 63 d 的水培期间,HRT 越长,系统对污水中 TN 的去除率越高。

在 63 d 的水培期间,不同 HRT 下,各水培水稻系统对 TN 的去除率变化情况如图 2.13 所示。

由图 2.13 可知,在 63 d 的水培期间,不同 HRT 下,各水培水稻系统对 TN 的去除率处于波动状态,但整体呈现 HRT 越长、系统对 TN 去除率越高的趋势。

水培至第 2 d 时,4#系统对 TN 的去除率最低;水培至第 16 d 时,2#、3#和 4#系统对 TN 的去除率均为水培期间的最低值,分别为 12.34%、14.50%和 4.11%;水培至第 45 d 时,四套水培系统对 TN 去除率均达到水培期间的最高值,分别为 99.15%、98.92%、95.51%和 76.99%。

2)不同 HRT 下,各水培水稻系统对 TN 的绝对去除量

在 63 d 的水培期间,不同 HRT 下,水培水稻系统对 TN 绝对去除量的变化情况如表 2.25 所示。

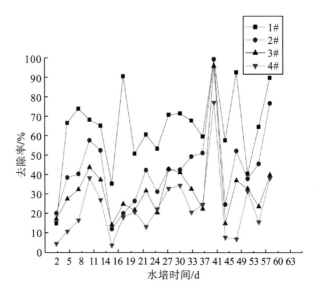

图 2.13　不同 HRT 下系统对 TN 的去除率

表 2.25　不同 HRT 水培水稻系统对 TN 绝对去除量情况

水培时间/d	1#系统绝对去除量/(mg/d)	2#系统绝对去除量/(mg/d)	3#系统绝对去除量/(mg/d)	4#系统绝对去除量/(mg/d)
2	194.4	370.8	472.5	248.4
5	918.0	709.2	769.5	621.0
8	1112.4	806.4	945.0	993.6
11	930.1	1047.6	1196.1	2106.0
14	722.3	774.0	834.3	1198.8
16	240.3	102.6	207.9	102.6
19	797.8	235.8	464.4	669.6
21	604.8	421.2	526.5	1004.4
24	810.0	754.2	869.4	734.4
27	561.6	448.2	437.4	955.8
30	741.2	630.0	958.5	1441.8
33	788.4	631.8	915.3	1528.2
37	949.1	914.4	920.7	1161.0
41	963.9	1162.8	780.3	1830.6
45	1255.5	1654.2	2354.4	3850.2
49	914.0	538.2	504.9	534.6
53	1412.1	1099.8	1085.4	432.0
57	564.3	705.6	907.2	1744.2
60	1348.6	1260	1007.1	1344.6
63	1163.7	1310.4	1047.6	1998.0
日均绝对去除量/mg	849.6	778.9	860.2	1225.0

由表 2.25 可知,在 63 d 的水培期间,1#系统对 TN 绝对去除量为 194.4~1412.1 mg/d,2#系统对 TN 绝对去除量为 102.6~1654.2 mg/d,3#系统对 TN 绝对去除量为 207.9~2354.4 mg/d,4#系统对 TN 绝对去除量为 102.6~3850.2 mg/d。

不同 HRT 下,各水培水稻系统对 TN 日均绝对去除量由高到低为:4#系统(HRT=1.0 h)＞3#系统(HRT=2.0 h)＞1#系统(HRT=4.0 h)＞2#系统(HRT=3.0 h)。

结合表 2.24、图 2.13 可知,HRT 越长,水培水稻系统对污水中 TN 去除率越高,但对污水中 TN 的绝对去除量无此规律,因而在工程实践中,可根据对出水 TN 浓度要求、基建成本等指标综合选择适当的 HRT。

3. 不同 HRT 水培水稻系统对 TP 的去除效果

1)不同 HRT 下,各水培水稻系统进出水 TP 浓度及其去除率

在 63 d 的水培水稻期间,不同 HRT 下,各水培水稻系统进水及其各级出水 TP 浓度变化如表 2.26 所示。

表 2.26　不同 HRT 各系统进水及其各级出水 TP 浓度变化

水培时间/d	1#系统/(mg/L)			2#系统/(mg/L)			3#系统/(mg/L)			4#系统/(mg/L)		
	进水	一级出水	二级出水	进水	一级出水	二级出水	进水	一级出水	二级出水	进水	一级出水	二级出水
2	1.32	1.16	0.88	1.48	1.33	1.12	1.38	1.34	1.21	1.37	1.35	1.25
5	1.22	1.01	0.93	1.23	1.10	0.97	1.19	1.12	1.07	1.20	1.17	1.12
8	1.20	1.05	0.78	1.24	1.11	0.98	1.28	1.16	1.09	1.25	1.22	1.11
11	0.79	0.51	0.42	0.81	0.58	0.49	0.77	0.62	0.54	0.82	0.68	0.61
14	0.66	0.42	0.38	0.64	0.48	0.39	0.67	0.52	0.43	0.68	0.58	0.52
16	0.32	0.23	0.16	0.33	0.27	0.23	0.34	0.28	0.26	0.35	0.30	0.29
19	0.89	0.52	0.11	0.94	0.78	0.67	0.95	0.88	0.76	0.92	0.90	0.81
21	0.75	0.51	0.47	0.77	0.54	0.45	0.76	0.56	0.48	0.74	0.58	0.50
24	0.72	0.45	0.30	0.67	0.46	0.39	0.64	0.47	0.42	0.59	0.49	0.44
27	1.11	0.64	0.50	1.13	0.68	0.56	1.12	0.72	0.62	1.10	0.88	0.69
30	1.68	1.38	0.96	1.70	1.38	1.11	1.72	1.64	1.32	1.71	1.67	1.57
33	0.48	0.19	0.09	0.52	0.22	0.12	0.49	0.30	0.20	0.53	0.41	0.25
37	0.39	0.11	0.06	0.41	0.20	0.12	0.38	0.29	0.21	0.42	0.32	0.22
41	0.32	0.10	0.07	0.33	0.13	0.12	0.25	0.19	0.16	0.29	0.22	0.17
45	0.53	0.27	0.07	0.52	0.29	0.09	0.48	0.30	0.10	0.47	0.35	0.12
49	0.62	0.19	0.05	0.67	0.28	0.21	0.71	0.47	0.26	0.73	0.52	0.37
53	0.39	0.13	0.07	0.40	0.22	0.09	0.42	0.25	0.20	0.41	0.28	0.23
57	1.27	0.78	0.47	1.31	0.95	0.84	1.21	1.17	0.94	1.25	1.21	0.97
60	0.31	0.22	0.16	0.33	0.25	0.21	0.32	0.28	0.22	0.35	0.31	0.28
63	0.28	0.29	0.29	0.27	0.31	0.34	0.31	0.32	0.37	0.32	0.38	0.41

由表 2.26 可知,在 63 d 的水培期间,不同 HRT 时,各水培水稻系统进水及其各级出水 TP 浓度均逐级减小。

由此可见，在 63 d 水培期间，不同 HRT 下，各水培水稻系统进水 TP 浓度相近，出水 TP 浓度由低到高为：1#系统(HRT=4.0 h)＜2#系统(HRT=3.0 h)＜3#系统(HRT=2.0 h)＜4# 系统(HRT=1.0 h)。在 63 d 的水培期间，HRT 越长，系统对污水中 TP 去除率越高。

在 63 d 的水培水稻期间，不同 HRT 下，各水培水稻系统对 TP 的去除率如图 2.14 所示。

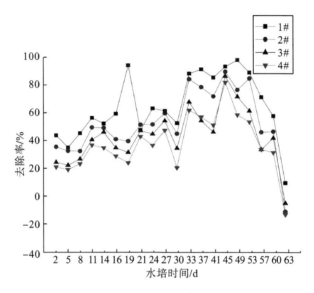

图 2.14   不同 HRT 水培水稻系统对 TP 的去除率

由图 2.14 可知，在 63 d 的水培期间，不同 HRT 下，各水培水稻系统对污水中 TP 的去除率处于波动状态，但整体呈现 HRT 越长、系统对 TP 去除率越高的趋势。水培至第 49 d 时，1#系统对污水中 TP 的去除率最高，为 91.94%；水培至第 45 d 时，2#、3#、4# 系统对 TP 的去除率均达到水培期间的最高值，分别为 82.69%、79.17%和 74.47%；水培至第 63 d 时，四套水培系统对污水中的 TP 均无去除效果。

2)不同 HRT 下，各水培水稻系统对 TP 的绝对去除量

水培水稻期间，不同 HRT 下，各水培水稻系统对 TP 绝对去除量情况如表 2.27 所示。

表 2.27   不同 HRT 水培水稻系统对 TP 绝对去除量情况

水培时间/d	1#系统绝对去除量/ (mg/d)	2#系统绝对去除量/ (mg/d)	3#系统绝对去除量/ (mg/d)	4#系统绝对去除量/ (mg/d)
2	57.2	64.8	45.9	64.8
5	37.7	46.8	32.4	43.2
8	54.6	46.8	51.3	75.6
11	48.1	57.6	62.1	113.4
14	36.4	45.0	64.8	86.4
16	20.8	18.0	21.6	32.4
19	101.4	48.6	51.3	59.4
21	36.4	57.6	75.6	129.6

续表

水培时间/d	1#系统绝对去除量/ (mg/d)	2#系统绝对去除量/ (mg/d)	3#系统绝对去除量/ (mg/d)	4#系统绝对去除量/ (mg/d)
24	50.7	50.4	59.4	81.0
27	75.4	102.6	135.0	221.4
30	93.6	106.2	108.0	75.6
33	50.7	72.0	78.3	151.2
37	42.9	52.2	45.9	108.0
41	32.5	37.8	24.3	64.8
45	59.8	77.4	102.6	189.0
49	74.1	82.8	121.5	194.4
53	41.6	55.8	59.4	97.2
57	104.0	84.6	72.9	151.2
60	19.5	21.6	27.0	37.8
63	—	—	—	—
日均绝对去除量 /mg	54.6	59.4	65.2	104.0

由表 2.27 可知，在 63 d 的水培期间，不同 HRT 下，各水培水稻系统对 TP 的绝对去除量不同。1#系统对 TP 的绝对去除量为 0~101.4 mg/d，2#系统对 TP 的绝对去除量为 0~106.2 mg/d，3#系统对 TP 的绝对去除量为 0~135.0 mg/d，4#系统对 TP 的绝对去除量为 0~221.4 mg/d。

不同 HRT 下，各水培水稻系统对 TP 日均绝对去除量由高到低为：4#系统（HRT=1.0 h）>3#系统（HRT=2.0 h）>2#系统（HRT=3.0 h）>1#系统（HRT=4.0 h）。

结合表 2.26 和图 2.14 可知，HRT 越长，水培水稻系统对污水中 TP 去除率越高，但对污水中 TP 的绝对去除量越低。因而在工程应用中，可根据对出水 TP 浓度要求、基建成本等指标综合选择适当的 HRT。

2.5.5 小结

(1)采用室外立体水培植物净化床装置，不同季节，两种水培植物系统对 TN 的平均去除率分别为：夏秋季水培水稻系统（82.55%）、冬季水培小白菜系统（36.76%）。不同季节，两种水培植物系统对 TN 的日均绝对去除量分别为：冬季水培小白菜系统（3904.2 mg）、夏秋季水培水稻系统（3110.2 mg）。

(2)采用室外立体水培植物净化床装置，不同季节，两种水培植物系统对 TP 的平均去除率分别为：夏秋季水培水稻系统（73.55%）、冬季水培小白菜系统（72.70%）。不同季节，两种水培植物系统对 TP 的日均绝对去除量分别为：夏秋季水培水稻系统（275.2 mg）、冬季水培小白菜系统（177.1 mg）。

(3)采用夏秋季水培水稻系统第一级进出水的氮磷数据，进一步研究不同氮磷去除方式在整体氮磷去除中的贡献，通过分析水稻吸收作用、沉淀作用和微生物及其他作用分别对系统中氮磷去除的贡献率得出：水培水稻期间，微生物及其他作用对 TN、TP 去除的贡献均为最大，分别占系统 TN、TP 去除量的 78.2%和 59.9%；水稻吸收作用对 TN、TP 去除的贡献次之，分别占 17.7%和 32.9%；沉淀作用对 TN、TP 去除的贡献最小，分别占 4.1%和 7.2%。

(4)采用室外水平水培植物净化床装置，研究不同 HRT 水培水稻系统对二级生化出水中氮磷的净化效果。

①在 63 d 水培水稻期间，不同 HRT 水培水稻系统进水 TN、TP 浓度均相近，水培水稻系统出水 TN、TP 浓度由低到高均为：HRT=4.0 h＜HRT=3.0 h＜HRT=2.0 h＜HRT=1.0 h。在 63 d 的水培水稻期间，HRT 越长，系统对污水中 TN、TP 去除率越高。

②HRT=4.0 h、HRT=3.0 h、HRT=2.0 h、HRT=1.0 h 水培水稻系统对 TN 日均绝对去除量分别为 849.6 mg、778.9 mg、860.2 mg、1225.0 mg，水培水稻系统对 TN 日均绝对去除量由高到低为：HRT=1.0 h＞HRT=2.0 h＞HRT=4.0 h＞HRT=3.0 h。

③HRT=4.0 h、HRT=3.0 h、HRT=2.0 h、HRT=1.0 h 水培水稻系统对 TP 日均绝对去除量分别为 54.6 mg、59.4 mg、65.2 mg、104.0 mg，水培水稻系统对 TP 日均绝对去除量由高到低为：HRT=1.0 h＞HRT=2.0 h＞HRT=3.0 h＞HRT=4.0 h。

(5)冬季小白菜、夏秋季水稻均适宜在四川地区水培条件下生长并且适宜选作水培植物，用于水培植物系统对二级生化出水深度脱氮除磷。

2.6 零价铁对生物脱氮除磷的协同提升作用研究

2.6.1 零价铁的添加对模拟废水脱氮效果的影响

2.6.1.1 零价铁种类及投加量对模拟废水脱氮效果的影响

对于有零价铁参与的反应，零价铁的种类和零价铁的投加量是影响反应的重要因素。因为零价铁与硝酸盐的脱氮反应主要发生在金属表面，所以零价铁表面的反应位点对反应效果有直接影响[40]。而不同零价铁种类和不同的零价铁投加量的活性位点大不相同。本节主要探讨不同的零价铁种类和零价铁的投加量协同缺氧反硝化的脱氮效果。

1. 材料与方法

1)试验材料

污泥：取某稳定运行的生活污水处理系统缺氧反硝化单元的活性污泥为实验污泥，其 MLVSS/MLSS 约为 0.75。

铁粉(零价铁)：粒径为 0.048 mm(300 目)，纯度为 98%。实验前对铁粉进行预处理，用 0.1 mol/L 的稀硫酸清洗，再用去离子水洗涤至中性备用。

铁屑：粒径为 0.5～2 cm。

酸洗后铁屑：粒径为 0.5～2 cm。实验前对铁屑进行预处理，用 0.1 mol/L 的稀硫酸清洗，再用去离子水洗涤至中性备用。

模拟含氮废水：以硝酸钾为氮源、乙酸钠为碳源，采用自来水配制 COD 与 $NO_3^-\text{-}N$ 的浓度比为 6 左右的模拟废水（其中 $NO_3^-\text{-}N$ 浓度为 50 mg/L、COD 浓度为 300 mg/L）。

铁粉、铁屑的外观形态如图 2.15 所示。

(a)铁粉　　　　　　　　　　　　　　　　(b)铁屑

图 2.15　零价铁的外观

零价铁在空气中易被氧化形成一层氧化膜覆盖在其表面，使零价铁对污染物的去除效果受到影响[41]，因此在利用零价铁处理污染物之前，需要对零价铁表面进行预处理，去除覆盖在其上的氧化膜，提高零价铁的活性。理论上，酸化能够破坏氧化膜，用酸清洗过后的零价铁其表面的活性位点数量和面积都能有所增加[41-44]，故分别将铁粉和铁屑用 0.1 mol/L 稀硫酸进行清洗，以破坏其表面的氧化膜。酸洗过程中明显看到铁粉和铁屑酸洗后的上清液浮现一层油脂和杂质，如图 2.16 所示。

(a)铁粉　　　　　　　　　　　　　　　　(b)铁屑

图 2.16　铁粉、铁屑酸洗后的上清液

2)试验方法

(1)零价铁种类对模拟废水脱氮效果的影响。采用四个反应器，其编号分别为 1#、2#、3#、4#，向各反应器中先依次加入 10 g 铁粉+300 mL 活性污泥、10 g 酸洗后铁粉+300 mL

活性污泥、10 g 铁屑+300 mL 活性污泥、10 g 酸洗后铁屑+300 mL 活性污泥，而后向各反应器中均加入模拟含氮废水至 1000 mL。各废水处理系统起始混合液水质指标浓度范围：NO_3^--N 为 40.15～49.30 mg/L；NO_2^--N 为 0.30～0.85 mg/L；NH_4^+-N 为 0.00～0.45 mg/L；DO 为 0.10～0.30 mg/L；pH 为 6.97～7.33。

各废水处理系统采用机械搅拌方式，并按照进水—搅拌(4 h)—沉淀(1 h)—排水模式运行 1 个周期，运行过程中控制溶解氧浓度(DO＜0.5 mg/L)在反硝化微生物适宜生长的范围内。反应前期每隔 20 min 取样一次，后期每隔 30 min 取样一次，通过测定各水样中 NO_3^--N、NO_2^--N、NH_4^+-N 的浓度，探讨铁粉、酸洗后铁粉、铁屑、酸洗后铁屑对脱氮效果的影响。

(2)铁粉投加量对模拟废水脱氮效果的影响。

①初步筛选铁粉投加量范围。采用五个反应器，其编号分别为 1#、2#、3#、4#、5#，向各反应器中先依次加入 300 mL 活性污泥、5 g 酸洗后铁粉+300 mL 活性污泥、10 g 酸洗后铁粉+300 mL 活性污泥、20 g 酸洗后铁粉+300 mL 活性污泥、50 g 酸洗后铁粉+300 mL 活性污泥，而后向各反应器中均加入模拟含氮废水至 1000 mL。各废水处理系统起始混合液水质指标浓度范围：NO_3^--N 为 33.95～48.95 mg/L；NO_2^--N 为 0.50～0.90 mg/L；NH_4^+-N 为 4.30～5.45 mg/L；DO 为 0.10～0.30 mg/L；pH 为 7.28～7.64。各废水处理系统采用机械搅拌方式，并按照进水—搅拌(4 h)—沉淀(1 h)—排水的模式运行 1 个周期，运行过程中控制溶解氧浓度(DO＜0.5 mg/L)在反硝化微生物适宜生长的范围内。反应前期每隔 20 min 取样一次，后期每隔 30 min 取样一次，通过测定各水样中 NO_3^--N、NO_2^--N、NH_4^+-N 的浓度，探讨各废水处理系统的脱氮效果，以初步筛选适宜的铁粉投加量范围。

②确定适宜的铁粉投加量。采用六个反应器，其编号分别为 1#、2#、3#、4#、5#、6#，向各反应器中先依次加入 300 mL 活性污泥、1 g 酸洗后铁粉+300 mL 活性污泥、2 g 酸洗后铁粉+300 mL 活性污泥、3 g 酸洗后铁粉+300 mL 活性污泥、4 g 酸洗后铁粉+300 mL 活性污泥、5 g 酸洗后铁粉+300 mL 活性污泥，而后向各反应器中均加入模拟含氮废水至 1000 mL。各废水处理系统起始混合液水质指标浓度范围：NO_3^--N 为 41.80～48.10 mg/L；NO_2^--N 为 0.00～0.60 mg/L；NH_4^+-N 为 1.35～3.10 mg/L；DO 为 0.10～0.30 mg/L；pH 为 7.05～7.27。

各废水处理系统采用机械搅拌方式，并按照进水—搅拌(4 h)—沉淀(1 h)—排水的模式运行 1 个周期，运行过程中控制溶解氧浓度(DO＜0.5 mg/L)在反硝化微生物适宜生长的范围内。反应前期每隔 20 min 取样一次，后期每隔 30 min 取样一次，通过测定各水样中 NO_3^--N、NO_2^--N、NH_4^+-N 的浓度，探讨各废水处理系统的脱氮效果，以确定适宜的铁粉投加量。

3)测定项目与分析方法

pH：玻璃电极法。

MLSS、MLVSS：重量法。

NO_3^--N、NO_2^--N、NH_4^+-N：全自动间断化学分析仪测定(DeChem-Tech CleverChem380)。

4)相关指标计算方法

污泥沉降速度：

$$污泥沉降速度 = \frac{1000(\text{mL}) - 静置5\,\text{min}后泥水分界面高度(\text{mL})}{5(\text{min})} \quad (2\text{-}19)$$

2. 结果与讨论

1)零价铁种类对模拟废水脱氮效果的影响

(1)不同种类零价铁的微观形貌表征。铁粉、铁屑酸洗前后的微观形貌表征如图 2.17 所示。

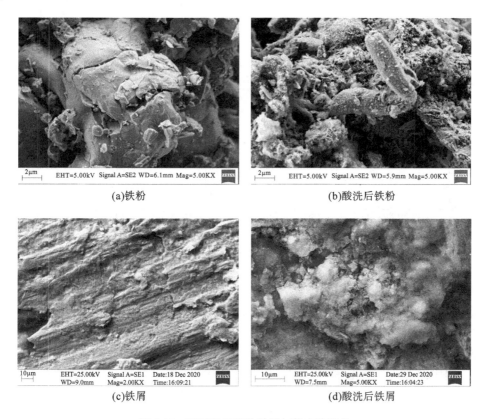

(a)铁粉　　　　　　　　　　　　　(b)酸洗后铁粉

(c)铁屑　　　　　　　　　　　　　(d)酸洗后铁屑

图 2.17　不同种类零价铁的扫描电镜照片

由图 2.17 可知，铁粉、铁屑在酸洗前后的外观均不同。酸洗前的铁粉和铁屑表面均比较光滑，且铁屑比铁粉更为平整；酸洗后的铁粉和铁屑表面均比较粗糙，且酸洗后的铁粉比酸洗后的铁屑表面有更多孔隙。由此可以看出，酸洗后的铁屑和铁粉由于其表面更加粗糙，孔隙更多，因此比表面积也更大，表面活性位点的数量更多，可使零价铁与污染物的反应更加充分。

(2)不同种类零价铁对模拟废水脱氮效果的影响。

①投加不同种类零价铁系统中 NO_3^--N 浓度的变化。NO_3^--N 浓度的变化能直观地反映反硝化脱氮效果，在 240 min 运行期间，投加不同种类零价铁的系统中 NO_3^--N 浓度的变化如图 2.18 所示。

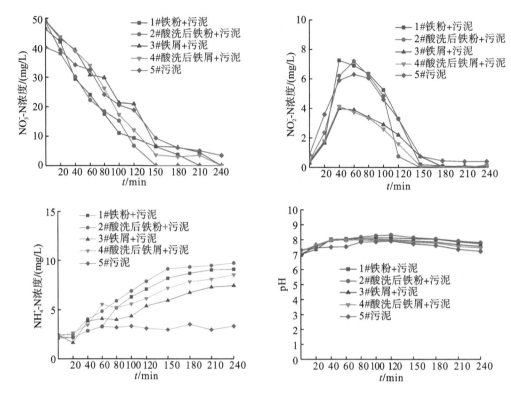

图 2.18　不同种类零价铁系统中 NO_3^--N、NO_2^--N、NH_4^+-N 浓度及 pH 的变化

由图 2.18 可知，在 240 min 的运行期间内，各废水处理系统中的 NO_3^--N 浓度均呈现下降趋势，且投加不同种类零价铁的系统对废水中 NO_3^--N 的去除效果不同。

在 240 min 的运行期间内，1#～5#系统分别在 210 min、150 min、240 min、240 min、240 min 时，NO_3^--N 浓度分别由 46.35 mg/L、40.15 mg/L、49.15 mg/L、49.30 mg/L、48.80 mg/L 降至检测限以下；至 150 min 时，1#～5#系统对废水中 NO_3^--N 的去除率分别为 86.08%、100%、86.67%、92.60%、80.84%。由此可见，2#系统对 NO_3^--N 的去除效果最佳，采用酸洗后的铁粉耦合微生物进行反硝化脱氮的效果较好。

相比投加铁屑的系统，投加铁粉的系统对废水中 NO_3^--N 的去除效果较好。因铁粉的粒径远小于铁屑的粒径、铁粉的比表面积大于铁屑的比表面积，从而有利于其去除废水中的 NO_3^--N。一方面，零价铁的吸附性能随比表面积的增大而增大，故铁粉相对于铁屑有更高的吸附性能，可以吸附水中的 NO_3^--N[45]。另一方面，零价铁表面与污染物接触的活性位点随铁粉比表面积的增大而增多，从而有利于反应的进行[46]。

相比未经酸洗的铁粉，投加酸洗后铁粉的系统对废水中 NO_3^--N 的去除效果较好。这是由于零价铁容易在空气中被氧化，形成一层氧化膜覆盖在表面，对零价铁的活性造成影响，而通过酸洗可以去除零价铁表面的氧化膜，因此经酸洗后的铁粉能够提高对废水中 NO_3^--N 的去除效果[42]。

综上所述，投加酸洗后铁粉的系统对废水中 NO_3^--N 的去除效果较好。

②投加不同种类零价铁系统中 NO_2^--N 浓度的变化。李思倩等[47]研究表明，与亚硝酸

盐还原酶(nitrite reductase,NIR)的活力相比,硝酸盐还原酶(nitrate reductase,NR)的活力是其 1.2 倍,且当外界的环境条件变化时,NIR 更加敏感,更容易受到抑制作用,易造成 NO_2^--N 的积累。而 NO_2^--N 由于具有较强的毒性,会对反硝化菌产生抑制作用,从而对反硝化脱氮效果造成影响[48]。

在 240 min 运行期间,投加不同种类零价铁的系统中 NO_2^--N 浓度的变化如图 2.18 所示。由图 2.18 可知,在 240 min 的运行期间内,各废水处理系统中的 NO_2^--N 浓度均呈现先上升后下降的趋势。1#~5#系统分别在第 40 min、第 60 min、第 40 min、第 40 min、第 60 min 时 NO_2^--N 的积累量达到最大值,其最大积累量分别为 7.25 mg/L、7.20 mg/L、4.00 mg/L、4.15 mg/L、6.05 mg/L,添加铁粉和酸洗后铁粉的系统中 NO_2^--N 积累量较大。至 150 min 时,1#~4#系统中 NO_2^--N 浓度在 0~0.75 mg/L 波动,5#系统中 NO_2^--N 浓度为 0.75 mg/L。至 240 min 时,1#~4#系统中 NO_2^--N 浓度低于 5#系统中 NO_2^--N 浓度。

综上分析,添加铁粉的系统中,NO_2^--N 最大积累量更大,是发生了铁粉与硝酸盐参与的还原反应生成 NO_2^--N 所致,如式(2-20)所示;但反应结束时,添加零价铁的系统中 NO_2^--N 浓度均低于未添加零价铁的系统,是由于铁粉与亚硝酸盐还可发生还原反应,如式(2-21)所示,故在反硝化反应完成时,添加零价铁有利于降低系统出水中 NO_2^--N 浓度。

$$Fe + NO_3^- + H_2O \longrightarrow Fe^{2+} + NO_2^- + 2OH^- \tag{2-20}$$

$$3Fe + NO_2^- + 8H^+ \longrightarrow 3Fe^{2+} + NH_4^+ + 2H_2O \tag{2-21}$$

③投加不同种类零价铁系统中 NH_4^+-N 浓度的变化。零价铁可以和硝酸盐直接发生氧化还原反应,产生氨氮[式(2-21)]。在 240 min 运行期间,投加不同种类零价铁的系统中 NH_4^+-N 浓度的变化如图 2.18 所示。由图 2.18 可知,在 240 min 的运行期间,1#~4#系统中的 NH_4^+-N 浓度均呈上升趋势,5#系统中的 NH_4^+-N 浓度为 2.17~3.52 mg/L,且投加不同种类零价铁的系统对 NH_4^+-N 的积累效果不同。

反应至 240 min 时,1#~5#系统中 NH_4^+-N 浓度分别为 9.11 mg/L、9.74 mg/L、7.45 mg/L、8.55 mg/L、3.33 mg/L。添加酸洗后铁粉的系统中出水 NH_4^+-N 浓度高于其他系统,可能是酸洗后的铁粉活性位点增多,与 NO_2^--N 及 NO_3^--N 发生化学反应生成的 NH_4^+-N 较多所致,如式(2-21)、式(2-22)所示,这与 Till 等[49]的研究结果一致。

$$4Fe + NO_3^- + 7H_2O \longrightarrow 4Fe^{2+} + NH_4^+ + 10OH^- \tag{2-22}$$

此外,5#系统中未添加零价铁,但也出现了 NH_4^+-N 的积累,可能是由于反硝化过程中发生了硝酸盐异化还原成铵(dissimilatory nitrate reduction to ammonia,DNRA)的过程[48]。Nar 将 NO_3^--N 转化为 NO_2^--N,Nir 再将 NO_2^--N 转化为 NH_4^+-N[50]。通过 DNRA 过程生成的 NH_4^+-N 不仅能提供 DNRA 菌生长所需的碳源,而且当其释放到细胞外时,其他需要利用氮源进行生长代谢的微生物也能吸收利用该过程产生的 NH_4^+-N[51],如图 2.19 所示。

④投加不同种类零价铁系统中 pH 的变化。pH 是影响反硝化菌活性的重要指标。在 240 min 运行期间,不同系统中 pH 的变化如图 2.18 所示。由图 2.18 可知,在 240 min 的运行期间,1#~5#系统中 pH 均呈现先升高后降低的微小波动,投加不同种类零价铁的系统对 pH 的影响不同。

在 240 min 的运行期间,1#~5#系统中 pH 分别在 7.02~8.13、7.05~8.32、6.97~8.01、7.23~7.99、7.23~7.92 波动。

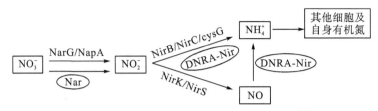

图 2.19 硝酸盐异化还原成铵(DNRA)的过程[48]

注：Nar(NarG)为硝酸盐还原酶；Nir(NirB、NirC、NirK、NirS、cysG)为亚硝酸盐还原酶；Nap(NapA)为周质硝酸盐还原酶。

添加零价铁的各系统中 pH 出现波动，一方面是因为硝酸盐与乙酸钠在反硝化菌的作用下发生生物反硝化反应，生成 OH^-，如式(2-23)所示，使系统中 pH 升高；另一方面是因为硝酸盐与铁粉反应生成 OH^-，如式(2-20)所示，使系统中的 pH 升高。

$$8NO_3^- + 5CH_3COONa \longrightarrow 10CO_2 + 4N_2 + H_2O + 13OH^- + 5Na^+ \tag{2-23}$$

而后随着反应的进行，系统中 NO_3^--N 浓度逐渐降低，故反应生成的 OH^- 也逐渐减少；且反应生成的 OH^- 与铁离子能够发生反应生成沉淀，使溶液中游离的 OH^- 减少，从而 pH 出现降低。所以整体来看，pH 呈现先升高后降低的趋势。

从 pH 波动范围看，添加铁粉的系统较其他系统的 pH 波动范围大，这也与前面研究投加铁粉的系统对废水中 NO_3^--N 的去除效果较好，但系统中 NH_4^+-N 的积累量也较大相呼应。

由于反硝化菌正常生长的 pH 为 7～8，当投加铁粉的系统中 pH 达到最大值时，会超过反硝化菌适宜的生长范围。在后续研究中，能否通过减少铁粉的投加量以控制反应过程中的 pH 在反硝化菌正常生长的范围内，值得探讨。

⑤投加不同种类零价铁系统中污泥沉降速度的变化。在实验研究过程中停止搅拌后，不同种类的零价铁系统中污泥沉降的速度有显著差异。在 240 min 运行期间，不同种类零价铁的系统中污泥沉降速度的变化如图 2.20 所示。

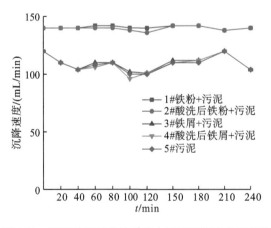

图 2.20 不同种类零价铁系统中污泥沉降速度的变化

由图 2.20 可知，在 240 min 的运行期间，1#、2#系统中污泥沉降速度在 136～140 mL/min 波动；3#～5#系统中污泥沉降速度在 96～120 mL/min 波动。可见，添加铁粉能提高污泥的沉降性能，而投加铁屑的系统对污泥沉降性能没有影响。

在反应过程中可以观察到，投加了铁粉的系统，停止搅拌后，污泥会伴随着铁粉一起沉降到反应器底部；而投加铁屑的系统，停止搅拌后，铁屑与污泥各自沉降到反应器底部，且铁屑的沉降速度远大于污泥的沉降速度。宋冬[52]报道了活性污泥可与铁粉结合产生铁盐絮体，而铁盐絮体能够与活性污泥絮体结合形成具有特殊结构的污泥絮体，使污泥活性显著增强，从而为反硝化细菌提供更好的生存条件，进而增强污泥的脱氮性能。而投加铁屑的系统则不能生成污泥絮体，故相比投加铁屑而言，投加铁粉更有利于提高系统的脱氮效果。

综上分析，添加酸洗后铁粉的系统对 NO_3^--N 的去除效果较好，但该系统中 NH_4^+-N 积累量也最多。后续研究能否通过改变反应条件，在保证良好的脱氮效果的条件下，以期降低反应过程中 NH_4^+-N 的积累量值得探讨。

2）铁粉投加量对模拟废水脱氮效果的影响

（1）初步筛选铁粉投加量范围。

①不同铁粉投加量系统中 NO_3^--N 浓度的变化。在 240 min 运行期间，不同铁粉投加量系统中 NO_3^--N 浓度的变化如图 2.21 所示。

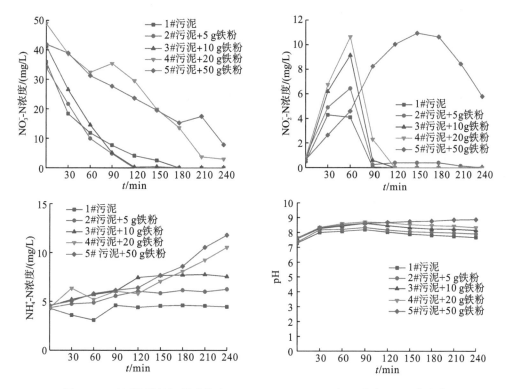

图 2.21   不同铁粉投加量系统中 NO_3^--N、NO_2^--N、NH_4^+-N 浓度及 pH 的变化

由图 2.21 可知，在 240 min 的运行期间，各系统中的 NO_3^--N 浓度均呈现下降趋势，且不同铁粉投加量系统对废水中 NO_3^--N 的去除效果不同。

在 240 min 的运行期间，1#～3#系统分别在第 180 min、第 120 min、第 180 min 时，

NO_3^--N 浓度分别从 35.90 mg/L、33.95 mg/L、41.40 mg/L 降至检出限以下；4#系统和 5#系统在第 240 min 时，NO_3^--N 浓度分别从 48.95 mg/L、41.95 mg/L 降至 3.00 mg/L、7.85 mg/L。至 120 min 时，1#～5#系统对废水中 NO_3^--N 的去除率分别为 88.44%、100%、99.28%、39.63%、43.62%，2#和 3#系统对废水中 NO_3^--N 的去除效果较好。由此可见，当铁粉投加量不大于 10 g 时，投加铁粉有利于对废水中 NO_3^--N 的去除；当铁粉投加量分别为 20 g、50 g 时，不利于系统对废水中 NO_3^--N 的去除。

王秀衡[53]通过铁离子对反硝化作用的影响得出，铁离子浓度较低时，有利于反硝化反应；铁离子浓度较高时，不利于反硝化反应。此外，葛利云[54]耦合催化铁法脱氮的实验也得出相似的结论，当铁离子较少时，对反硝化菌的生长及胞外聚合物的形成有促进作用，但铁离子过量投加时，将会抑制胞外聚合物的形成。因为在一定范围内增加铁粉的投加量，相当于增加了铁粉与 NO_3^--N 的接触面积，对 NO_3^--N 的去除效果有提升作用；而铁粉过量投加时，可能会对反硝化菌产生不利影响，从而影响系统对 NO_3^--N 的去除。本书研究结果与王秀衡、葛利云等人的研究结果相吻合。

②不同铁粉投加量系统中 NO_2^--N 浓度的变化。在 240 min 运行期间，不同铁粉投加量的耦合系统中 NO_2^--N 浓度的变化如图 2.21 所示。由图 2.21 可知，在 240 min 的运行期间，各废水处理系统中的 NO_2^--N 浓度均呈现先上升后下降的趋势。不同废水处理系统中 NO_2^--N 的积累量不同。

1#～5#系统分别在第 30 min、第 60 min、第 60 min、第 60 min、第 150 min 时，出现 NO_2^--N 的最大积累量，其最大积累量分别为 4.30 mg/L、6.45 mg/L、9.15 mg/L、10.65 mg/L、10.95 mg/L。可见，铁粉投加量越大，NO_2^--N 浓度的最大积累量就越大；但与铁粉投加量为 20 g 相比，当铁粉投加量为 50 g 时 NO_2^--N 浓度的最大积累量无显著增加。

反应至 240 min 时，1#～5#系统中 NO_2^--N 的出水浓度依次为检出限以下、检出限以下、0.05 mg/L、检出限以下、5.80 mg/L。当铁粉投加量为 50 g 时，系统中 NO_2^--N 的出水浓度处于较高水平。

为保证 NO_3^--N 去除效果的同时，又要兼顾较少的 NO_2^--N 积累量，铁粉投加量为 5 g 时较为适宜。

③不同铁粉投加量系统中 NH_4^+-N 浓度的变化。在 240 min 运行期间，不同铁粉投加量的耦合系统中 NH_4^+-N 浓度的变化如图 2.21 所示。由图 2.21 可知，在 240 min 的运行期间，1#～5#系统中的 NH_4^+-N 浓度均呈上升趋势，且不同铁粉投加量的系统中 NH_4^+-N 的积累效果不同。

反应至 240 min 时，1#～5#系统中 NH_4^+-N 浓度分别为 4.45 mg/L、6.25 mg/L、7.55 mg/L、10.55 mg/L、11.80 mg/L。可见，铁粉投加量越大，NH_4^+-N 浓度积累量就越大。这是由于投加铁粉的系统中发生 NO_3^--N 与铁粉的化学反应，铁粉投加量越多，生成的 NH_4^+-N 就越多。

为保证废水中较低的 NH_4^+-N 积累量，选择铁粉投加量为 5 g 较为适宜。

④不同铁粉投加量系统中 pH 的变化。在 240 min 运行期间，不同铁粉投加量的耦合系统中 pH 的变化如图 2.21 所示。

由图 2.21 可知，在 240 min 的运行期间，1#～5#系统中 pH 均呈现先升高后降低的微小波动，5#系统中的 pH 在整个反应期间缓慢增加，且不同铁粉投加量的系统 pH 的变化存在差异。

在 240 min 的运行期间，1#～5#系统中 pH 分别为 7.28～8.19、7.35～8.33、7.57～8.61、7.61～8.33、7.64～8.87。

由于反硝化菌正常生长的 pH 为 7～8，当投加铁粉的系统中 pH 达到最大值时，会超过反硝化菌适宜的生长范围。在后续研究中，能否通过减少铁粉的投加量以控制反应过程中的 pH 在反硝化菌正常生长的范围内，值得探讨。

综上分析，铁粉投加量为 5 g 时较为适宜。

此外，铁粉投加量越多，反硝化脱氮过程中 NO_2^--N、NH_4^+-N 的积累量就越多、pH 升高也越快。为了避免 NO_2^--N、NH_4^+-N 积累过多、pH 超过微生物正常生长的适宜范围，可考虑减少铁粉投加量。故后续探讨当铁粉投加量不大于 5 g 时，能否在满足较好的 NO_3^--N 去除效果的同时，NO_2^--N、NH_4^+-N 积累量较小且 pH 维持在微生物正常生长的范围内。

(2)确定适宜的铁粉投加量。

①不同铁粉投加量系统中 NO_3^--N 浓度的变化。在 240 min 运行期间，不同铁粉投加量系统中 NO_3^--N 浓度的变化如图 2.22 所示。

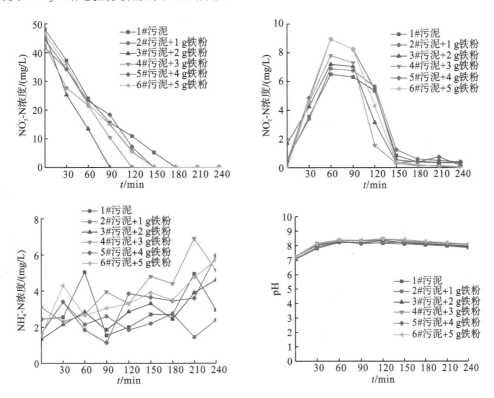

图 2.22　不同铁粉投加量系统中 NO_3^--N、NO_2^--N、NH_4^+-N 浓度及 pH 的变化

由图 2.22 可知，在 240 min 的运行期间，各系统中的 NO_3^--N 浓度均呈现下降趋势，且不同铁粉投加量的系统对废水中 NO_3^--N 的去除效果不同。

在 240 min 的运行期间，1#～6#系统分别在第 180 min、第 150 min、第 90 min、

第 120 min、第 150 min、第 150 min 时，NO_3^--N 浓度分别从 48.10 mg/L、41.80 mg/L、46.35 mg/L、42.60 mg/L、44.50 mg/L、46.30 mg/L 均降至检测限以下；至 90 min 时，1#～6#系统对废水中 NO_3^--N 的去除率分别为 67.46%、63.88%、100%、75.35%、58.65%、67.82%。由此可见，投加了铁粉的系统中 NO_3^--N 的去除效果基本优于未添加铁粉的系统，且当铁粉投加量为 2 g 时，废水中 NO_3^--N 的去除效果最佳。

这是由于 NO_3^--N 与铁粉的还原反应发生在铁粉表面，铁粉投加量在一定范围内时，铁粉比表面积越大，活性位点就越多，但当铁粉投加量超出该范围时，NO_3^--N 与铁粉的接触已达到饱和，此时继续增加铁粉投加量不能再继续提高 NO_3^--N 的去除效果[55]。

②不同铁粉投加量系统中 NO_2^--N 浓度的变化。在 240 min 运行期间，不同铁粉投加量的耦合系统中 NO_2^--N 浓度的变化如图 2.22 所示。由图 2.22 可知，在 240 min 的运行期间，各废水处理系统中的 NO_2^--N 浓度均呈现先上升后下降的趋势。不同系统中 NO_2^--N 浓度的最大积累量不同。

1#～5#系统均在第 60 min 时，出现 NO_2^--N 的最大积累量，其最大积累量分别为 6.50 mg/L、6.90 mg/L、7.20 mg/L、7.80 mg/L、8.95 mg/L。由此可知，铁粉投加量越大，NO_2^--N 浓度的最大积累量就越大。

反应至 240 min 时，1#～6#系统中 NO_2^--N 的出水浓度依次为 0.35 mg/L、0.40 mg/L、0.40 mg/L、0.05 mg/L、0.15 mg/L、检测限以下。故当铁粉投加量小于 5 g 时，系统中 NO_2^--N 的出水浓度不随铁粉投加量的增加而增加。

③不同铁粉投加量系统中 NH_4^+-N 浓度的变化。在 240 min 运行期间，不同铁粉投加量的耦合系统中 NH_4^+-N 浓度的变化如图 2.22 所示。由图 2.22 可知，在 240 min 的运行期间，1#～6#系统中的 NH_4^+-N 浓度均在小范围内波动变化，且不同铁粉投加量的系统对废水中 NH_4^+-N 的积累效果不同。

在 240 min 的运行期间，1#～6#系统中 NH_4^+-N 浓度的变化范围依次为：1.55～5.05 mg/L、1.45～3.40 mg/L、1.35～4.60 mg/L、2.30～6.90 mg/L、1.15～5.95 mg/L、1.55～5.70 mg/L。1#、2#系统出水 NH_4^+-N 浓度与进水 NH_4^+-N 浓度相差不大，3#～6#系统，出水 NH_4^+-N 浓度稍大于进水 NH_4^+-N 浓度，说明铁粉投加量大于 2 g 时，会导致系统中 NH_4^+-N 浓度有小幅度增加。

④不同铁粉投加量系统中 pH 的变化。在 240 min 运行期间，不同铁粉投加量的耦合系统中 pH 的变化如图 2.22 所示。由图 2.22 可知，在 240 min 的运行期间，1#～6#系统中 pH 均呈现先升高后降低的微小波动，且不同铁粉投加量的系统对 pH 的影响存在微小差异。

1#～6#系统中 pH 的波动范围分别为 7.05～8.22、7.09～8.28、7.24～8.35、7.27～8.40、7.21～8.40、7.24～8.47。各系统反应结束时的 pH 均大于反应刚开始时系统中的 pH。且反应结束时系统中的 pH 随铁粉投加量的增加而增加。

减少铁粉的投加量，能降低系统中的 pH，但当各系统中的 pH 达到最大值时，仍会在短时间内超过微生物正常生长的 pH 范围(7～8)，之后又恢复至正常水平。即使系统中的 pH 在短时间内超过微生物正常生长的 pH 范围，但系统脱氮效果依然很好，可能是由于铁粉+污泥的耦合系统对高 pH 有较强的耐受能力。

2.6.1.2　pH、C/N 对模拟废水脱氮效果的影响

pH 对废水中微生物的活性和铁的形态都有重要的影响。一方面，pH 会影响反硝化菌的活性；另一方面，pH 会对铁腐蚀的产物产生影响，若 pH 过高可能会生成沉淀，这些沉淀物若附着在细胞或者零价铁表面，则会对脱氮效果造成影响[56]。

大多数生物反硝化脱氮过程都有异养菌的参与，足够的碳源，尤其是适宜的碳氮比（C/N），是保证有效进行生物反硝化脱氮的重要条件。

因此，在零价铁参与的缺氧生物反硝化脱氮过程中，有必要探讨 pH、C/N 对脱氮效果的影响。

1. 材料与方法

1）试验材料

污泥、铁粉（零价铁）、模拟含氮废水 A：同 2.6.1.1 节。

模拟含氮废水 B：以硝酸钾为氮源、乙酸钠为碳源，采用自来水按需配制不同 COD 与 NO_3^-N 浓度比的模拟废水。

2）试验方法

（1）不同 pH 对模拟废水脱氮效果的影响。

①不同初始 pH 对模拟废水脱氮效果的影响。采用六个反应器，其编号分别为 1#、2#、3#、4#、5#、6#，向 1#～5#反应器中分别加入 2 g 酸洗后铁粉+300 mL 活性污泥，向 6#反应器中加入 300 mL 活性污泥，而后向 1#～6#反应器中均加入模拟废水 A 至 1000 mL。用 HCl 和 NaOH 调节 1#～5#系统的初始 pH 分别为 3、5、7、9、11（6#系统不调节 pH），各废水处理系统起始混合液水质指标范围：NO_3^-N 为 31.75～47.60 mg/L；NO_2^-N 为 0.40～0.65 mg/L；NH_4^+-N 为 1.45～2.25 mg/L；DO 为 0.10～0.30 mg/L；pH 为 3.06～11.01。

各废水处理系统采用机械搅拌方式，并按照进水—搅拌（4 h）—沉淀（1 h）—排水的模式运行 1 个周期，运行过程中控制溶解氧浓度（DO＜0.5 mg/L）在反硝化微生物适宜生长的范围内。反应前期每隔 20 min 取样一次，后期每隔 30 min 取样一次，通过测定各水样中 NO_3^-N、NO_2^-N、NH_4^+-N 的浓度，探讨不同初始 pH 对脱氮效果的影响。

②全程调节 pH 对模拟废水脱氮效果的影响。采用六个反应器，其编号分别为 1#、2#、3#、4#、5#、6#，向 1#～5#反应器中先加入 2 g 酸洗后铁粉+300 mL 活性污泥，向 6#反应器中加入 300 mL 活性污泥，而后向各反应器中均加入模拟废水 A 至 1000 mL。1#～5#系统在整个反应过程用 HCl 和 NaOH 调节系统的 pH 分别为 6.0、6.5、7.0、7.5、8.0（6#系统不调节 pH），各废水处理系统起始混合液水质指标范围：NO_3^-N 为 37.30～45.80 mg/L；NO_2^-N 为 0.25～1.55 mg/L；NH_4^+-N 为 3.20～6.00 mg/L；DO 为 0.10～0.30 mg/L；pH 为 6.01～8.02。

各废水处理系统采用机械搅拌方式，并按照进水—搅拌（4 h）—沉淀（1 h）—排水的模式运行 1 个周期，运行过程中控制溶解氧浓度（DO＜0.5 mg/L）在反硝化微生物适宜生长的范围内。反应前期每隔 20 min 取样一次，后期每隔 30 min 取样一次，通过测定各水样中 NO_3^-N、NO_2^-N、NH_4^+-N 的浓度，探讨整个反应过程调节 pH 对脱氮效果的影响。

(2)不同 C/N 对模拟废水脱氮效果的影响。

①初步筛选 C/N 范围。采用六个反应器，其编号分别为 1#、2#、3#、4#、5#、6#，向各反应器中均加入 2 g 酸洗后铁粉+300 mL 活性污泥，再加入模拟废水 B 至 1000 mL。控制模拟废水 B 的 C/N 分别为 0、2、4、6、8、10，各废水处理系统起始混合液水质指标范围：NO_3^--N 为 44.05~48.45 mg/L；NO_2^--N 为 0.45~1.55 mg/L；NH_4^+-N 为 2.35~3.80 mg/L；DO 为 0.10~0.30 mg/L；pH 为 7.11~7.92。

各废水处理系统采用机械搅拌方式，并按照进水—搅拌(4 h)—沉淀(1 h)—排水的模式运行 1 个周期,运行过程中控制溶解氧浓度(DO<0.5 mg/L)在反硝化微生物适宜生长的范围内。反应前期每隔 20 min 取样一次，后期每隔 30 min 取样一次，通过测定各水样中 NO_3^--N、NO_2^--N、NH_4^+-N 的浓度，探讨各废水处理系统的脱氮效果,以初步筛选适宜的 C/N 范围。

②确定适宜的 C/N。采用五个反应器，其编号分别为 1#、2#、3#、4#、5#，向各反应器中先均加入 2 g 酸洗后铁粉+300 mL 活性污泥，再加入模拟废水 B 至 1000 mL。控制模拟废水 B 的 C/N 分别为 4、5、6、7、8，各废水处理系统起始混合液水质指标范围：NO_3^--N 为 45.05~49.00 mg/L；NO_2^--N 为 0.60~0.85 mg/L；NH_4^+-N 为 3.05~4.05 mg/L；DO 为 0.10~0.30 mg/L；pH 为 7.05~7.59。

各废水处理系统采用机械搅拌方式，并按照进水—搅拌(4 h)—沉淀(1 h)—排水的模式运行 1 个周期,运行过程中控制溶解氧浓度(DO<0.5 mg/L)在反硝化微生物适宜生长的范围内。反应前期每隔 20 min 取样一次，后期每隔 30 min 取样一次，通过测定各水样中的氮浓度，探讨各废水处理系统的脱氮效果，以确定适宜的 C/N 值。

3)测定项目与分析方法

测定项目与分析方法同 2.6.1.1 节。

2. 结果与讨论

1)不同 pH 对模拟废水脱氮效果的影响

(1)不同初始 pH 对模拟废水脱氮效果的影响。

①不同初始 pH 系统中 NO_3^--N 浓度的变化。在 240 min 运行期间，不同初始 pH 系统中 NO_3^--N 浓度的变化如图 2.23 所示。

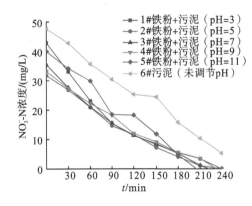
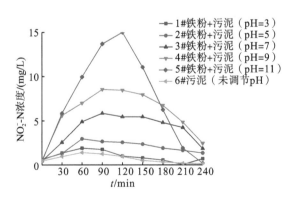

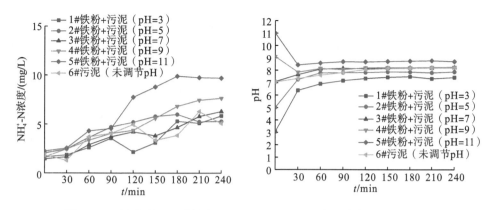

图 2.23 不同初始 pH 系统中 NO_3^--N、NO_2^--N、NH_4^+-N 浓度及 pH 的变化

由图 2.23 可知，在 240 min 的运行期间，各废水系统中的 NO_3^--N 浓度均呈现下降趋势，且初始 pH 不同，各系统中 NO_3^--N 的去除效果也不同。

在 240 min 的运行期间内，至 240min 时，1#～4#系统中 NO_3^--N 浓度分别从 42.85 mg/L、31.75 mg/L、35.45 mg/L、33.15 mg/L 降至检测限以下；5#系统在第 210 min 时，NO_3^--N 浓度从 39.95 mg/L 降至检测限以下；6#系统在第 240 min 时，NO_3^--N 浓度从 47.60 mg/L 降至 5.30 mg/L。

至 210 min 时，1#～6#系统对废水中 NO_3^--N 的去除率分别为 91.95%、96.53%、96.61%、89.29%、100%、77.88%。由此可见，在投加了零价铁的系统中，初始 pH 的变化对 NO_3^--N 的去除效果无显著影响，且 NO_3^--N 的去除效果均优于未添加零价铁的系统。

投加了零价铁的系统中，NO_3^--N 的去除主要有以下原因：

a. 铁粉与 NO_3^--N 发生的化学还原反应，如式(2-20)及式(2-22)所示；

b. 微生物参与的生物反硝化反应，如式(2-23)所示。

由于铁粉与 NO_3^--N 发生了化学还原反应，故铁粉与活性污泥的耦合系统对 NO_3^--N 的去除效果优于未添加零价铁的系统。

②不同初始 pH 系统中 NO_2^--N 浓度的变化。在 240 min 运行期间，不同初始 pH 系统中 NO_2^--N 浓度的变化如图 2.23 所示。由图 2.23 可知，在 240 min 的运行期间，1#～6#废水系统中的 NO_2^--N 浓度均呈现先上升后下降的趋势，且初始 pH 不同，各系统中 NO_2^--N 的积累量也不同。

1#～6#系统分别在第 60 min、第 60 min、第 90 min、第 90 min、第 120 min、第 60 min 时出现 NO_2^--N 的最大积累量，其最大积累量依次为 1.90 mg/L、2.95 mg/L、5.85 mg/L、8.55 mg/L、15.00 mg/L、1.40 mg/L。在投加了零价铁的系统中，NO_2^--N 的最大积累量随着初始 pH 的增加而增加。

至 240 min 时，1#～6#系统中 NO_2^--N 的浓度依次为 0.70 mg/L、1.35 mg/L、1.85 mg/L、2.45 mg/L、0.20 mg/L、0.15 mg/L。

添加零价铁的系统中，NO_2^--N 产生积累主要有以下原因：

a.微生物参与的反硝化作用，在反硝化菌的参与下，NO_3^--N 先被转化为 NO_2^--N，NO_2^--N 再被转化为 N_2，如式(2-24)、式(2-25)所示：

$$4NO_3^- + CH_3COONa \longrightarrow 2CO_2 + 4NO_2^- + H_2O + Na^+ + OH^- \tag{2-24}$$

$$8NO_2^- + 3CH_3COONa + H^+ \longrightarrow 6CO_2 + 4N_2 + 3Na^+ + 10OH^- \tag{2-25}$$

b. 铁粉与 NO_3^--N 的化学还原反应，如式(2-20)所示。

NO_2^--N 的最大积累量随着初始 pH 的增加而增加。这是因为在微生物参与的反硝化反应中，pH 不同，NR 和 NIR 的活性也不同[57]。徐亚同[58]研究表明，NO_2^--N 的积累量随 pH 的增加而增加。这是由于相比 NR，NIR 对 pH 的变化更加敏感，在较高的 pH 环境下，其活性更容易受到抑制，而 NR 的活性基本不受影响，因此从 NO_2^--N 转化为 N_2 的过程受到抑制，故会出现 NO_2^--N 积累的现象。

③不同初始 pH 系统中 NH_4^+-N 浓度的变化。在 240 min 运行期间，不同初始 pH 系统中 NH_4^+-N 浓度的变化如图 2.23 所示。

由图 2.23 可知，在 240 min 的运行期间，1#～6#废水系统中的 NH_4^+-N 浓度均呈上升趋势，且初始 pH 不同，各系统中 NH_4^+-N 的积累量也不同。

至 240 min 时，1#～6#系统中 NH_4^+-N 浓度依次上升至 5.85 mg/L、5.29 mg/L、6.30 mg/L、7.65 mg/L、9.70 mg/L、5.05 mg/L。

投加了零价铁的系统中，NH_4^+-N 产生积累主要有以下原因：

a. 硝酸盐异化还原为铵的反应；

b. 铁粉与 NO_3^--N 的化学还原反应，如式(2-22)所示；

c. 铁粉与 NO_2^--N 的化学还原反应，如式(2-21)所示。

当初始 pH 为 9 和 11 时，至 240 min 时，系统中 NH_4^+-N 浓度较高；由②可知，初始 pH 为 9 和 11 时，系统中 NO_2^--N 浓度也较高，NH_4^+-N 浓度的升高可能与 NO_2^--N 浓度的升高有关，可能发生了铁粉与 NO_2^--N 反应生成 NH_4^+-N 的反应。由②可知，在投加了零价铁的系统中，NO_2^--N 的最大积累量随着初始 pH 的增加而增加，故初始 pH 的升高也会间接导致 NH_4^+-N 浓度升高。

④不同初始 pH 系统中 pH 的变化。在 240 min 运行期间，不同初始 pH 系统中 pH 的变化如图 2.23 所示。

由图 2.23 可知，在 240 min 的运行期间，初始 pH 不同的系统，至 30 min 时各系统 pH 较起始变化较大，30 min 后，各系统 pH 变化趋缓，但仍有区别。

反应至 30 min 时，各系统中 pH 如表 2.28 所示。

表 2.28 在 0 min 和 30 min 时各系统废水的 pH

时间/min	pH					
	1#	2#	3#	4#	5#	6#
0	3.06	5.01	7.09	9.11	11.01	7.06
30	6.38	7.26	7.65	7.85	8.43	7.34

由表 2.28 可知，反应至 30 min 时，各系统的 pH 均向中性范围趋近，这可能是由于污泥与铁粉的耦合系统对 pH 的变化有较强的缓冲作用。一方面是因为污泥系统本身具有一定的缓冲作用；另一方面，铁粉参与的化学反应对 pH 的变化也有一定的缓冲作用。

pH 过低时，铁粉与 NO_3^--N 反应生成 OH^-，如式(2-20)、式(2-22)所示。

铁粉与 NO_2^--N 反应消耗 H^+，如式(2-21)所示。

另外，铁粉在水溶液中发生腐蚀反应生成 OH^-，如式(2-26)所示[40]。上述反应都会升高系统中的 pH：

$$Fe + 2H_2O \longrightarrow H_2 + Fe^{2+} + 2OH^- \tag{2-26}$$

pH 过高时，铁粉在水中腐蚀产生的铁离子可与 OH^- 反应生成沉淀，减小系统中的碱度，如式(2-27)所示：

$$Fe^{2+} + 2OH^- \longrightarrow Fe(OH)_2 \downarrow \tag{2-27}$$

反应至 30 min 后，随反应时间的增加，1#~6#系统的 pH 变化范围分别为 6.38~7.50、7.26~7.88、7.65~8.20、7.85~8.26、8.43~8.78、7.34~8.20。1#系统(初始 pH=3)pH 偏低，5#系统(初始 pH=11)pH 偏高，过酸过碱将会超出微生物适宜的 pH 范围，影响微生物活性。此外，高 pH 会抑制 NIR 的活性，导致 NO_2^--N 积累，进而导致 NH_4^+-N 积累，不利于生物反硝化脱氮。

由于生物反硝化作用是产碱反应，反应过程中会产生 OH^-，如式(2-24)、式(2-25)所示。另外，铁粉与 NO_3^- 反应也会生成 OH^-，如式(2-20)所示。

铁粉与 NO_2^- 会消耗 H^+，如式(2-21)所示。

考虑到若反应过程中不断生成的 OH^- 和不断消耗的 H^+ 使系统中 pH 不断升高，甚至超出微生物正常生长的范围，影响脱氮效果，故有必要探讨在系统整个运行过程中，控制 pH 在微生物适宜的生长范围内，考察其对脱氮效果是否具有提升作用。

(2)全程调节 pH 对模拟废水脱氮效果的影响。由于反硝化细菌的适宜 pH 在中性范围内[59, 60]，故运行过程中控制不同系统的 pH 为 6~8，探讨系统脱氮的最适 pH。

①不同 pH 系统中 NO_3^--N 浓度的变化。在 240 min 运行期间，不同 pH 系统中 NO_3^--N 浓度的变化如图 2.24(a)所示。

由图 2.24(a)可知，在 240 min 的运行期间，各废水系统中的 NO_3^--N 浓度均呈现下降趋势，且 pH 不同时，各系统中 NO_3^--N 的去除效果也不同。

在 240 min 的运行期间内，1#~6#系统分别在第 240 min、第 180 min、第 210 min、第 150 min、第 210 min、第 210 min 时，NO_3^--N 浓度均降至检测限以下；至 150 min 时，1#~6#系统对废水中的去除率分别为 52.18%、92.53%、89.95%、100%、93.31%、77.28%。

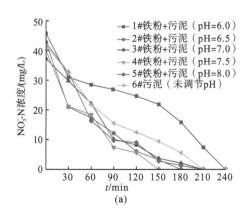

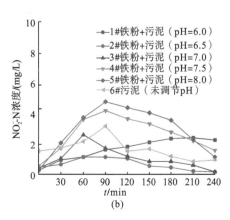

(a)　　　　　　　　　　　　　(b)

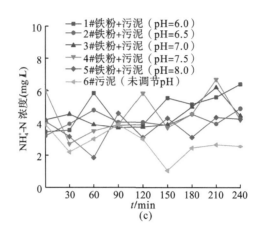

图 2.24　控制全程 pH 系统中 NO_3^--N、NO_2^--N、NH_4^+-N 浓度的变化

pH 大于 6.5 的耦合系统对废水中 NO_3^--N 的去除效果优于 pH 在中性范围的污泥系统；pH 为 6 的耦合系统对 NO_3^--N 的去除效果低于 pH 在中性范围的纯污泥系统。由此可见，pH 过低对脱氮效果会产生不利影响。这是由于在微生物参与的生物反硝化过程中，较低的 pH 影响了反硝化细菌的酶活性，因为大多数酶是蛋白质，酶的催化效果由其结构决定，而酶的结构与 pH 有密切关系[58]。

另有研究表明[61]，生物反硝化的 pH 不宜超过 8，否则会导致反硝化脱氮效果降低，但本书研究中铁粉与活性污泥的耦合体系在 pH 为 8 时 NO_3^--N 去除效果依然很好，可能是因为铁粉与 NO_3^--N 发生化学还原反应，去除了废水中部分 NO_3^--N，因此在 pH 为 8 时依然能取得较好的 NO_3^--N 去除效果。

②不同 pH 系统中 NO_2^--N 浓度的变化。在 240 min 运行期间，不同 pH 系统中 NO_2^--N 浓度的变化如图 2.24（b）所示。

由图 2.24（b）可知，在 240 min 的运行期间，1#~6#废水系统中的 NO_2^--N 浓度均呈现先上升后下降的趋势。不同废水处理系统中 NO_2^--N 的积累量不同。

1#~6#系统分别在第 210 min、第 60 min、第 60 min、第 90 min、第 90 min、第 90 min 时出现 NO_2^--N 的最大积累量，其最大积累量依次为 2.45 mg/L、1.15 mg/L、2.65 mg/L、4.30 mg/L、4.90 mg/L、3.25 mg/L。

当 pH 不小于 7 时，随 pH 的升高，NO_2^--N 的积累量有所增加，可能是由于在微生物参与的生物反硝化反应中，pH 越高，NIR 的活性越容易受到抑制，进而造成 NO_2^--N 的积累。

③不同 pH 系统中 NH_4^+-N 浓度的变化。在 240 min 运行期间，不同 pH 系统中 NH_4^+-N 浓度的变化如图 2.24（c）所示。由图 2.24（c）可知，在 240 min 的运行期间，1#~6#废水系统中的 NH_4^+-N 浓度均在小范围内波动变化。在 240 min 的反应期间，1#~6#系统中 NH_4^+-N 浓度的波动范围依次为 3.45~6.40 mg/L、3.20~4.90 mg/L、3.70~6.20 mg/L、2.70~6.70 mg/L、3.10~4.60 mg/L、1.05~3.90 mg/L。

由上述分析可知，铁粉与 NO_2^--N 反应生成 NH_4^+-N 主要发生在 pH 较高的情况下，在 pH 为 6~8 时，未出现 NH_4^+-N 浓度明显上升的情况，说明在该范围的 pH 条件下，NO_2^--N

积累量较少，铁粉与 NO_2^--N 反应生成的 NH_4^+-N 也较少。

另外，由于各系统运行过程中 pH 维持在反硝化微生物适宜的 pH 范围内，反硝化菌活性较高，有利于生物反硝化作用，以至于铁粉与 NO_3^--N 的还原反应以及 DNRA 的反应较少，故生成的 NH_4^+-N 也较少。

2）不同初始 C/N 对模拟废水脱氮效果的影响

（1）初步筛选 C/N 范围。

①不同初始 C/N 系统中 NO_3^--N 浓度的变化。在 240 min 运行期间，不同 C/N 系统中 NO_3^--N 浓度的变化如图 2.25 所示。

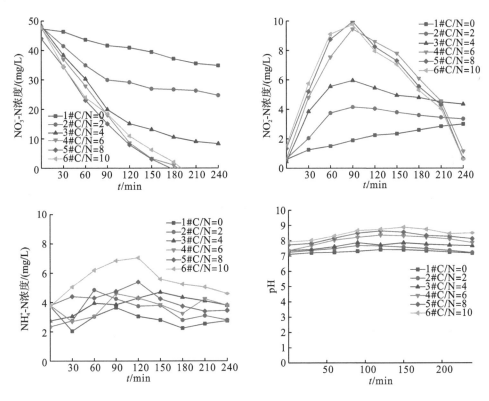

图 2.25　不同初始 C/N 系统中 NO_3^--N、NO_2^--N、NH_4^+-N 浓度及 pH 的变化

由图 2.25 可知，在 240 min 的运行期间，各废水系统中的 NO_3^--N 浓度均呈现下降趋势，不同 C/N 的系统对 NO_3^--N 的去除效果不同。

在 240 min 的运行期间，1#～3#系统在第 240 min 时，NO_3^--N 浓度分别从 47.35 mg/L、48.10 mg/L、48.45 mg/L 降至 34.85 mg/L、24.70 mg/L、8.30 mg/L；4#～6#系统分别在第 210 min、第 180 min、第 210 min 时，NO_3^--N 浓度降至检测限以下。至 180 min 时，1#～6#系统对废水中 NO_3^--N 的去除率分别为 21.54%、44.49%、78.22%、97.79%、100%、95.71%。当 C/N 小于 8 时，各系统对废水中 NO_3^--N 的去除率随 C/N 的增大而增大。

由图 2.25 可知，C/N=0 时，即不存在外加碳源的情况下，在整个运行期间，NO_3^--N 的浓度略有降低，被还原的 NO_3^--N 仅有 12.50 mg/L。这可能是由于碳源不足，反硝化菌没有足够的碳源进行生长代谢，故发生内源反硝化反应[62]；氧化分解自身碳源进行脱氮作用；也可能是发生铁粉与 NO_3^--N 的化学还原反应，去除系统中部分 NO_3^--N 所致。

当 C/N=2 和 C/N=4 时，NO_3^--N 的去除效果较差。反应至 240 min 时，耦合系统去除 NO_3^--N 的量分别为 23.4 mg/L、40.15 mg/L。这可能是微生物参与的反硝化反应、内源反硝化反应以及铁粉参与的化学还原反应共同作用的结果。但是因碳源不足，微生物参与的反硝化作用受到抑制，导致 NO_3^--N 的去除效果较差。

当 C/N≥6 时，NO_3^--N 在 210 min 之内就能去除完全，系统中可能发生微生物参与的反硝化反应、铁粉参与的化学还原反应。由于碳源充足，不仅有利于反硝化菌进行生长代谢作用，促进反硝化作用，还能活化反硝化菌表面的吸附位点，提高吸附量[63]，故 NO_3^--N 的去除效果较好。

②不同初始 C/N 系统中 NO_2^--N 浓度的变化。在 240 min 运行期间，不同 C/N 系统中 NO_2^--N 浓度的变化如图 2.25 所示。

由图 2.25 可知，在 240 min 的运行期间，2#～6#废水系统中的 NO_2^--N 浓度均呈现先上升后下降的趋势，且 C/N 不同的系统对 NO_2^--N 的积累量不同。

在 240 min 的运行期间，1#系统在第 240 min 时出现 NO_2^--N 的最大积累量，其最大积累量为 3.00 mg/L；2#～6#系统均在第 90 min 时出现 NO_2^--N 的最大积累量，其最大积累量依次为 4.15 mg/L、5.95 mg/L、9.45 mg/L、9.95 mg/L、9.75 mg/L。由此可见，当 C/N 不大于 6 时，NO_2^--N 的最大积累量随着 C/N 的增加而增加。

反应至 240 min 时，1#～6#系统出水中 NO_2^--N 浓度依次为 3 mg/L、3.35 mg/L、4.35 mg/L、1.15 mg/L、0.65 mg/L、0.6 mg/L。当 C/N 不大于 4 时，出水 NO_2^--N 浓度随着 C/N 的增加而增加。

添加零价铁的系统中，NO_2^--N 产生积累主要有以下原因：

a. 微生物参与的反硝化作用，在反硝化菌的参与下，NO_3^--N 先被转化为 NO_2^--N，NO_2^--N 再被转化为 N_2，如式(2-24)、式(2-25)所示；

b. 铁粉与 NO_3^--N 的化学还原反应，如式(2-20)所示。

当 C/N 分别为 0、2、4 时，NO_2^--N 的最大积累量及系统出水中 NO_2^--N 的浓度，随着 C/N 的增加而增加。由于在碳源不足的情况下，生物反硝化反应难以进行，此时若增加碳源的投加量，则利于 NO_3^--N 与乙酸钠的反应，因此反应生成的 NO_2^--N 也越多[式(2-24)]。同时，没有充足的碳源提供给反硝化细菌将 NO_2^--N 进一步还原为 N_2[式(2-25)]，因此系统出水的 NO_2^--N 浓度依然处于较高水平，这与程喆等[64]的报道一致。

当 C/N 分别为 6、8、10 时，NO_2^--N 的最大积累量均处于较高水平，但系统出水中 NO_2^--N 的浓度也较低。这是由于碳源充足时，NR 和 NIR 都能得到充足的电子供体，能将 NO_3^--N 转化为 NO_2^--N 后，再将 NO_2^--N 转化为 N_2[65]，如式(2-24)、式(2-25)所示。

③不同初始 C/N 系统中 NH_4^+-N 浓度的变化。在 240 min 运行期间，不同 C/N 系统中 NH_4^+-N 浓度的变化如图 2.25 所示。

由图 2.25 可知，在 240 min 的运行期间，1#～6#废水系统中的 NH_4^+-N 浓度均在小范围内波动变化，且 C/N 不同的系统对 NH_4^+-N 的积累效果不同。

在 240 min 的运行期间，1#～6#系统中 NH_4^+-N 浓度的波动范围依次为 2.05～3.75 mg/L、

2.35～4.85 mg/L、2.75～4.70 mg/L、2.70～4.60 mg/L、3.40～5.40 mg/L、3.75～7.05 mg/L。由此可见，当 C/N 不大于 8 时，系统中 NH_4^+-N 的积累量不随 C/N 的增大而增大，当 C/N 为 10 时，系统中 NH_4^+-N 的积累量大于其他系统。

由于 C/N 为 10 的系统中 NH_4^+-N 积累量明显多于其他的系统，说明增加的 NH_4^+-N 与 DNRA 反应有关，因为充足的碳源有助于促进 DNRA 的过程。研究表明[48, 66]，虽然 DNRA 和反硝化作用的条件类似，两者都可以利用硝酸盐和有机碳源，但一般认为当氮源不足而碳源充足时，DNRA 的反应更容易发生。

④不同初始 C/N 系统中 pH 的变化。在 240 min 运行期间，不同 C/N 系统中 pH 的变化如图 2.25 所示。

由图 2.25 可知，在 240 min 的运行期间，1#～6#系统中 pH 呈先上升后降低的趋势，C/N 不同的系统对 pH 的影响不同。

在 240 min 的运行期间，1#～6#系统中 pH 的波动范围分别为 7.11～7.42、7.22～7.68、7.36～7.87、7.35～8.37、7.73～8.64、7.92～8.88。由此可见，pH 随 C/N 的增加而增加。

反应过程中 pH 增加可能有以下原因：

a. 铁粉与 NO_3^--N 反应生成 OH^-，如式(2-20)、式(2-22)所示；

b. 铁粉与 NO_2^--N 反应消耗 H^+，如式(2-21)所示；

c. 铁粉在水溶液中发生腐蚀反应生成 OH^-，如式(2-26)所示；

d. 微生物参与的生物反硝化反应，如式(2-24)、式(2-25)所示。

在微生物参与的生物反硝化反应中，碳源投加量越多，越有利于反硝化反应，故反应生成的 OH^- 越多，pH 就越大。但为保证反硝化过程中 pH 在反硝化细菌的适宜范围内，C/N 不应过大。

(2) 确定适宜的 C/N。由上述可知，当 C/N≤4 时，反硝化脱氮效果随 C/N 的增加而提高；当 C/N≥6 时，反硝化脱氮效果随 C/N 的增加无明显变化。为确保取得较好的脱氮效果的同时，碳源投加量最少，有必要进行加密实验，找到反硝化脱氮的最适 C/N。

①不同初始 C/N 系统中 NO_3^--N 浓度的变化。在 240 min 运行期间，不同 C/N 系统中 NO_3^--N 浓度的变化如图 2.26 所示。

由图 2.26 可知，在 240 min 的运行期间，各废水系统中的 NO_3^--N 浓度均呈现下降趋势，不同 C/N 的系统对 NO_3^--N 的去除效果不同。

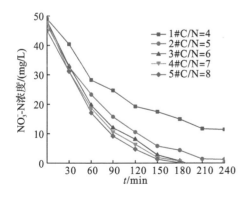
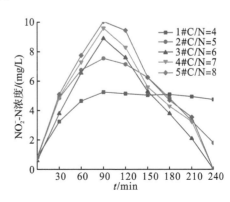

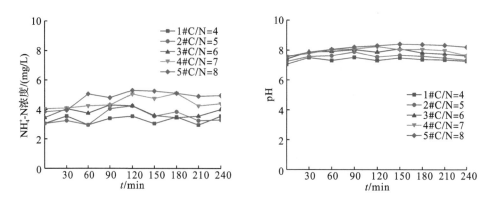

图2.26 不同初始C/N系统中NO$_3^-$-N、NO$_2^-$-N、NH$_4^+$-N浓度及pH的变化

在240 min的运行期间内，1#、2#系统在第240 min时，NO$_3^-$-N浓度分别从49.00 mg/L、46.90 mg/L降至11.45 mg/L、1.30 mg/L；3#～5#系统在第210 min时，NO$_3^-$-N浓度分别从48.30 mg/L、47.85 mg/L、45.05 mg/L均降至检测限以下。至210 min时，1#～5#系统对废水中NO$_3^-$-N的去除率分别为76.02%、96.90%、100%、100%、100%。由此可知，当C/N不小于6时，对NO$_3^-$-N的去除效果较好。

在碳源不足的情况下，增加碳源的投加量，有利于生物反硝化反应的进行，能够提高对NO$_3^-$-N的去除效果。当C/N=6时，能够满足生物反硝化所需的碳源，再增加碳源投加量对生物反硝化作用意义不大，故从NO$_3^-$-N去除效果以及碳源的成本方面考虑，C/N为6较为适宜。

②不同初始C/N系统中NO$_2^-$-N浓度的变化。在240 min运行期间，不同C/N系统中NO$_2^-$-N浓度的变化如图2.26所示。

由图2.26可知，在240 min的运行期间，1#～5#废水系统中的NO$_2^-$-N浓度均呈现先上升后下降的趋势，不同C/N的系统对NO$_2^-$-N的积累量不同。

反应至90 min时，1#～5#系统均出现NO$_2^-$-N的最大积累量，其最大积累量依次为5.25 mg/L、7.55 mg/L、8.90 mg/L、9.60 mg/L、10.05 mg/L。可知，NO$_2^-$-N的最大积累量随着C/N的增加而增加。

反应至240 min时，1#、2#系统中NO$_2^-$-N浓度分别为4.75 mg/L、1.8 mg/L；3#～5#系统中NO$_2^-$-N浓度均降至检测限以下。可知，当C/N不小于6时系统对NO$_2^-$-N的去除效果更好。

NO$_2^-$-N的最大积累量随着C/N的增加而增加，是因为在碳源不足的情况下，从NO$_3^-$-N转化为NO$_2^-$-N比从NO$_2^-$-N转化为N$_2$容易，从而导致NO$_2^-$-N的积累。此时，增加碳源投加量，有利于NO$_3^-$-N转化为NO$_2^-$-N，故NO$_2^-$-N的积累量也越多，这与徐亚同[58]的研究结果一致。

当C/N不小于6时，因有足够的碳源将积累的NO$_2^-$-N进一步转化为N$_2$，故各系统最终出水中NO$_2^-$-N浓度较低。

故从NO$_2^-$-N的积累量以及碳源的成本方面考虑，C/N为6较为适宜。

③不同初始C/N系统中NH$_4^+$-N浓度的变化。在240 min运行期间，不同C/N系统中

NH_4^+-N 浓度的变化如图 2.26 所示。

由图 2.26 可知，在 240 min 的运行期间，1#～5#废水系统中的 NH_4^+-N 浓度均在小范围内波动变化，且 C/N 不同的系统对 NH_4^+-N 的积累效果不同。

在 240 min 的运行期间，1#～5#系统中 NH_4^+-N 浓度的波动范围依次为 2.95～3.55 mg/L、2.95～4.25 mg/L、2.75～4.70 mg/L、2.70～4.60 mg/L、3.40～5.40 mg/L。可知，当 C/N 不小于 6 时，NH_4^+-N 的积累量随 C/N 的增加而增加。由于碳源浓度越高，越易发生 DNRA 的反应，因为足够的碳源有助于促进 DNRA 的过程[48]。故为了保持系统出水中较低的 NH_4^+-N 浓度，C/N 的投加量不应大于 6。

④不同初始 C/N 系统中 pH 的变化。在 240 min 运行期间，不同 C/N 系统中 pH 的变化如图 2.26 所示。

由图 2.26 可知，在 240 min 的运行期间，1#～5#系统中 pH 呈上升趋势，不同 C/N 的系统对 pH 的影响不同。在 240 min 的运行期间，1#～5#系统中 pH 的波动范围分别为 7.05～7.51、7.23～7.88、7.40～8.09、7.59～8.24、7.55～8.41。可见，pH 随 C/N 的增加而增加。

pH 随 C/N 的增加而增加，是因为碳源投加量越多，越有利于生物反硝化反应的进行，产生的 OH^- 也越多。为保证反硝化过程中 pH 在反硝化细菌的适宜范围内，C/N 不应过大。

2.6.2　零价铁的添加对模拟废水除磷效果的影响

对于有零价铁参与的反应，零价铁的投加量是影响反应的重要因素。若零价铁投加量过少，则很难起到除磷作用；若零价铁投加量过多，则会导致化学除磷过量，破坏生物除磷系统[67]。

pH 不仅会影响铁的存在形式，也会影响生物除磷的效果。一方面，pH 过高可能会产生沉淀附着在细胞或者零价铁表面，对磷的去除造成负面影响；另一方面，pH 也会对聚磷菌的活性产生影响。

生物除磷过程中有聚磷菌的参与，足够的碳源，尤其是适宜的碳磷比(C/P)，是保证有效微生物厌氧释磷的必要条件。

因此，在零价铁参与的生物除磷过程中，有必要探讨零价铁投加量、pH、C/P 对生物除磷的影响。

2.6.2.1　材料与方法

1. 试验材料

污泥、铁粉(零价铁)：同 2.6.1.1 节。

模拟含磷废水 A：以磷酸二氢钾为磷源、乙酸钠为碳源，采用自来水配制 COD 与 TP 浓度比为 30 左右的模拟废水(TP 浓度为 10 mg/L、COD_{Cr} 浓度为 300 mg/L)。

模拟含磷废水 B：以磷酸二氢钾为磷源、乙酸钠为碳源，采用自来水按需配制不同 COD 与 TP 浓度比的模拟废水。

2. 试验方法

1) 零价铁投加量对模拟废水除磷效果的影响

采用七个反应器，其编号分别为 1#、2#、3#、4#、5#、6#、7#，向各反应器中均加入 300 mL 活性污泥，再依次加入 0 g、0.5 g、1 g、2 g、3 g、4 g、5 g 铁粉，而后向各反应器中均加入模拟含磷废水 A 至 1000 mL。各废水处理系统起始混合液水质指标范围：TP 为 4.93～7.06 mg/L；DO 为 0.10～0.20 mg/L；pH 为 7.53～7.62。

各废水处理系统采用机械搅拌方式，并按照进水—厌氧(4 h)—好氧(5 h)—沉淀—排水的模式运行 1 个周期，运行过程中控制溶解氧浓度(DO<0.2 mg/L)在聚磷菌适宜生长的范围内。反应期间每隔 1 h 取样一次，通过测定各水样中的 TP 浓度，探讨不同铁粉投加量对耦合系统除磷效果的影响。

2) 控制全程 pH 对模拟废水除磷效果的影响

采用七个反应器，其编号分别为 1#、2#、3#、4#、5#、6#、7#，向各反应器中先加入 2 g 酸洗后铁粉+300 mL 活性污泥，而后向各反应器中均加入模拟含磷废水 A 至 1000 mL。1#～6# 系统中 pH 分别控制为 5.99、6.50、7.01、7.49、8.02、8.50，7#为纯污泥对照系统，不控制 pH。各废水处理系统起始混合液水质指标范围：TP 为 5.28～6.57 mg/L；DO 为 0.10～0.20 mg/L；pH 为 5.99～8.50。

各废水处理系统采用机械搅拌方式，并按照进水—厌氧(4h)—好氧(5h)—沉淀—排水的模式运行 1 个周期，运行过程中控制溶解氧浓度(DO<0.2mg/L)在聚磷菌适宜生长的范围内。反应期间每隔 1 h 取样一次，通过测定各水样中的 TP 浓度，探讨控制全程 pH 对耦合系统除磷效果的影响。

3) C/P 对模拟废水除磷效果的影响

采用六个反应器，其编号分别为 1#、2#、3#、4#、5#、6#，向各反应器中先依次加入 2 g 铁粉+300mL 活性污泥，而后向各反应器中均加入模拟废水 B 至 1000 mL。1#～6# 系统中 C/P 分别控制为 0、10、20、30、40、30。各废水处理系统起始混合液水质指标范围：TP 为 6.48～7.34 mg/L；DO 为 0.10～0.20 mg/L；pH 为 7.36～7.48。

各废水处理系统采用机械搅拌方式，并按照进水—厌氧(4h)—好氧(5h)—沉淀—排水的模式运行 1 个周期，运行过程中控制溶解氧浓度(DO<0.2 mg/L)在释磷菌适宜生长的范围内。反应期间每隔 1 h 取样一次，通过测定各水样中的 TP 浓度，探讨不同 C/P 对耦合系统除磷效果的影响。

3. 测定项目与分析方法

测定项目与分析方法同 2.6.1.1 节。

2.6.2.2 结果与讨论

1. 铁粉投加量对模拟废水除磷效果的影响

1) 不同铁粉投加量系统中 TP 浓度的变化

在 9 h 运行期间，不同铁粉投加量的系统中 TP 浓度的变化如图 2.27(a)所示。

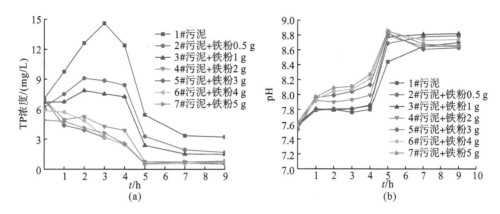

图 2.27　不同铁粉投加量系统中 TP 浓度、pH 的变化

由图 2.27(a)可知，在厌氧阶段(0～4 h)，至 4 h 时，1#～3#系统中 TP 浓度分别从 7.06 mg/L、6.23 mg/L、6.71 mg/L 上升至 12.39 mg/L、8.42 mg/L、7.25 mg/L；4#～7#系统中 TP 浓度分别从 6.99 mg/L、6.99 mg/L、5.88 mg/L、4.93 mg/L 降至 3.89 mg/L、2.52 mg/L、2.46 mg/L、2.55 mg/L。1#～3#系统中 TP 浓度呈先上升后下降的趋势，且分别在第 3 h、2 h、2 h 时，出现 TP 最大积累量，其最大积累量分别为 14.60 mg/L、9.10 mg/L、7.87 mg/L；4#～7#系统中 TP 浓度一直呈下降趋势。由此可见，铁粉投加量越多，厌氧阶段结束时，系统中的 TP 浓度越低。投加铁粉对厌氧生物释磷没有促进作用。

在好氧阶段(4～9 h)，至 9 h 时，1#～7#系统中 TP 浓度分别从 12.39 mg/L、8.42 mg/L、7.25 mg/L、3.89 mg/L、2.52 mg/L、2.46 mg/L、2.55 mg/L 降至 3.22 mg/L、1.69 mg/L、1.50 mg/L、0.72 mg/L、0.55 mg/L、0.70 mg/L、0.83 mg/L。由此可见，当铁粉投加量小于 2 g 时，系统出水中 TP 浓度随铁粉投加量的增加而减少；当铁粉投加量不小于 2 g 时，系统出水中 TP 浓度不受铁粉投加量的影响，各系统均对 TP 有较好的去除效果。为取得较好的 TP 去除效果，又兼顾铁粉的成本，选择铁粉的适宜投加量为 2 g/L。

由图 2.27(a)可知，一定范围内的铁粉投加量有助于提高系统对 TP 的去除效果。可能有以下原因。

①零价铁的物理吸附作用。铁粉的粒径非常小(300 目)。这种粒径小的特点使铁粉表面具备较强的吸附能力，可有效吸附水中部分的磷[45]。

②零价铁的电化学作用。在厌氧阶段，零价铁可发生电化学作用，如式(2-28)、式(2-29)[68]所示。

$$阳极: Fe \longrightarrow Fe^{2+} + 2e^- \tag{2-28}$$

$$阴极: 2H^+ + 2e^- \longrightarrow H_2 \tag{2-29}$$

在反应过程中，铁粉不断析出 Fe^{2+}，Fe^{2+} 可与 PO_4^{3-} 反应生成 $Fe_3(PO_4)_2$、$Fe_3(PO_4)_2 \cdot 8H_2O$ 沉淀，从而去除水中部分磷。在好氧阶段，Fe^{2+} 被氧化为 Fe^{3+}，Fe^{3+} 也可与 PO_4^{3-} 反应生成 $FePO_4$ 沉淀，如式(2-30)～式(2-32)[69, 70]所示，从而降低污水中的 TP 含量，同时也降低了生物除磷的负荷：

$$Fe^{3+} + PO_4^{3-} \longrightarrow FePO_4 \downarrow \tag{2-30}$$

$$3Fe^{2+} + 2PO_4^{3-} \longrightarrow Fe_3(PO_4)_2 \downarrow \tag{2-31}$$

$$Fe^{2+} + PO_4^{3-} + H_2O \longrightarrow Fe_3(PO_4)_2 \cdot 8H_2O \downarrow \tag{2-32}$$

①零价铁的水解产物有利于除磷。彭浩等[71]研究表明，铁盐在水中通过水解作用产生单核络合物，单核络合物再通过分子间运动、碰撞形成 $Fe_2(OH)_2^{4+}$、$Fe_3(OH)_4^{5+}$ 等多核羟基络合物。这些多核羟基络合物具有长线性结构，对水中的悬浮胶体等有较好凝聚作用，从而能提高对 TP 的去除效果。

②零价铁可增强微生物的代谢活动。宋冬等[52, 72]研究表明，零价铁可参与细胞内酶的合成，增强微生物的代谢活动，提高微生物对碳源的利用效率，从而缓解聚磷菌与反硝化菌对碳源的竞争关系，提高对 TP 的去除效果。

③零价铁有利于创造厌氧环境。零价铁可消除水中 DO，提供释磷所需的厌氧环境，如式(2-33)[72]所示。同时还生成了利于除磷的 Fe^{2+}。此外，零价铁还可缓冲系统中的 pH，改善污泥沉降性能[67]：

$$Fe + O_2 \longrightarrow Fe^{2+} \tag{2-33}$$

2) 不同铁粉投加量系统中 pH 的变化

在 240 min 运行期间，不同铁粉投加量系统中 pH 的变化如图 2.27(b) 所示。

由图 2.27(b) 可知，在厌氧阶段(0～4 h)，至 4 h 时，1#～7#系统中 pH 分别从 7.58、7.60、7.61、7.63、7.53、7.59、7.62 上升至 7.80、7.86、7.85、7.99、8.13、8.21、8.27。各系统中 pH 均呈上升趋势，且铁粉投加量越多，pH 越大。

在好氧阶段(4～9 h)，至 9 h 时，1#～7#系统中 pH 分别从 7.80、7.86、7.85、7.99、8.13、8.21、8.27 上升至 8.70、8.79、8.82、8.65、8.63、8.74、8.66。由图 2.27(b) 可知，在好氧阶段刚开始第一小时内(4～5 h)，pH 增加最快；在第 5～7 h 时，1#～3#系统中 pH 缓慢增加，4#～5#系统中 pH 有所下降。最终，在第 7～9 h 时，1#～7#系统中的 pH 无明显变化。

各系统在整个运行期间，pH 都呈增加趋势，一方面是因为乙酸钠与水发生产碱反应，如式(2-34)[73]所示：

$$CH_3COO^- + H_2O \longrightarrow CH_3COOH + OH^- \tag{2-34}$$

另一方面，铁粉的水解反应，也会生成 OH^-，从而使系统中 pH 升高，如式(2-29)所示，这也与铁粉投加量越多、pH 越大的现象相吻合。

在好氧阶段，pH 增加更快速，一方面可能是因为曝气吹脱 CO_2，使 pH 升高[73]；另一方面，曝气时 O_2 与水中 H^+ 发生反应，消耗了 H^+，使 pH 增加，如式(2-35)所示：

$$O_2 + 4H^+ + 4e^- \longrightarrow 2H_2O \tag{2-35}$$

研究表明[61, 74, 75]，生物除磷最适 pH 为 8，但在耦合系统中，厌氧结束时 5#～7#系统中的 pH 已超过 8，好氧阶段各系统 pH 为 8.63～8.82。即使 pH 已经超过 8，系统出水 TP 浓度也较低，可能是由铁粉参与的化学反应去除了水中部分的磷所致。

2. 控制全程 pH 对模拟废水除磷效果的影响

1) 不同 pH 的耦合系统中 TP 浓度的变化

在 240 min 运行期间，全程控制不同 pH 系统中 TP 浓度的变化如图 2.28 所示。

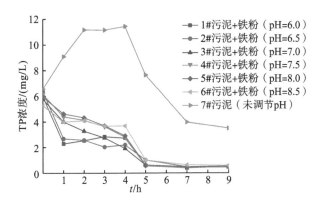

图 2.28　不同 pH 系统中 TP 浓度的变化

由图 2.28 可知，在厌氧阶段(0~4 h)，至 4 h 时，1#~6#系统中 TP 浓度分别从 5.97 mg/L、6.36 mg/L、5.77 mg/L、6.14 mg/L、5.95 mg/L、5.28 mg/L 降至 2.73 mg/L、2.20 mg/L、1.92 mg/L、2.80 mg/L、2.90 mg/L、3.68 mg/L；7#系统中 TP 浓度从 6.57 mg/L 升至 11.44 mg/L。1#~6#系统中 TP 浓度呈下降的趋势，7#系统中 TP 浓度呈上升趋势。对 1#~6#系统而言，pH 越高，厌氧阶段出水中的 TP 浓度越高。

在好氧阶段(4~9 h)，至 9 h 时，1#~7#系统中 TP 浓度分别从 2.73 mg/L、2.20 mg/L、1.92 mg/L、2.80 mg/L、2.90 mg/L、3.68 mg/L、11.44 mg/L 降至 0.53 mg/L、0.55 mg/L、0.46 mg/L、0.51mg/L、0.46 mg/L、0.60 mg/L、3.49 mg/L。且在好氧阶段刚开始时的第一小时内(4~5 h)，各系统中 TP 浓度下降最多。添加了铁粉的系统，好氧阶段结束时系统中 TP 浓度远低于未添加铁粉的系统，且 pH 对出水 TP 浓度基本没有影响。

厌氧阶段出水中的 TP 浓度随 pH 的增加而增加，是因为在厌氧条件下，聚磷酸盐在降解过程中会产生 H^+，如式(2-36)所示。故在一定范围内，增加 pH 有助于释磷作用[76]：

$$2C_2H_4O_2 + HPO_3 + H_2O \longrightarrow (C_2H_4O_2)_2 + PO_4^{3-} + 3H^+ \tag{2-36}$$

好氧阶段出水中的 TP 浓度不随 pH 的改变而改变，出水 TP 浓度均较低，可能是由于聚磷菌参与的微生物除磷与铁粉参与的化学除磷共同作用，削弱了 pH 对除磷效果的影响，各系统对 TP 均具较好的去除效果。

研究表明[61, 74]，当 pH=8 时，生物除磷效果最佳；当 pH=6 时，有利于聚糖菌生长代谢，与聚磷菌竞争底物；当 pH=8.5 时，聚磷菌分解磷酸盐释放的能量大部分将 VFAs 运输至细胞内，很少用于合成 PHB，不利于好氧吸磷。但在铁粉和污泥的耦合系统中，因铁参与除磷，即使在 pH 分别为 6.0 和 8.5 时，系统依然能取得较好的除磷效果，但为使聚磷菌在适宜的 pH 范围内生长，pH 应为 7~8。

3. 不同初始 C/P 对模拟废水除磷效果的影响

1)不同初始 C/P 的模拟废水耦合系统中 TP 浓度的变化

在 240 min 运行期间，不同 C/P 系统中 TP 浓度的变化如图 2.29(a)所示。

由图 2.29(a)可知，在厌氧阶段(0~4 h)，1#系统中 TP 浓度在 3.98~6.48 mg/L 波动变化；2#~6#系统中 TP 浓度呈先上升后下降的趋势，至 4 h 时，2#~6#系统中 TP 浓度分

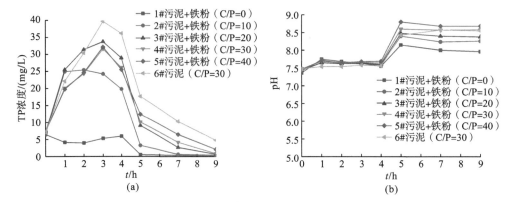

图 2.29　不同初始 C/P 系统中 TP 浓度、pH 的变化

别从 6.74 mg/L、7.25 mg/L、7.31 mg/L、7.34 mg/L、7.20 mg/L 上升至 19.84 mg/L、28.94 mg/L、26.14 mg/L、25.51 mg/L、36.20 mg/L。2#系统反应至第 2 h 时，出现 TP 最大积累量，其最大积累量为 25.42 mg/L；3#～6#系统反应至第 3 h 时，出现 TP 最大积累量，其最大积累量依次为 33.77 mg/L、31.60 mg/L、32.18 mg/L、39.70 mg/L。

在好氧阶段（4～9 h），至 9 h 时，1#～6#系统中 TP 浓度分别从 5.99 mg/L、19.84 mg/L、28.94 mg/L、26.14 mg/L、25.51 mg/L、36.20 mg/L 降至 0.39 mg/L、0.44 mg/L、0.70 mg/L、0.88 mg/L、2.09 mg/L、4.79 mg/L。

当 C/P 为 30 时，铁粉和污泥的耦合系统对 TP 的去除效果优于单纯的污泥系统，说明投加铁粉有利于除磷。

当 C/P 为 0 时，虽然在好氧阶段结束时取得了较好的除磷效果，但在厌氧阶段释磷量相对较低。因为碳源不足时，会抑制聚磷菌合成 PHB，影响分解聚磷，释磷量较小[77]，故 C/P 过低不利于生物除磷。

当 C/P 为 40 时，虽然在厌氧阶段释磷量较大，但在好氧阶段结束时，系统对 TP 的去除效果相对其他的耦合系统差，可能是由于碳源过量，厌氧阶段利用不完，导致在好氧阶段还有大量碳源，因此在好氧阶段有利于异养菌的繁殖，导致除磷效果变差，故 C/P 过高也不利于磷的去除。

当 C/P 为 10、20 和 30 时，厌氧阶段释磷量较大，且好氧阶段结束时，系统对 TP 的去除效果也较好，故在铁粉和污泥的耦合系统中，应控制 C/P 在 10～30 较为适宜。

2）不同初始 C/P 的模拟废水耦合系统中 pH 的变化

在 240 min 运行期间，不同 C/P 系统中 pH 的变化如图 2.29（b）所示。

由图 2.29（b）可知，在厌氧阶段（0～4 h），1#～6#系统中 pH 无明显变化，分别在 7.36～7.68、7.43～7.63、7.44～7.65、7.46～7.69、7.47～7.69、7.48～7.58 波动变化。pH 不随 C/N 的变化而变化。

在好氧阶段（4～9 h），至 9h 时，1#～6#系统中 pH 分别从 7.55、7.59、7.60、7.64、7.69、7.56 上升至 7.96、8.26、8.38、8.58、8.68、8.55。从图 2.29（b）中可知，在好氧阶段刚开始第一小时内（4～5 h），pH 增加最快，且 pH 随 C/N 的增加而增加，可能是由乙酸钠与水发生产碱反应所致[式(2-20)]。

2.6.3 零价铁耦合活性污泥系统对实际污水的脱氮除磷效能

实际生活污水较模拟废水成分复杂,零价铁耦合活性污泥系统对实际污水的脱氮除磷效果可能与模拟废水存在差异。本章以某高校污水处理站细格栅出水为研究用水,采用 SBR 反应器,探讨零价铁耦合活性污泥系统对实际生活污水的脱氮除磷效能。

2.6.3.1 材料与方法

1. 试验材料

污泥、铁粉(零价铁):同 2.6.1.1 节。

实际污水:取自某高校稳定运行的污水处理厂细格栅出水,其水质指标:NH_4^+-N 为 12.34~47.41;TN 为 19.04~55.08;TP 为 2.13~7.78;COD_{Cr} 为 50.8~306.0;pH 为 7.03~7.45。

2. 试验方法

采用两个 3 L 的 SBR 反应器,以实际污水作为处理对象,并以不加铁粉的纯污泥系统作为对照,两个反应器编号分别为 1#、2#(对照),根据前期采用模拟废水优选出的最适宜铁粉投加量(2 g/L),各装置均添加铁粉 6 g。

1#、2#分别加入 6 g 铁粉+900 mL 活性污泥、900 mL 活性污泥,而后向各反应器中均加入实际生活污水至 3 L。各废水处理系统采用机械搅拌方式,在厌氧阶段控制 DO<0.5 mg/L,在好氧阶段控制 DO 为 2~5 mg/L。

根据检测,实际污水的 COD_{Cr} 与 TN 浓度比在 2.7~5.6 波动变化;COD_{Cr} 与 TP 浓度比在 23.9~39.3 波动变化,根据 2.6.1 节和 2.6.2 节中采用模拟废水为处理对象的研究表明,优选出的最适宜 COD_{Cr} 与 NO_3^--N 浓度比为 6、COD_{Cr} 与 TP 浓度比为 10~30,在探讨零价铁耦合活性污泥对实际生活污水脱氮除磷效果的研究中,SBR 系统先采用不外加碳源的方式运行,通过测定系统进出水中各污染物的浓度,再根据污染物的去除情况,决定后期是否投加碳源及投加比例(其碳源投加量以 COD_{Cr}/TN 表示,TN 为细格栅出水中 TN 浓度),以期选取最为合适的碳源投加量,提高对污染物的去除效果。

在实验研究过程中发现,前 27 个周期未外加碳源时,NO_3^--N、NO_2^--N 未能取得较好的去除效果,故在后续研究中,逐渐增加碳源的投加量,不同运行周期碳源的投加量如表 2.29 所示。

表 2.29 不同运行周期碳源的投加量

	周期/个						
	1~27	28~29	30~31	32~33	34~35	36~37	38~60
COD_{Cr}/TN	0	6	8	10	12	14	10

各废水处理系统按照进水—厌氧搅拌(3 h)—曝气(3 h)—缺氧搅拌(4 h)—沉淀(1 h)—排水—闲置(1 h)的模式运行,每个周期运行 12 h,一天运行两个周期,共运行 60 个周期,

通过测定各周期进出水中 NO_3^--N、NO_2^--N、NH_4^+-N、TN、TP、COD_{Cr} 浓度，探讨各系统在各周期对废水中污染物的去除效果。

3. 测定项目与分析方法

TP、NO_3^--N、pH、DO、MLSS、MLVSS：同 2.6.1.1 节。

TN、NO_2^--N、NH_4^+-N、COD_{Cr} 的分析测定方法[78]：TN 为碱性过硫酸钾分光光度法；NO_2^--N 为 N-(1-萘基)-乙二胺分光光度法；NH_4^+-N 为纳氏试剂分光光度法；COD_{Cr} 为快速消解分光光度法。

2.6.3.2 结果与讨论

1. 不同系统进出水中 NH_4^+-N 浓度的变化

在 60 个周期的运行时间内，不同系统进出水中 NH_4^+-N 浓度的变化如图 2.30(a) 所示。

由图 2.30(a) 可知，在第 1～33 周期内(C/N≤10)，1#、2#系统出水中 NH_4^+-N 浓度均呈下降趋势。至第 13 个周期时，1#、2#系统出水中 NH_4^+-N 浓度均降至检测限以下，各系统对 NH_4^+-N 的去除率均为 100%，达到《城镇污水处理厂污染物排放标准》(GB18918—2002)一级 A 标准。1#、2#系统中硝化作用均较好。

在第 34～37 周期内(12≤C/N≤14)，1#、2#系统出水中 NH_4^+-N 浓度均上升，至第 37 个周期时，NH_4^+-N 浓度分别上升至 14.98 mg/L、17.41mg/L，对 NH_4^+-N 的去除率分别为 27.65%～74.53%、15.85%～67.61%。其原因可能有以下几方面[其中(3)和(4)只发生于铁粉与污泥的耦合系统中]。

(1)硝化作用被抑制：因碳源过量，缺氧反硝化阶段不能被完全利用，导致在好氧阶段还剩有大量碳源，从而致使异养微生物利用这些碳源进行有氧代谢，自养微生物的代谢受到抑制，而硝化细菌属于自养菌，故硝化细菌的硝化作用受到影响，最终导致系统出水中 NH_4^+-N 浓度较高。

(2)硝酸盐异化还原为铵：研究表明[48, 66]，充足的碳源有利于发生异化还原为铵的反应。

(3)铁粉与 NO_3^--N 的化学还原反应，如式(2-22)所示。

(4)铁粉与 NO_2^--N 的化学还原反应，如式(2-21)所示。

在第 38～60 周期内(C/N 为 10)，通过调整 C/N，各系统对 NH_4^+-N 的去除效果得到恢复，各系统出水 NH_4^+-N 均降低至检测限以下，达到《城镇污水处理厂污染物排放标准》(GB18918—2002)一级 A 标准。

2. 不同系统出水中 NO_3^--N 浓度的变化

在 60 个周期的运行时间内，不同系统出水中 NO_3^--N 浓度的变化如图 2.30(b) 所示。

由图 2.30(b) 可知，在第 1～27 周期内(未投加碳源)，1#、2#系统出水中 NO_3^--N 均较高，至第 27 个周期时，1#、2#系统中 NO_3^--N 浓度分别为 12.44 mg/L、9.65 mg/L。这是由于经过好氧阶段曝气后，污水中的 NH_4^+-N 经过硝化作用转化为 NO_3^--N，但由于缺氧阶段没有充足的碳源，NO_3^--N 不能完全进行反硝化作用，从而致使出水中 NO_3^--N 浓度较高。

在第 28~60 个周期内（C/N≥6），1#和 2#系统出水中 NO_3^--N 浓度均下降，其中，1#、2#系统出水中 NO_3^--N 浓度范围分别为 0.52~3.99 mg/L、1.41~13.52 mg/L。由此可见，投加碳源有助于降低系统中 NO_3^--N 的积累量，且相比 2#系统，投加铁粉有助于降低系统出水中 NO_3^--N 的浓度。

出水中 NO_3^--N 浓度降低主要有以下原因［其中(2)只发生于铁粉与污泥的耦合系统中］：

(1)微生物参与的生物反硝化反应，如式(2-23)所示；

(2)铁粉与 NO_3^--N 发生的化学还原反应，如式(2-20)及式(2-22)所示。

由于铁粉与 NO_3^--N 发生了化学还原反应，故铁粉与活性污泥的耦合系统出水中 NO_3^--N 的浓度低于单一的活性污泥系统。

3. 不同系统出水中 NO_2^--N 浓度的变化

在 60 个周期的运行时间内，不同系统出水中 NO_2^--N 浓度的变化如图 2.30(c)所示。

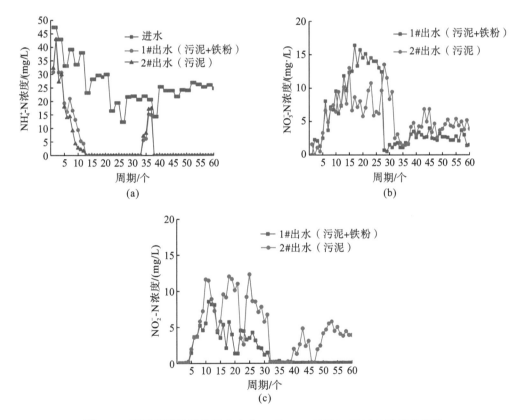

图 2.30　不同周期各系统进出水中 NH_4^+-N、NO_3^--N、NO_2^--N 浓度的变化

由图 2.30(c)可知，在 1~31 个周期内（C/N≤8），1#、2#系统出水中 NO_2^--N 浓度均较高，至第 31 个周期时，1#、2#系统中 NO_2^--N 浓度分别为 1.49 mg/L、6.78 mg/L。

出水中 NO_2^--N 浓度较高主要有以下原因［其中(2)只发生于铁粉与污泥的耦合系统中］：

(1)微生物参与的反硝化作用，在反硝化菌的参与下，NO_3^--N 先被转化为 NO_2^--N，

NO_2^--N 再被转化为 N_2，如式(2-24)、式(2-25)所示；

(2)铁粉与 NO_3^--N 的化学还原反应，如式(2-20)所示。

当碳源不足时，反硝化作用受到抑制，仅有的碳源只能将 NO_3^--N 转化为 NO_2^--N，不能再将 NO_2^--N 进一步转化为 N_2，从而致使出水中 NO_2^--N 浓度较高。

相比 2#系统，1#系统出水中 NO_2^--N 浓度较低。可能是发生了铁粉与 NO_2^--N 的化学还原反应所致，如式(2-21)所示。

在第 32～60 个周期内(C/N≥10)，1#、2#系统出水中 NO_2^--N 浓度分别为 0.04～0.35 mg/L、0.07～5.79 mg/L。1#系统出水中 NO_2^--N 浓度低于 2#系统，一方面由于碳源充足时，有足够的电子供体将 NO_3^--N 转化为 NO_2^--N 后，再将 NO_2^--N 转化为 N_2，故出水中 NO_2^--N 浓度较低，如式(2-24)、式(2-25)所示。

另一方面，可能是铁粉与 NO_2^--N 发生化学还原反应[式(2-21)]，去除水中部分 NO_2^--N 所致。

4. 不同系统进出水中 TN 浓度的变化

在 60 个周期的运行时间内，不同系统进出水中 TN 浓度的变化如图 2.31(a)所示。

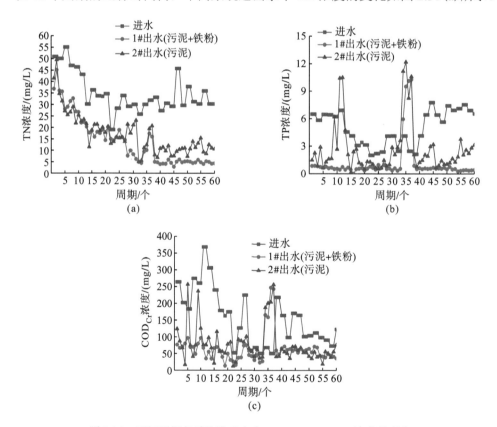

图 2.31 不同周期各系统进出水中 TN、TP、COD_{Cr} 浓度的变化

由图 2.31(a)可知，在第 1～27 个周期内(未投加碳源)，1#、2#系统中 TN 浓度均呈下降趋势，至第 27 个周期时，1#、2#系统出水 TN 浓度分别从 36.85 mg/L、41.43 mg/L

降至 14.61 mg/L、13.83 mg/L。至第 27 个周期时，1#、2#系统对 TN 的去除率分别为 56.87%、59.18%，1#、2#系统对 TN 的去除效果差别较小。

在第 28~33 个周期内(6≤C/N≤10)，1#系统中 TN 浓度继续下降，至第 33 周期时，TN 浓度从 14.61 mg/L 降至 4.51 mg/L，对 TN 的去除率为 66.02%~82.56%；2#系统中 TN 浓度波动变化，其波动范围为 5.08~23.15 mg/L，对 TN 的去除率为 23.01%~80.36%。1#系统对 TN 的去除效果优于 2#系统，是因为 2#系统在此阶段出水中 NO_3^--N、NO_2^--N 浓度较高，故出水 TN 浓度相应升高。

在第 34~37 个周期内(12≤C/N≤14)，1#、2#系统出水中 TN 浓度均上升，至第 37 个周期时，TN 浓度分别从 9.45 mg/L、11.12 mg/L 上升至 16.07 mg/L、20.79 mg/L。对 TN 的去除率分别为 45.49%~68.58%、34.83%~63.03%，1#系统对 TN 的去除效果优于 2#系统，是因为 2#系统在此阶段出水中 NH_4^+-N 浓度较高，故出水 TN 浓度相应升高。

在第 38~60 个周期内(C/N=10)，通过调整 C/N，各系统对 TN 的去除效果得到恢复。1#、2#系统出水中 TN 浓度范围分别为 2.89~6.07 mg/L、6.90~15.51 mg/L，对 TN 的去除率分别为 80.33%~90.12%、47.48%~79.22%。1#系统对 TN 的去除效果优于 2#系统，其出水 TN 达到《城镇污水处理厂污染物排放标准》(GB 18918—2002)一级 A 标准。

5. 不同系统进出水中 TP 浓度的变化

在 60 个周期的运行时间内，不同系统进出水中 TP 浓度的变化如图 2.31(b)所示。

由图 2.31(b)可知，在第 1~33 个周期内(C/N≤10)，1#、2#系统出水 TP 浓度分别为 0~0.86 mg/L、0.09~10.49 mg/L；对 TP 的去除率分别为 86.77%~100%、0%~97.83%。2#系统出水 TP 浓度不稳定，在第 11、12 个周期时甚至超过进水中的 TP 浓度，1#系统对 TP 的去除效果优于 2#系统，大多数时候达到《城镇污水处理厂污染物排放标准》(GB 18918—2002)一级 A 标准。

TP 的去除可能有以下原因[其中(2)~(5)只发生于铁粉与污泥的耦合系统中]：
(1) 聚磷菌参与的生物除磷作用；
(2) 铁粉的物理吸附作用，可吸附水中部分磷；
(3) 零价铁的电化学作用，其产物利于除磷；
(4) 零价铁的水解产物利于除磷；
(5) 零价铁利于创造释磷所需的厌氧环境。

在第 34~37 个周期内(12≤C/N≤14)，1#、2#系统出水中 TP 浓度均呈上升趋势，至第 37 个周期时，1#、2#系统出水中的 TP 浓度分别上升至 10.28 mg/L、10.60 mg/L。由此可见，碳源过量会导致系统除磷效果下降。阮文权[79]等研究表明，过量的碳源会降低 TP 的去除效果，因为碳源过量，厌氧阶段不能被完全利用，导致在好氧阶段还留有大量碳源，相比其他微生物，聚磷菌适宜在厌氧好氧交替的环境中生长，但在好氧条件下，聚磷菌的生长相比其他微生物会更缓慢，对有机物的竞争也处于劣势地位。

在第 38~60 个周期内(C/N 为 10)，通过调整 C/N，各系统对 TP 的去除效果得到恢复。1#、2#系统出水中 TP 浓度分别为 0.26~0.88 mg/L、0.67~3.77 mg/L，对 TP 的去除率分别为 58.69%~96.35%、47.27%~89.58%。1#系统对 TN 的去除效果优于 2#系统，其出水 TP 浓度能够接近或达到《城镇污水处理厂污染物排放标准》(GB 18918—2002)一级 A 标准,而 2#系统出水 TP 浓度只能接近二级标准。

6. 不同系统进出水中 COD_{Cr} 浓度的变化

在 60 个周期的运行时间内,不同系统进出水中 COD_{Cr} 浓度的变化如图 2.31(c)所示。由图 2.31(c)可知,在第 1~33 个周期内(C/N≤10),1#、2#系统出水 COD_{Cr} 浓度分别为 13.5~96.7 mg/L、12.6~256.7 mg/L;对 COD_{Cr} 的去除率分别为 47.21%~91.74%、0~91.60%。2#系统出水 COD_{Cr} 浓度不稳定,在第 5 个周期时甚至超过进水中的 COD_{Cr} 浓度,1#系统对 COD_{Cr} 的去除效果优于 2#系统。

在第 34~37 个周期内(12≤C/N≤14),1#、2#系统出水中 COD_{Cr} 浓度均上升,在第 37 个周期时,系统出水中 COD_{Cr} 浓度分别上升至 243.2 mg/L、256.2 mg/L。由于乙酸钠投加过量,导致出水 COD_{Cr} 浓度增大。

在第 38~60 个周期内(C/N 为 10),通过调整 C/N,1#、2#系统对 COD_{Cr} 的去除又恢复至较好的效果。1#、2#系统出水中 COD_{Cr} 浓度分别为 36.2~72.1 mg/L、19.1~76.4 mg/L,对 COD_{Cr} 的去除率分别为 56.04%~70.57%、37.37%~80.6%。1#系统对 COD_{Cr} 的去除效果相对 2#系统较稳定,其中,1#系统在第 54~60 个周期内,出水 COD_{Cr} 浓度不超过 50 mg/L,达到《城镇污水处理厂污染物排放标准》(GB 18918—2002)一级 A 标准。

7. 不同系统反应后污泥形态的变化

将 1#、2#系统运行 60 个周期后的污泥进行微观形貌表征,观察铁粉对活性污泥的影响,1#、2#系统活性污泥微观形貌表征如图 2.32 所示。

(a)铁粉+污泥(10μm) (b)污泥(10μm)

(c)铁粉+污泥(2μm) (d)污泥(2μm)

图 2.32 不同系统反应后活性污泥的扫描电镜照片

由图 2.32 可知，1#系统的污泥呈球状结构，较为紧密；2#系统的污泥呈片状结构，较为松散。由此可知，添加零价铁有助于使活性污泥的结构更为紧密、絮体更加粗大，这与柴志龙等[72]的研究结果一致，这也解释了相比未添加零价铁的系统，添加了零价铁的系统中活性污泥的沉降性能更好的现象。

2.6.4　小结

2.6 节通过向模拟废水和实际生活污水中添加零价铁，探讨零价铁与活性污泥的耦合系统对模拟废水和实际生活污水脱氮除磷效果的影响，以期改善传统生物法对污水中氮磷的去除效果。其中，对模拟废水采用批实验研究，探讨零价铁耦合生物反硝化脱氮和厌氧释磷的可行性，并根据各因素的影响筛选适宜脱氮除磷的条件；对实际污水采用 SBR 的运行方式，将以模拟废水为处理对象优选出的适宜条件运用到实际生活污水的处理中，并优化调整运行条件，探讨添加零价铁的污泥系统对实际生活污水的脱氮除磷效果，得出以下研究结果。

1. 零价铁耦合缺氧反硝化脱氮和厌氧释磷的可行性

零价铁+活性污泥的耦合系统对 NO_3^--N 的去除效果显著高于单一的零价铁系统和单一的活性污泥系统，零价铁能够协同缺氧反硝化脱氮。

零价铁+活性污泥的耦合系统对 TP 的释放效果介于单一的零价铁系统和单一的活性污泥系统之间，零价铁的添加虽然对厌氧释磷没有促进作用，但对厌氧+好氧整个生物过程中磷的去除有积极作用。

2. 零价铁种类及投加量对模拟废水脱氮效果的影响

添加酸洗后铁粉的系统对 NO_3^--N 的去除效果优于投加其他种类零价铁的系统，但该系统中 NH_4^+-N 的积累量也最多。

初步筛选适宜的铁粉投加量表明：当铁粉投加量不大于 10 g/L 时，有利于铁粉对废水中 NO_3^--N 的去除；当铁粉投加量大于 10 g/L 时，不利于对废水中 NO_3^--N 的去除。通过铁粉投加量的加密实验研究表明：当铁粉投加量为 2 g/L 时，能兼顾较好的脱氮效果及维持微生物正常生长适宜的 pH。

3. pH、C/N 对模拟废水脱氮效果的影响

只调节初始 pH 时，初始 pH 的变化对耦合系统中 NO_3^--N 的去除效果无明显影响，但 NO_2^--N、NH_4^+-N 浓度会随初始 pH 的升高而升高。控制整个运行过程中的 pH 时，pH 为 6 的系统对 NO_3^--N 的去除效果比其他系统差；pH 高于 7.5 的系统中 NO_2^--N 的积累量显著增加。控制全程 pH 为 6.5～7.5，兼顾了较好的 NO_3^--N 去除效果与较低的 NO_2^--N 出水浓度。

当 C/N 小于 6 时，耦合系统对 NO_3^--N 的去除效果随 C/N 的增加而提高。当 C/N 为 6 时，耦合系统对 NO_3^--N 的去除效果较好，同时 NO_2^--N、NH_4^+-N 的出水浓度较低以及能维持反硝化菌在适宜的 pH 范围内。

4. 零价铁投加量、pH、C/P 对模拟废水除磷效果的影响

投加零价铁虽不能增加厌氧释磷量,但在好氧阶段结束时,相比未投加零价铁的系统,投加零价铁的系统对 TP 的去除效果较好,且铁粉投加量为 2 g/L 较为适宜。

控制整个运行过程中的 pH 时,厌氧释磷量随 pH 的增加而增加,好氧除磷不随 pH 的变化而变化。投加零价铁的系统均取得很好的除磷效果,但考虑到聚磷菌正常生长的 pH 范围,pH 为 7~8 较为适宜。

C/P 为 0 时,耦合系统厌氧阶段厌氧释磷量小;C/P 为 40 时,耦合系统除磷效果差。C/P 为 10、20 和 30 时,厌氧释磷量较高,且除磷效果较好。

5. 零价铁耦合活性污泥系统对实际污水的脱氮除磷效能

C/N 为 10 时,耦合系统和单一污泥系统对 NH_4^+-N、TN、TP 和 COD_{Cr} 均有较好的去除效果,同时各系统出水中 NO_3^--N、NO_2^--N 浓度也较低。相比较单一的污泥系统,耦合系统对实际生活污水中的氮磷具有较高的去除效能。耦合系统出水中 NH_4^+-N、TN 浓度均能达到《城镇污水处理厂污染物排放标准》(GB 18918—2002)一级 A 标准,出水 TP 浓度大部分时间能达到一级 A 标准,出水 COD_{Cr} 浓度在第 54 个周期之后能达到一级 A 标准;单一污泥系统出水中只有 NH_4^+-N 浓度能达到一级 A 标准。

耦合系统反应后的污泥质地较为紧密,呈球状;单一的活性污泥系统反应后的污泥质地较为疏松,呈片状。

参 考 文 献

[1] 国家环境保护总局. 水质 化学需氧量的测定 快速消解分光光度法(HJ/T 399—2007)[S]. 北京: 中国环境科学出版社, 2008.

[2] 环境保护部. 水质 总氮的测定 碱性过硫酸钾消解紫外分光光度法(HJ 636—2012)[S]. 北京: 中国环境科学出版社, 2012.

[3] 国家环境保护总局. 水质 总磷的测定 钼酸铵分光光度法(GB 11893—89)[S]. 北京: 中国环境监测总站, 1990.

[4] 环境保护部. 水质 氨氮测定 纳氏试剂分光光度法(HJ 535—2009)[S]. 北京: 中国环境科学出版社, 2010.

[5] 张自杰, 林荣忱, 金儒霖, 等. 排水工程(下册)[M](第五版). 北京: 中国建筑工业出版社, 2000.

[6] 孙力平. 污水处理新工艺与设计计算实例[M]. 北京: 科学出版社, 2001.

[7] Saktaywin W, Tsuno H, Nagare H, et al. Advanced sewage treatment process with excess sludge reduction and phosphorus recovery[J]. Water Research, 2005, 39(5): 902-910.

[8] Bukhari A A. Investigation of the electro-coagulation treatment process for the removal of total suspended solids and turbidity from municipal wastewater[J]. Bioresource Technology, 2008, 99(5): 914-921.

[9] Joo D J, Shin W S, Choi J H, et al. Decolorization of reactive dyes using inorganic coagulants and synthetic polymer[J]. Dyes and Pigments, 2007, 73(1): 59-64.

[10] Ni'Am M F, Othman F, Sohaili J, et al. Electrocoagulation technique in enhancing COD and suspended solids removal to improve wastewater quality[J]. Water Science and Technology, 2007, 56(7): 47-53.

[11] Schmid M C, Maas B, Dapena A, et al. Biomarkers for in situ detection of anaerobic ammonium-oxidizing (anammox) bacteria[J]. Applied and Environmental Microbiology, 2005, 71(4): 1677-1684.

[12] 李金页, 郑平. 鸟粪石沉淀法在废水除磷脱氮中的应用[J]. 中国沼气, 2004, 22(1): 7-10.

[13] Le Corre K S, Valsami-Jones E, Hobbs P, et al. Impact of calcium on struvite crystal size, shape and purity[J]. Journal of Crystal Growth, 2005, 283(3-4): 514-522.

[14] Stratful I, Scrimshaw M D, Lester J N. Conditions influencing the precipitation of magnesium ammonium phosphate[J]. Water Research, 2001, 35(17): 4191-4199.

[15] Zhang J S, Chen S J, Wang X K. Sustainable treatment of antibiotic wastewater using combined process of microelectrolysis and struvite crystallization[J]. Water, Air, & Soil Pollution, 2015, 226(9): 1-11.

[16] 郝晓地, 兰荔, 王崇臣. MAP 沉淀法目标产物最优形成条件及分析方法[J]. 环境科学, 2009, 30(4): 185-190.

[17] 陈瑶, 李小明, 曾光明, 等. 污水磷回收中磷酸盐沉淀法的影响因素及应用[J]. 工业水处理, 2006, 26(7): 10-14.

[18] 陈龙, 赵剑强, 张渝, 等. 电化学沉淀法从废水中回收鸟粪石[J]. 环境工程学报, 2014, 8(12): 5264-5270.

[19] 王印忠. 从污泥脱水上清液中以鸟粪石形式回收磷的研究[D]. 北京: 北京工业大学, 2008.

[20] Darwish M, Aris A, Puteh M H, et al. Ammonium-nitrogen recovery from wastewater by struvite crystallization technology[J]. Separation & Purification Reviews, 2016, 45(4): 261-274.

[21] 刘志, 邱立平, 王嘉斌, 等. pH 对磷酸铵镁结晶介稳区, 诱导期和反应速率的影响[J]. 环境工程学报, 2015(1): 89-94.

[22] Liu Y, Kumar S, Kwag J H, et al. Magnesium ammonium phosphate formationrecovery and its application as valuable resources: A review[J]. Journal of Chemical Technology & Biotechnology, 2013, 88(2): 181-189.

[23] Wilsenach J A, Schuurbiers C A H, Van Loosdrecht M C M. Phosphate and potassium recovery from source separated urine through struvite precipitation[J]. Water Research, 2007, 41(2): 458-466.

[24] 王崇臣, 郝晓地, 王鹏, 等. 不同 pH 下鸟粪石(MAP)法目标产物的分析与表征[J]. 环境化学, 2010, 29(4): 759-763.

[25] 黄颖, 林金清, 李洪临. 鸟粪石法回收废水中磷的沉淀物的组成和晶形[J]. 环境科学学报, 2009, 29(2): 353-359.

[26] 周成波. 光质对小白菜生长及生理特性的影响[D]. 泰安: 山东农业大学, 2017.

[27] 公婷婷. 中国水稻起源、驯化及传播研究[D]. 北京: 中央民族大学, 2017.

[28] 朱静平, 程凯, 孙丽. 水培植物净化系统不同氮磷去除作用的贡献[J]. 环境科学与技术, 2011, 34(5): 175-178.

[29] 黄永芳, 杨秋艳, 张太平, 等. 水培条件下两种植物根系分泌特征及其与污染物去除的关系[J]. 生态学杂志, 2014, 33(2): 373-379.

[30] 中华人民共和国农业部. 植物中氮、磷、钾的测定(NY/T 2017—2011)[S]. 北京: 中国标准出版社, 2011.

[31] 中华人民共和国建设部. 城市污水处理厂污泥检验方法(CJ/T 221—2005)[S]. 北京: 中国标准出版社, 2006.

[32] 王新刚, 吕锡武, 吴义锋, 等. 不同水生植物深度净化石化废水效果研究[J]. 安全与环境工程, 2008, 15(3): 59-61.

[33] 孙洪伟, 于雪, 尤永军, 等. 游离氨(FA)对氨氧化过程氨逃逸影响试验[J]. 环境科学, 2017, 38(12): 5169-5173.

[34] 张亮, 张树军, 彭永臻. 污水处理中游离氨对硝化作用抑制影响研究[J]. 哈尔滨工业大学报学报, 2012, 44(2): 75-79.

[35] 徐欢. 水培植物净化槽对黑臭河水营养盐净化效果及其微生物机制研究[D]. 上海: 华东师范大学, 2012.

[36] 张瑞斌. 不同水生植物对污水处理厂尾水的生态净化效果分析[J]. 环境工程技术学报, 2015, 5(6): 504-508.

[37] Stottmeister U, Wießner A, Kuschk P, et al. Effects of plants and microorganisms in constructed wetlands for wastewater treatment[J]. Biotechnology Advances, 2003, 22(1-2): 93-117.

[38] 周世玲, 房岩, 孙刚, 等. 浮床水稻对水中 N, P 的去除作用[J]. 广东农业科学, 2013 (3): 123-124.

[39] 李先会. 水生植物-微生物系统净化水质效应研究[D]. 无锡: 江南大学, 2008.

[40] 黄园英, 秦臻, 刘丹丹, 等. 纳米铁还原脱氮动力学及其影响因素[J]. 岩矿测试, 2011, 30(1): 19-21.

[41] 邓高松. 液氮处理铁粉去除水中重金属及无机阴离子的研究[D]. 武汉: 华中师范大学, 2019.

[42] 黄国鑫, 高云鹤, Fallowfield H,等. 联合脱氮法用于硝酸盐污染地下水修复的机理研究[J]. 岩矿测试, 2012, 31(5): 855-862.

[43] 高洪岩, 孟凡生, 王业耀. 海绵状零价铁修复硝酸盐污染地下水试验研究[J]. 环境科学与管理, 2014, 39(8): 77-81.

[44] 张建瑞, 李杰, 张艳梅. 零价铁载体填料模拟实际生产试验研究[J]. 广东化工, 2015, 42(16): 43-44.

[45] 范潇梦, 关小红, 马军. 零价铁还原水中硝酸盐的机理及影响因素[J]. 中国给水排水, 2008, 24(14): 5-9.

[46] 张星星, 孟凡生, 王业耀, 等. 零价铁修复硝酸盐污染地下水的影响因素[J]. 环境工程, 2010(s1): 70-73.

[47] 李思倩, 路立, 王芬, 等. 低温反硝化过程中 pH 对亚硝酸盐积累的影响[J]. 环境化学, 2016, 35(8): 1657-1662.

[48] 胡国山, 张建美, 蔡惠军. 碳源、C/N 和温度对生物反硝化脱氮过程的影响[J]. 科学技术与工程, 2016, 16(14): 74-77, 106.

[49] Till B A, Weathers L J, Alvarez P J J. Fe(O)-supported autotrophic denitrification[J]. Environmental Science & Thchnology, 1998, 32(5): 634-639.

[50] 刘芹. 城市污水处理厂 A^2/O 工艺中的 C、N、P 平衡及 DNRA 过程探讨[D]. 西安: 西安建筑科技大学, 2019.

[51] 张新艳, 彭党聪, 琼万, 等. 活性污泥中硝酸盐异化还原成铵(DNRA)过程及其影响因素[J]. 环境保护前沿, 2018, 8(2): 11.

[52] 宋冬. 零价铁强化低碳源城市污水处理厂脱氮除磷效果研究[D]. 西安: 长安大学, 2016.

[53] 王秀蘅, 任南琪, 王爱杰, 等. 铁锰离子对硝化反应的影响效应研究[J]. 哈尔滨工业大学学报, 2003(1): 122-125.

[54] 葛利云. 催化铁法与生物法耦合中胞内外聚合物的研究[D]. 上海: 同济大学, 2007.

[55] 刘子正, 胡箭, 朱先辰, 等. 零价铁处理不锈钢酸洗废水中的硝酸盐氮[J]. 工业水处理, 2011, 31(11): 45-48.

[56] 张宁博, 李祥, 黄勇. pH 值对零价铁自养反硝化过程的影响[J]. 环境科学, 2017, 38(12): 5208-5214.

[57] 赵樑, 倪伟敏, 贾秀英, 等. 初始 pH 值对废水反硝化脱氮的影响[J]. 杭州师范大学学报(自然科学版), 2014, 13(6): 616-622.

[58] 徐亚同. pH 值、温度对反硝化的影响[J]. 中国环境科学, 1994, 14(4): 308-313.

[59] 李权斌, 荣宏伟, 张朝升,等. pH 对生物膜同步硝化反硝化脱氮及其 N$_2$O 产量的影响[J]. 水处理技术, 2016, 42(1): 121-124, 135.

[60] 李长波, 赵国峥, 徐磊. 水污染控制工程[M]. 北京: 中国石化出版社, 2016.

[61] 贾丹, 李卓然, 钟志国. pH 对新型后置反硝化系统生物脱氮除磷的影响[J]. 水处理技术, 2018, 44(5): 79-83.

[62] 曹相生, 付昆明, 钱栋, 等. 甲醇为碳源时 C/N 对反硝化过程中亚硝酸盐积累的影响[J]. 化工学报, 2010, 61(11): 2938-2943.

[63] 王建龙, 韩英健, 钱易. 微生物吸附金属离子的研究进展[J]. 微生物学通报, 2000(6): 449-452.

[64] 程喆, 王晓昌, 张永梅, 等 厨余发酵液作为反硝化碳源的规律研究[J]. 环境工程学报, 2015, 9(2): 719-724.

[65] 郭亮, 刘元军, 赵悦, 等. C/N 对以消化污泥为碳源的反硝化效果影响[J]. 中国海洋大学学报(自然科学版), 2018, 48(12): 93-98.

[66] 尹志轩, 谢丽, 周琪, 等. 碳源性质和 COD/NO$_3$-N 对硝酸盐还原途径的影响[J]. 工业水处理, 2018, 38(5): 58-61.

[67] 刘钰, 刘飞萍, 刘霞, 等. 催化铁耦合生物除磷工艺中生物与化学除磷的关系[J]. 环境工程学报, 2016, 10(2): 611-616.

[68] 王亚娥, 冯娟娟, 李杰. Fe^0 钝化膜的生物还原及其脱氮除磷[J]. 环境工程学报, 2013, 7(11): 4219-4224.

[69] 夏岚, 李遵龙. 铝、铁离子对生活污水的除磷效果[J]. 化工进展, 2012, 31(S2): 243-246.

[70] 黄小追, 邓达义, 王琦, 等. 零价铁原位控制底泥磷释放及联合磁性分离除磷技术[J]. 生态环境学报, 2020, 29(2): 345-352.

[71] 彭浩, 刘希, 龙小平, 等. 废水中磷的去除行为研究[J]. 广州化工, 2018, 46(21): 51-67.

[72] 柴志龙, 赵炜, 王亚娥, 等. Fe⁰-生物铁法强化污水处理研究进展[J]. 工业水处理, 2017, 37(7): 1-4.

[73] 刘亚男, 薛罡, 于水利, 等. 乙酸盐碳源生物除磷系统的影响因素研究[J]. 中国给水排水, 2006, 22(13): 6-9.

[74] 李楠, 王秀蘅, 亢涵, 等. pH 对低温除磷微生物种群与聚磷菌代谢的影响[J]. 环境科学与技术, 2013, 36(3): 9-11.

[75] 丁波涛, 李刚, 程柯森. 初始 pH 值对新型好氧/缺氧/好氧/延长闲置(O/A/O/EI)序批式反应器脱氮除磷的研究[J]. 环境工程, 2015, 33(11): 58-62.

[76] 郭琇, 孟昭辉, 董晶颢. 厌氧池中 pH 值对生物除磷的影响[J]. 哈尔滨商业大学学报(自然科学版), 2005(3): 292-293.

[77] 李菲菲, 袁林江, 刘凯. 乙酸钠对厌氧段释磷过程的影响研究[J]. 中国给水排水, 2012, 28(1): 88-90.

[78] 国家环境保护总局《水和废水监测分析方法》编委. 水和废水监测分析方法[M]. 第四版. 北京: 中国环境科学出版社, 2002.

[79] 阮文权, 邹华, 陈坚. 乙酸钠为碳源时进水 COD 和总磷对生物除磷的影响[J]. 环境科学, 2002(3): 49-52.

第3章 分散式生活污水人工湿地 脱氮除磷处理技术

本章通过多元研究手段,分析人工湿地填料选取及不同级配方式、植物搭配对生活污水的处理效果,阐明不同填料在湿地系统中对污染物的吸附特性,吸附过程符合 Langmuir 模型、弗罗因德利希(Freundlich)模型,运用了多级模糊评价法和层次分析法来阐释湿地植物的选取依据,考察了植物在人工湿地中对污染物降解的影响,并对比其贡献,植物-填料-微生物系统不仅提升了累积吸附和共吸附作用,而且促进了污染物的降解。构建人工湿地中试系统,优化运行参数及过程调控,并剖析了影响湿地出水稳定达标的关键因子和变化机理。利用高通量测序技术,对湿地中不同深度和不同植物根际微生物群落特征进行了分析。本章主要揭示了污染物在人工湿地中降解行为的主导机理,建立了以一级动力学为基础的人工湿地模型,研发了人工湿地工艺,为预测人工湿地出水状况,构建高效率、低成本的湿地系统,推广人工湿地在处理分散式生活污水方面提供了理论依据。

3.1 人工湿地填料的选择及吸附性能评价

填料是实现人工湿地净化效能的重要环节,湿地填料的选择应遵循材料的易得、高效、价格低廉和安全性原则。因地制宜选择成本低、处理效果好的填料类型,对比其对污染物的吸附性能,为后续研究的人工湿地填料选择提供理论依据。

3.1.1 试验材料

选择当地常见的湿地填料如沸石、陶粒、煤矸石、碎石、悬浮球,以及采用铁碳微电解协同技术制备的材料(铁碳微电解材料),进行对氨氮和磷的等温吸附、吸附动力学模型研究。测试填料用去离子水反复冲洗、自然晾干备用。填料理化性质如表 3.1 所示。

表 3.1 湿地填料的理化性质

湿地填料	沸石	陶粒	煤矸石	铁碳微电解材料	悬浮球	碎石
干容重/(g/m³)	1.183	1.063	1.264	0.961	0.231	1.523
孔隙率/%	41.82	37.77	45.35	39.48	88.46	48.85
渗透系数/(cm/s)	0.238	0.289	0.248	0.284	—	0.155
氨氮吸附量/(mg/g)	1.566	1.245	1.175	0.875	0.665	0.283
磷吸附量/(mg/g)	3.012	3.291	3.083	2.058	2.487	1.835

3.1.2　填料吸附性能研究

实际生活污水成分复杂,为了减少生活污水中污染物之间的相互影响,保证试验水质状况的稳定,本节使用人工配置目标污染物,以 KH_2PO_4 配置总磷溶液,以 NH_4Cl 配置氨氮溶液,具体测试方法和仪器如表 3.2 所示。

表 3.2　测试方法和仪器

常规水质指标	测定方法	测定仪器
TP	钼酸铵分光光度法 [《水质　总磷的测定　钼酸铵分光光度法》(GB/T 11893—1989)]	紫外可见光分光光度计
NH$_3$-N	纳氏试剂分光光度法 [《水质　氨氮的测定　纳氏试剂分光光度法》(HJ 535—2009)]	紫外可见光分光光度计

人工湿地填料对污染物的吸附量可由式(3-1)计算:

$$q_t = \frac{C_o - C_e}{M} \times V \tag{3-1}$$

式中,q_t 为吸附量,mg/g;C_o 为溶液中污染物的初始浓度,mg/L;C_e 为溶液中污染物的吸附后浓度,mg/L;M 为填料的使用量,kg;V 为溶液体积,L。

3.1.2.1　等温吸附试验

选择沸石、陶粒、煤矸石、碎石、铁碳微电解材料、悬浮球填料作为试验对象,分别称取 5 g 置于 250 mL 锥形瓶中,依次加入 100 mL 由 KH_2PO_4 配置好的总磷溶液,设置的浓度梯度依次为 1 mg/L、3 mg/L、5 mg/L、10 mg/L、20 mg/L,每个浓度梯度均设置 3 个平行。在 25℃、250 r/min 条件下恒温振荡 24 h,5000 r/min 的转速下离心 15 min,测定上清液中总磷的浓度,取三组数据的平均值。试验操作同上,测定上清液中氨氮的浓度,取三组数据的平均值。

为了深入研究 6 种填料在等温条件下的吸附性能,可以采用等温吸附模型确定吸附量和吸附类型,并且可以利用等温吸附方程对试验数据进行拟合。当前常用的吸附等温方程有两个:Langmuir 等温吸附方程和 Freundlich 等温吸附方程。

Langmuir 等温吸附方程:

$$q_e = q_{max} \frac{K_L C_e}{1 + K_L C_e} \tag{3-2}$$

式中,q_e 为吸附平衡时的吸附量,mg/g;q_{max} 为吸附饱和时的吸附量,mg/g;K_L 为吸附强度因子;C_e 为吸附平衡时的平衡浓度,mg/L。

Freundlich 等温吸附方程:

$$q_e = K_f C_e^{\frac{1}{n}} \tag{3-3}$$

式中,q_e 为吸附平衡时的吸附量,mg/kg;C_e 为吸附平衡时的平衡浓度,mg/L;K_f、n 为常数;$1/n$ 反映吸附的非线性程度,其值越远离 1,表示填料表面吸附的均一性越低,也可表征吸附过程的亲和力强度。当 $n=1$ 时，Freundlich 等温吸附方程为过原点的线性方程，即亨利(Henry)方程，表示吸附表面是均一的，吸附以物理分配作用为主。吸附等温线的形状能描述污染物在土壤中的吸附过程。

3.1.2.2 吸附动力学试验

选择沸石、陶粒、煤矸石、碎石、铁碳微电解材料、悬浮球填料作为试验对象，分别称取 5 g 置于 250 mL 锥形瓶中，依次加入 100 mL 由 KH_2PO_4 配置好的总磷溶液，设置总磷起始浓度为 10 mg/L，每个浓度梯度均设置 3 个平行。在 25℃、250 r/min 条件下恒温振荡 24 h，5000 r/min 的转速下离心 15 min，测定上清液中总磷的浓度，取三组数据的平均值。试验操作同上，测定上清液中氨氮的浓度，取三组数据的平均值。

动力学模型分别如式(3-4)和式(3-5)所示。

准一级动力学模型：

$$\frac{q_t}{q_e} = 1 - e^{-tk_{1a}} \tag{3-4}$$

准二级动力学模型：

$$\frac{q_t}{q_e} = \frac{tk_{2a}^*}{1 + tk_{2a}^*}; k_{2a}^* = q_e k_{2a} \tag{3-5}$$

式中，q_t 和 q_e 分别为在 t 时刻和平衡时的吸附量，mg/g；k_{1a} 和 k_{2a} 分别为准一级和准二级动力学速率常数，h^{-1}；k_{2a}^* 为修正后的准二级动力学速率常数，h^{-1}。

本试验吸附动力学数据分别采用式(3-4)、式(3-5)对吸附动力学过程进行拟合分析。不同数学模型，其参数不同，拟合结果需要用校正决定系数(R_{adj}^2)进行比较评价，才具有可比性：

$$R_{adj}^2 = 1 - \frac{(1-r^2)(N-1)}{(N-m-1)} \tag{3-6}$$

式中，N 为用于拟合数据的个数；m 为拟合方程中的参数个数；r^2 为相关系数。q_e、k_{1a}、k_{2a}、k_{2a}^* 均为拟合参数。

3.1.3 试验结果与分析

3.1.3.1 湿地填料对磷的吸附性能

1. 湿地填料对磷的等温吸附试验

以 6 种填料吸附磷后的溶液平衡浓度为横坐标，对磷的吸附量和去除率为纵坐标，绘制等温吸附曲线图，如图 3.1 和图 3.2 所示。

由图 3.1 和图 3.2 可知，经过 24 h 振荡吸附之后，陶粒对磷的吸附效果最佳，其次是煤矸石和沸石对磷的吸附效果接近，6 种常见填料对溶液中磷的吸附量从大到小依次为：陶粒＞煤矸石＞沸石＞悬浮球＞铁碳微电解材料＞碎石，6 种填料对磷的吸附量随着溶液中初始磷浓度的增加而增大，在达到一定浓度之后，填料对磷吸附量的增幅都在减弱，其中陶粒和沸石对磷吸附量的增加最快，铁碳微电解材料和碎石对磷吸附量的增加较慢，出现这种结果可能是由于陶粒和沸石内部孔径结构复杂，比表面积和孔隙率较大，对磷的吸附效果更好，同时陶粒和沸石的主要成分为 CaO，能够与溶液中的硫酸根发生化学反应，生成沉淀。

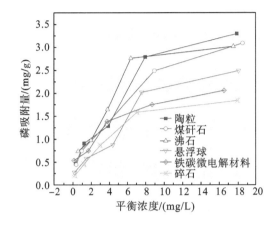

图 3.1　湿地填料对磷吸附曲线

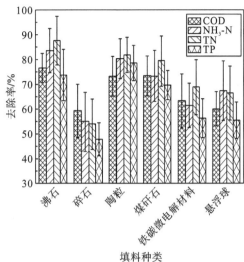

图 3.2　湿地填料对污染物的去除效果

以 6 种填料吸附平衡后在溶液中存在的磷浓度为横坐标，6 种填料对磷的吸附量为纵坐标，6 种填料对磷的吸附等温曲线进行 Freundlich 和 Langmuir 等温吸附方程拟合，6 种填料的拟合参数如表 3.3 所示。由试验结果可知，6 种常见填料对磷的等温吸附均可以以 Freundlich 和 Langmuir 等温吸附方程来表述。从相关系数上来看，相关性系数越接近 1，说明方程的拟合效果越好，所用的 6 种湿地填料两个方程的 R^2 均大于 0.9，沸石、陶粒、煤矸石对磷的吸附更符合 Freundlich 吸附等温线的规律，以 Freundlich 吸附等温曲线拟合时，$R^2 > 0.98$；而碎石、悬浮球、铁碳微电解材料对磷的吸附符合 Langmuir 吸附等温线的规律，以 Langmuir 吸附等温曲线拟合时，$R^2 > 0.97$。

6 种填料对溶液中磷的吸附量从大到小依次为：陶粒＞煤矸石＞沸石＞悬浮球＞铁碳微电解材料＞碎石；其中，陶粒对磷的吸附效果最佳，其理论吸附量最大可达到 3.29mg/g，而后依次是煤矸石（3.08 mg/g）、沸石（3.01 mg/g）、悬浮球（2.48 mg/g）、铁碳微电解材料（2.05 mg/g）、碎石（1.83 mg/g）。在 Freundlich 等温吸附方程中，填料对污染物的吸附性能可以用 K_f 表示，K_f 越大表示填料对污染物的吸附性能越强，由表 3.3 可知，陶粒的 K_f 最大，6 种填料 K_f 从大到小依次为：陶粒＞沸石＞煤矸石＞悬浮球＞铁碳微电解材料＞碎石，陶粒对氨氮的吸附能力最强。同时，6 种填料的 $1/n$ 为 0.1～0.5，具有自发吸附氨氮的能力。

表 3.3　湿地填料对磷的等温吸附方程模型和相关参数

填料名称	Langmuir 等温吸附方程			Freundlich 等温吸附方程		
	q_e/(mg/g)	K_L	R^2	K_f	$1/n$	R^2
沸石	3.01	0.384	0.981	19.674	0.401	0.993

填料名称	Langmuir 等温吸附方程			Freundlich 等温吸附方程		
	q_e/(mg/g)	K_L	R^2	K_f	$1/n$	R^2
陶粒	3.29	0.268	0.975	25.284	0.329	0.987
煤矸石	3.08	0.318	0.976	14.294	0.387	0.989
悬浮球	2.48	0.174	0.987	12.285	0.275	0.918
铁碳微电解材料	2.05	0.142	0.993	12.193	0.253	0.879
碎石	1.83	0.225	0.986	8.395	0.128	0.938

2. 湿地填料对磷的吸附动力学研究

根据 6 种填料对磷的吸附动力学试验结果,计算填料对磷的吸附量并绘制 4 种填料的吸附动力学曲线如图 3.3 所示。

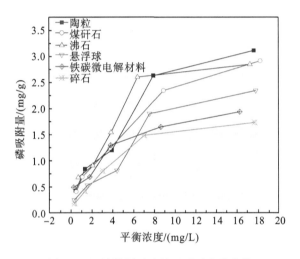

图 3.3　湿地填料对磷的吸附动力学曲线

由图 3.3 可知,随着吸附时间的延长,6 种填料的吸附量逐渐增大,在试验研究的前 12 h,湿地填料对磷的吸附量的增长较快,随着吸附时间的延长,填料对磷的吸附也逐渐趋于平缓,这是因为随着吸附行为的进行,填料表面及内部的吸附位点逐渐饱和,吸附量也不再增加,达到吸附的动态平衡过程。根据填料对磷的吸附动力学结果,使用准一级动力学和二级动力学模型进行分析,模拟固体表面对溶液中污染物的吸附动力学过程。不同浓度的磷在 6 种填料上的准一级吸附动力学、准二级吸附动力学,如表 3.4 所示。其中,R_{adj} 为残差平方和,表示拟合结果随机误差的效应即估计值和实际值的差异程度,数值越小,随机误差越小,反之亦然。对于 6 种填料的吸附估计残差,浓度越高,残差平方和越大,表明磷初始浓度越高,土壤对其的吸附模型拟合估计值与实测值差异越大。R_{adj}^2 为校正决定系数,其值为 0~1,越接近 1,表明拟合效果越好。

表 3.4　湿地填料对磷的吸附动力学方程拟合参数

填料名称	准一级动力学			准二级动力学		
	q_e/(mg/g)	k_{1a}	R_{adj}^2	q_e/(mg/g)	k_{2a}	R_{adj}^2
沸石	3.01	0.14	0.986	3.01	0.101	0.982
陶粒	3.29	0.28	0.983	3.29	0.029	0.993
煤矸石	3.08	0.27	0.976	3.08	0.037	0.984
悬浮球	2.48	0.18	0.979	2.48	0.025	0.974
铁碳微电解材料	2.05	0.56	0.981	2.05	0.013	0.884
碎石	1.83	0.41	0.974	1.83	0.028	0.976

在 6 种填料的吸附动力学试验中，陶粒对磷的吸附效果最好，通过动力学方程模拟计算湿地填料对磷的平衡吸附量，从大到小排序依次是陶粒(3.29 mg/g)、煤矸石(3.08 mg/g)、沸石(3.01 mg/g)、悬浮球(2.48 mg/g)、铁碳微电解材料(2.05 mg/g)、碎石(1.83 mg/g)，这与等温吸附方程得到的结果类似，说明陶粒、煤矸石、沸石对磷有很好的吸附效果，悬浮球、铁碳微电解材料、碎石对磷也有一定的去除效果。

3.1.3.2　湿地填料对氨氮的吸附性能

1. 湿地填料对氨氮的等温吸附试验

以 6 种填料吸附氨氮后的溶液平衡浓度为横坐标，对氨氮的吸附量为纵坐标，绘制等温吸附曲线图，如图 3.4 所示。湿地填料对污染物的去除效果如图 3.5 所示。

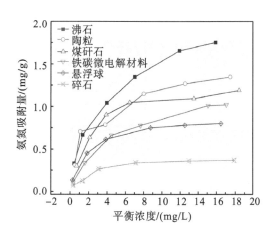

图 3.4　湿地填料对氨氮的吸附动力学曲线　　　　图 3.5　湿地填料对污染物的去除效果

由图 3.4 和图 3.5 可知，经过 24 h 振荡吸附之后，沸石对氨氮的吸附效果最佳，其次是陶粒和煤矸石对氨氮的吸附效果接近，6 种常见填料对溶液中氨氮的吸附量从大到小依次为：沸石＞陶粒＞煤矸石＞铁碳微电解材料＞悬浮球＞碎石，6 种填料对氨氮的吸附量随着溶液中初始氨氮浓度的增加而增大，在达到一定浓度之后，填料对氨氮吸附量的增幅都在减弱，其中陶粒和沸石对氨氮吸附量的增加最快，悬浮球和碎石对氨氮吸附量的增加较慢，出现这种结果可能是由于陶粒和沸石内部孔径结构复杂，比表面积和孔隙率较大，对氨氮有更多的吸附位点，故吸附效果更好。

对 6 种填料对氨氮的吸附等温曲线进行 Freundlich 和 Langmuir 等温吸附方程拟合，6 种填料的拟合参数如表 3.5 所示。所用的 6 种湿地填料两个方程的 R^2 均大于 0.9，悬浮球、铁碳微电解材料、陶粒、碎石对氨氮的吸附更符合 Freundlich 吸附等温线的规律，以 Freundlich 吸附等温曲线拟合时，$R^2 > 0.97$；而沸石、煤矸石对氨氮的吸附符合 Langmuir 吸附等温线的规律，以 Langmuir 吸附等温曲线拟合时，$R^2 > 0.98$。

表 3.5　湿地填料对氨氮的等温吸附方程模型和相关参数

填料名称	Langmuir 等温吸附方程			Freundlich 等温吸附方程		
	q_e/(mg/g)	K_L	R^2	K_f	$1/n$	R^2
沸石	1.566	0.334	0.991	23.746	0.471	0.983
陶粒	1.245	0.318	0.985	25.428	0.375	0.997
煤矸石	1.175	0.298	0.986	15.754	0.427	0.976
悬浮球	0.665	0.254	0.977	10.446	0.257	0.983
铁碳微电解材料	0.875	0.302	0.979	21.033	0.353	0.989
碎石	0.234	0.135	0.949	14.435	0.143	0.973

6 种填料对溶液中氨氮的吸附量从大到小依次为：沸石＞陶粒＞煤矸石＞铁碳微电解材料＞悬浮球＞碎石，6 种填料中，沸石对氨氮的吸附效果最佳，其理论吸附量最大可达到(1.566 mg/g)，其后依次是陶粒(1.245 mg/g)、煤矸石(1.175 mg/g)、铁碳微电解材料(0.875 mg/g)、悬浮球(0.665 mg/g)、碎石(0.234 mg/g)。在 Freundlich 等温吸附方程中，填料对污染物的吸附性能可以用 K_f 表示，K_f 越大表示填料对污染物的吸附性能越强，由表 3.5 可知，陶粒的 K_f 最大，6 种填料 K_f 从大到小依次为：陶粒＞沸石＞铁碳微电解材料＞煤矸石＞碎石＞悬浮球，陶粒对氨氮的吸附能力最强。同时，6 种填料的 $1/n$ 为 0.1～0.5，具有自发吸附氨氮的能力。

2. 6 种填料对氨氮的吸附动力学研究

根据 6 种填料对氨氮的吸附动力学试验结果，计算填料对氨氮的吸附量。随着吸附时间的延长，6 种填料的吸附量逐渐增大，在实验研究的前 12 h，湿地填料对氨氮的吸附量的增长较快，随着吸附时间的延长，填料对氨氮的吸附也逐渐趋于平缓，这是因为随着吸附行为的进行，填料表面及内部的吸附位点逐渐饱和，吸附量也不再增加，达到吸附的动态平衡过程。根据填料对氨氮的吸附动力学结果，使用准一级动力学和准二级动力学模型进行分析，模拟固体表面对溶液中污染物的吸附动力学过程，拟合参数见表 3.6。

表 3.6　湿地填料对氮氧的吸附动力学方程拟合参数

填料名称	准一级动力学			准二级动力学	
	q_e/(mg/g)	k_{1a}	R_{adj}^2	k_{2a}	R_{adj}^2
沸石	1.566	0.13	0.987	0.091	0.986
陶粒	1.245	0.26	0.994	0.039	0.985
煤矸石	1.175	0.15	0.986	0.018	0.993
悬浮球	0.665	0.13	0.992	0.022	0.994
铁碳微电解材料	0.875	0.29	0.996	0.015	0.945
碎石	0.283	0.31	0.989	0.008	0.985

在 6 种填料的吸附动力学试验中，沸石对氨氮的吸附效果最好，通过动力学方程模拟计算湿地填料对氨氮的平衡吸附量，从大到小排序依次是沸石（1.574 mg/g）、陶粒（1.271 mg/g）、煤矸石（1.265 mg/g）、铁碳材料（0.946 mg/g）、悬浮球（0.725 mg/g）、碎石（0.349 mg/g），这与等温吸附方程得到的结果类似，说明沸石、陶粒、煤矸石对氨氮有很好的吸附效果，悬浮球、铁碳材料、碎石对氨氮也有一定的去除效果。

3.1.4　小结

6 种湿地填料对氨氮的吸附饱和量依次为沸石（1.566 mg/g）、陶粒（1.245 mg/g）、煤矸石（1.175 mg/g）、铁碳微电解材料（0.875 mg/g）、悬浮球（0.665 mg/g）、碎石（0.283 mg/g）；对磷的理论吸附量依次为陶粒（3.29 mg/g）、煤矸石（3.08 mg/g）、沸石（3.01 mg/g）、悬浮球（2.48 mg/g）、铁碳微电解材料（2.05 mg/g）、碎石（1.83 mg/g）。参考表 3.1 的 6 种填料的基本理化性质，干容重可以反映填料的密实程度，值越小则表明填料质地越疏松，孔隙率反映填料的持水性，孔隙率越大，填料的持水性越好。干容重、孔隙率和渗透系数可以综合反映湿地系统的透水性能及湿地堵塞状况，同时为了充分发挥湿地填料的优势、有效避免填料的短处，将不同湿地填料进行配比后可以有效提升处理效果、避免堵塞发生[1, 2]。综合考虑 6 种填料的净化效果和透水性能，特意确定如下几种湿地填料配比模式："陶粒+沸石+碎石""陶粒+铁碳微电解材料+碎石""陶粒+煤矸石+碎石""悬浮球+碎石"，不同模式的填料级配方式将应用于人工湿地系统的构建中，根据实际净化效果和堵塞状况对填料的再级配进行反馈。

3.2　人工湿地植物的优选模型

植物是人工湿地技术的主要组成部分，其生长过程和微生物协同作用可以高效去除污染物，是影响该技术水质处理效果的重要因素之一。有些在陆地上生长良好的植物因为耐水性差，不能很好地在湿地上生长，从而影响了净化效果。有些湿地植物在自然湿地中可以很好地生长，但是移栽到人工湿地环境中时，不能很好地适应污水环境。同时，植物的耐寒性能以及越冬性也是需要考虑的问题。实际工作中，除了考虑净化效果，对湿地的观赏性、资源化利用等要求也逐渐提高。因此，选择合适的人工湿地植物显得尤为重要。人工湿地植物选择的基本原则是在对高等植物的生物学特性、耐污性、抗病虫害能力、综合利用效果、对氮磷去除能力，甚至植物的景观特性等研究基础上，筛选出具有一定耐受性、能适应污水水质现状、具有一定景观性的物种作为人工湿地植物。本节采用层次分析法，将备选湿地植物作为一个有机整体，构建植物生态和观赏性综合的优选模型。

3.2.1 水生植物概况

水生植物是指生理上依附于水环境、部分或全部生殖周期发生在水中或水表面的植物类群[3]。水生植物在分类群上由多个植物门类组成，包括非维管束植物类，如大型藻类和苔藓类植物；低级维管束植物类，如蕨类和该类同源植物；以及高级维管束植物——种子植物类[4]。典型的水生植物多为被子植物中的单子叶纲植物。水生植物按生活性质一般可分为以下 3 类。

(1)挺水植物(emergent plant)。挺水植物植株比较高大，植株大部分生长于水面之上，植株下部沉入水中，根部扎入底泥之中，挺水植物多生长于河岸边潮湿地带的浅水处。常见挺水植物有芦苇、香蒲、鸢尾等。

(2)漂浮植物(free-drifting plant)。漂浮植物的茎叶均漂浮在水面，根系则悬垂于水中，常依附于挺水植物和浮叶植物，可在水面平静的湖湾内形成群落。常见种类有凤眼蓝、喜旱莲子草、水皮莲、槐叶苹、满江红等。漂浮植物喜肥、耐污，多用于净化污水和饲料生产。

(3)沉水植物(submersent plant)。沉水植物体全部位于水面以下，扎根在底泥中，全部茎叶沉没在水下，对水深的适应性最强，可以伴生在挺水植物和浮叶植物群落中，也能在浮叶植物带深水一侧形成沉水植物群落。常见种类为眼子菜科、水鳖科、茨藻科和金鱼藻科。耐污性比较差，因为它们的茎叶沉没于水下，与湖水充分接触，水质污染会降低湖水的透明度、减弱水下光照。而且污染物附着在植物茎叶表面，直接影响光合作用，并滋生细菌和附着藻类而致其死亡。竹叶眼子菜、狐尾藻、金鱼藻、菹草等比较耐污，因为它们的大部分茎叶分布在接近水面的浅水层，可以得到充足的光照。

除上述介绍的水生植物外，湿地植物通常有粮油类、蔬菜类植物，如水稻、水芹、水雍菜等；也有花卉植物，如美人蕉、香根草、菖蒲、风车草、绿萝、白掌等。通过近几年的研究，国内对上述植物已经积累了一定的研究经验。水生植物在水体中的生态功能使其在水污染控制中具有很大的应用价值。20 世纪 70 年代，水生植物开始受到人们的关注，并发展出多种以大型水生植物为核心的污水处理和水体修复的生态工程技术，如人工湿地技术就是其中的一种，而且也筛选出了诸如芦苇、香蒲等净化效果好的工具物种。

3.2.2 基于层次分析法的植物优选模型构建

3.2.2.1 层次分析法概述

层次分析法(analytic hierarchy process, AHP)，是一种应用于复杂系统综合评价中确定权重的重要方法，20 世纪 80 年代初开始引入我国[5]。AHP 将决策人对复杂系统的评价决策的思维过程层次化、数学化，较完整地体现了系统工程学中系统分析和系统综合的理论。它将所研究的对象看成一个整体，并根据整体中各因素间的隶属关系，将复杂问题条理化、层次化，运用层次递阶图直观地反映整体中各因素间的相互关系（系统分析阶段）。这样将研究对象复杂问题的求解，转化为相对简单的对各子项的求解，然后依据子项与整体的隶属关系再逐级地对整体进行综合分析。

3.2.2.2　评价指标体系的建立

根据湿地植物选择的基本性原则、试验所在地地理气候条件以及既有的湿地水生植物研究试验结果，初步确定 10 种备选植物，包括：美人蕉、芦苇、再力花、鸢尾、吊兰、凤眼蓝、水花生、绿萝、白掌和菖蒲，运用层次分析法对备选植物进行综合评价。首先建立含有 10 个对象的矩阵 $F=\{f_1, f_2, f_3, f_4, f_5, f_6, f_7, f_8, f_9, f_{10}\}$，矩阵里面的每一项因子就是考察植物的特性，根据多因子取值遴选综合较优植物，使得目标矩阵取得最大值。目标矩阵包含植物的污染物净化能力、耐污能力、抗虫害能力、综合利用和景观效果等特性，经过对目标矩阵的逐级求解，确定三个层次结构的因子集合，如表 3.7 所示。

表 3.7　目标矩阵和因子层

目标矩阵	因子层	
	一级指标	二级指标
综合最优植物 F	净化能力 u_1	COD u_{11}
		NH$_3$-N u_{12}
		TN u_{13}
		TP u_{14}
	耐污能力 u_2	pH u_{21}
		盐度 u_{22}
	抗虫害能力 u_3	抗低温能力 u_{31}
		抗虫害能力 u_{32}
	综合利用 u_4	作饲料 u_{41}
		作肥料 u_{42}
		其他利用 u_{43}
	景观效果 u_5	花色花香 u_{51}
		色彩鲜明 u_{52}

3.2.2.3　评价集合的建立

构造目标矩阵和因子层后，确认不同二级指标的评分标准，对常规污染指标和物理性指标的评价标准是去除率较强、中等和较差，依次得分 3、2、1 分；抗低温和抗虫害能力以及饲料、肥料用途的评价标准是较强、中等和较差，依次得分 3、2、1 分；花色花香和色彩鲜明以植物整体形态优美、株型紧凑、叶色明显、开花旺盛等为最佳，得分 3，其后依次为 2 分和 1 分。构建层次分析模型并对矩阵进行求解，其解析重点在于如何确定一级指标层和二级指标层中的各指标进行权重配比，通过专家打分法对不同判断指标进行赋值。通过两两因素的比较可以得到 i 和 j 的元素 C_{ij}，反之 j 和 i 的比较则可得到 $1/C_{ij}$，关于 C_{ij} 的重要性标度和适用性说明如表 3.8 所示。

表 3.8　C_{ij} 的重要性标度和适用性说明

序号	标度值	重要性意义	适用场合说明
1	1	i、j 重要性相同	表示两个因素对同一目标具有相等的重要性
2	3	i 比 j 稍微重要	需要妥协的场合
3	5	i 比 j 较强重要	有轻微的判断差异
4	7	i 比 j 强烈重要	需要妥协的场合
5	9	i 比 j 极端重要	有明显的判断差异
6	2、4、6、8	上述重要性中间值	上述适用场合中间情况
7	1/3	i 比 j 稍微不重要	需要妥协的场合
8	1/5	i 比 j 较强不重要	有强烈的判断差异
9	1/7	i 比 j 强烈不重要	需要妥协的场合
10	1/9	i 比 j 极端不重要	差异达到判断的极性

对不同因子比较和分析得到一个评价集合 $V=\{v_1, v_2, v_3, v_4, v_5\}$，如表 3.9 所示，针对不同的隶属度可以得到不同的评价层级。值得注意的是，本节所研究的评价指标在参与评价和比较时，还需要根据其重要程度的不同，对所重点关注的指标做出不同重要程度的分析，其权重向量为：$A=\{a_1, a_2, \cdots, a_n\}$，且需要满足如下归化条件：

$$\sum_{j=1}^{n} a_j = 1 \tag{3-7}$$

表 3.9　评价集合

$F\text{-}u_i$	u_1	u_2	u_3	u_4	u_5
u_1	1	2	3	4	5
u_2	1/2	1	2	3	4
u_3	1/3	1/2	1	2	3
u_4	1/4	1/3	1/2	1	2
u_5	1/5	1/4	1/3	1/2	1
A	0.4321	0.2521	0.1593	0.1030	0.0535

3.2.2.4　评价结果一致性检验

为了确保权重分配结果的一致稳定性，需要对一级指标和二级指标进行一致性检验，计算方式是将一、二级指标构建矩阵，计算出各个矩阵的最大特征值 $\lambda_{\max}$ 和对应的特征向量 W，A 表示各因素的权重值（assignment），其结果由一致性指标 CI 表示，CI 越小，说明一致性越好，而随机一致性比率 CR 只有在小于 0.1 时，其矩阵的结果才符合标准的一致性要求，否则就需要对判断矩阵中的值重新取值。计算公式如下：

$$CR = CI / RI \tag{3-8}$$

式中，$CI = (\lambda_{\max} - n)/(n-1)$；$\lambda_{\max}$ 表示判断矩阵最大特征值；CI 表示一致性指标；RI 表示平均随机一致性指标值，其中对于 $n \leq 9$ 的判断矩阵，其值选取依据如表 3.10 所示。

表 3.10　平均随机一致性指标 RI 取值

判断矩阵阶数/阶	1	2	3	4	5	6	7	8	9
RI	0	0	0.58	0.89	1.12	1.24	1.32	1.41	1.45

综合最优植物 F 和一级指标层 u_i 进行层次单排序计算和一致性检验结果如表 3.11 所示，其 CR 计算结果小于 0.1，说明检验过程设置合理，以同种方式计算二级指标层 u_{ij} 的一致性检验结果如表 3.12、表 3.13 所示，其 CR 的计算结果均小于 0.1，因此在 3 个层次的矩阵权重设置中不存在逻辑错误，可以用于接下来的评价矩阵分析。

表 3.11　F-u_i 层次的判断矩阵和一致性检验

F-u_i	u_1	u_2	u_3	u_4	u_5
u_1	1	2	3	4	5
u_2	1/2	1	2	3	4
u_3	1/3	1/2	1	2	3
u_4	1/4	1/3	1/2	1	2
u_5	1/5	1/4	1/3	1/2	1
A	0.4321	0.2521	0.1593	0.1030	0.0535
一致性检验	$CR=0.0872<0.1$				

表 3.12　u_{11}-u_{14} 层次和 u_{21}-u_{22} 层次的判断矩阵和一致性检验

u_{ij}-u_{ij}	COD u_{11}	NH$_3$-N u_{12}	TN u_{13}	TP u_{14}	pH u_{21}	盐度 u_{22}
COD u_{11}	6	3	5	5		
NH$_3$-N u_{12}	1/3	6	3	3		
TN u_{13}	1/5	1/3	6	5		
TP u_{14}	1/5	1/3	1/5	6		
A	0.2712	0.1864	0.2712	0.2712		
一致性检验	$CR=0.0921<0.1$					
pH u_{21}					1	3
盐度 u_{22}					1/3	1
A					0.3124	0.6876
一致性检验					$CR=0.0628<0.1$	

表 3.13 u_{31}-u_{32} 层次到 u_{51}-u_{52} 层次的判断矩阵和一致性检验

u_{ij}-u_{ij}	抗低温能力 u_{31}	抗虫害能力 u_{32}	作饲料 u_{41}	作肥料 u_{42}	其他利用 u_{43}	花色花香 u_{51}	色彩鲜明 u_{52}
抗低温能力 u_{31}	1	5					
抗虫害能力 u_{32}	1/5	1					
A	0.2154	0.7846					
一致性检验	$CR=0.0921<0.1$						
作饲料 u_{41}			1	1	3		
作肥料 u_{42}			1	1	3		
其他利用 u_{43}			1/3	1/3	1		
A			0.2500	0.2500	0.5000		
一致性检验			$CR=0.0947<0.1$				
花色花香 u_{51}						3	4
色彩鲜明 u_{52}						1/4	3
A						0.4000	0.6000
一致性检验						$CR=0.0951<0.1$	

在以综合较优植物为目标的矩阵中,下一层级对上一层级具有约束作用,称作约束层,约束层中的各个元素对目标层的排序权重即层次总排序,确定了排序权重之后,便可以将10 种备选植物通过赋值打分计算优选出得分较高的最优植物。表 3.14 以植物的净化能力、耐污能力、抗虫害能力占主要的层次总排序权重,这也是人工湿地对农村分散式污水净化效果的总要求,同时在评价中考虑了综合利用和观赏性指标。

表 3.14   约束层对目标层的总排序结果

	净化能力	耐污能力	抗虫害能力	综合利用	景观效果	权重
	0.4321	0.2521	0.1593	0.1030	0.0535	
COD	0.2712					0.1172
NH$_3$-N	0.1864					0.0805
TN	0.2712					0.1172
TP	0.2712					0.1172
pH		0.3124				0.0788
盐度		0.6876				0.1733
抗低温能力			0.2154			0.0343
抗虫害能力			0.7846			0.1250
作饲料				0.2500		0.0258
作肥料				0.2500		0.0258
其他利用				0.5000		0.0515
花色花香					0.4000	0.0213
色彩鲜明					0.6000	0.0321
合计						1

3.2.3　植物评价结果

在层次分析法 13 个二级评价指标因子中，净化效果因子占 6 个，抗虫害和综合利用因子占 5 个，观赏性因子占 2 个。湿地植物综合评价结果如表 3.15 所示。各湿地植物得分顺序为：再力花＞芦苇＞美人蕉＞菖蒲＞鸢尾＞水花生＞凤眼蓝＞吊兰＞白掌＞绿萝，其中再力花、芦苇、美人蕉、菖蒲的得分分别是 2.5791、2.4721、2.4620、1.9097，说明它们在水质净化以及景观效果上有极高的价值，而吊兰、白掌和绿萝虽然在景观效果方面得分较高，但是由于其实际应用的局限性，所以其最终的得分为 1.4052、1.3872、1.3444，当然，这也是由目标所衍生出的功能性应用，要是转换其他的功能应用场合，湿地植物的得分会出现极大的不同。

表 3.15　10 种常见的人工湿地植物综合评价比较

	权重	美人蕉	芦苇	再力花	鸢尾	吊兰	凤眼蓝	水花生	绿萝	白掌	菖蒲
COD	0.1172	3	3	3	2	1	1	1	1	1	3
NH_3-N	0.0805	2	2	2	1	1	1	1	1	1	1
TN	0.1172	2	3	2	2	1	1	1	1	1	2
TP	0.1172	2	2	3	1	2	2	1	2	2	3
pH	0.0788	3	3	3	2	1	1	2	1	1	2
盐度	0.1733	3	3	3	2	1	1	3	1	1	1
抗低温能力	0.0343	1	1	1	3	2	1	1	2	2	1
抗虫害能力	0.1250	3	3	3	2	2	3	3	1	1	2
作饲料	0.0258	1	1	1	1	1	2	2	1	1	1
作肥料	0.0258	1	1	1	2	2	2	2	2	2	2
其他利用	0.0515	2	2	2	2	3	1	1	3	3	2
花色花香	0.0214	3	1	3	3	1	2	1	1	3	3
色彩鲜明	0.0321	3	1	3	2	1	1	1	3	3	1
加权总分		2.4620	2.4721	2.5791	1.8322	1.4052	1.4401	1.7269	1.3444	1.3872	1.9097
分数排名		3	2	1	5	8	7	6	10	9	4

3.2.4　小结

人工湿地植物净化机理复杂，在实际应用中需要综合考虑湿地植物实际净化效果和适应性、植物的习性和多样性，在不同植物搭配后净化效果也会出现极大的不同，因此在构建组合式人工湿地系统时，考虑植物净化效果、探索景观植物在湿地净化污水中的作用，选择了美人蕉、吊兰、水花生、白掌和绿萝作为人工湿地的植物组合并探讨湿地系统的净化效果；根据组合式人工湿地的运行结果的反馈，调整植物的搭配，选取了再力花、芦苇、美人蕉、鸢尾、菖蒲、凤眼蓝等去污能力更强的植物构建阶梯式人工湿地。

植物层次分析法结果可以简化湿地植物挑选过程和计算方法，可以近似模拟植物的特点与湿地需求的匹配程度，然而在实际人工湿地系统中植物净化机理复杂，因此层次分析法优选的植物可以为人工湿地植物提供可行的建议，但是仍然需要实际运行效果进行验证，3.3 节将对湿地运行效果进行分析，其结果也会对层次分析法进行反馈，进一步丰富植物优选的过程和结果。

3.3　人工湿地的搭建及对污染物的去除行为研究

根据 3.1 节和 3.2 节对人工湿地填料和植物的选择，本节设计建造了铁碳微电解技术协同下的组合式人工湿地和阶梯式人工湿地装置，考察了不同工艺参数条件下人工湿地对污染物的降解行为及规律，为预测人工湿地稳定出水状况提供了基础数据信息。

3.3.1　铁碳微电解技术协同人工湿地装置搭建及运行

3.3.1.1　试验场地

绵阳市位于四川盆地西北部，涪江中上游地带，属于北亚热带山地湿润季风气候区，年平均气温为 14.7～17.3℃，其中 1 月气温为 2～10℃，7 月气温为 23～31℃，降水充沛且降水量年际变化较大，年均降水量为 825.8～1417mm，全市降水量大于蒸发量，属于湿润气候，年平均日照时数为 1401.3 h，适合作物的生长。组合式人工湿地和阶梯式人工湿地装置均位于绵阳市西南科技大学污水处理厂内，组合式人工湿地装置位于玻璃房，玻璃房位于污水处理厂西南角，以钢架为框架结构，以水泥为地面，四周及顶棚以玻璃钢封闭，可以在实验中避免天气原因带来的干扰，并且因为玻璃大棚保温性的原因，可以减少冬季霜冻期对植物的影响，延长实验周期；阶梯式人工湿地装置位于玻璃房右侧的半山坡上，利用山体的自然坡度，搭建不同阶梯级的人工湿地处理系统。

3.3.1.2　进水水质

进水以实际生活污水作为处理对象，取自学校污水处理厂细格栅-好氧池之间的原水，其来源主要是学校学生、教职员工以及学校周边居民和商铺的生活污水，其水质指标、水量变化状况如表 3.16 所示，与农村分散式生活污水有一定相似性，故以其为研究对象。由于生活污水每日水质均在变动，故水质分析取样时间固定在上午 8:30～9:30，每次取水量大于 500 mL，取样后常规指标当天分析。

表 3.16　生活污水水质状况　　　　　　　　　　　　　　（单位：mg/L）

水质指标	进水浓度范围	平均值
COD_{Cr}	201.92～348.29	256.09
BOD_5	63～156	104.23
TP	2.35～5.19	3.71
NH_3-N	11.34～16.21	13.75
TN	8.57～16.29	13.08
SS	78～284	173.38

3.3.1.3　铁碳微电解技术协同试验装置

1. 组合式铁碳微电解技术协同人工湿地系统

1）预处理池

直接将生活污水的原水通入人工湿地，会造成湿地的堵塞，降低湿地系统的使用寿命，在人工湿地装置前端设置预处理池十分必要，这也是《人工湿地污水处理工程技术规范》的要求。潜水泵将生活污水抽到预处理池中，预处理池是一个直径为 1.5 m、高 1.5 m 的圆柱形大桶，桶上有盖板，形成一个厌氧环境，在桶内设有液位继电器，控制潜流泵的开停，同时桶内还有一个小扬程潜水泵，泵通过污水管道连接流量计，再连接一根 3 cm 内径的塑料管，管上开若干小孔，垂直于水流方向均匀布水。

2）关键净化单元

组合式人工湿地及其隔断均使用玻璃钢材料，四周使用钢筋、钢条进行固定，该装置总长 3 m，宽 1 m，分成 1 m×1 m 的 A、B、C 三个处理单元，并且填充不同人工湿地填料，单元之间有高差，故各个单元以上部跌水进水、上部溢流出水方式串联起来；单元内部被平均分隔成 4 个运行小单元，长 0.25 m。A 单元有效水深 0.6 m，填料深 0.7 m，填料由 PE 悬浮球组成，内部填充聚氨酯泡沫和碎石；B 单元有效水深 0.45 m，填料深 0.6 m，填料由下往上依次是碎石、煤矸石/沸石、陶粒，各层厚度约为 0.2 m；C 单元有效水深 0.3 m，填料深 0.4 m，填料由下往上依次是碎石、陶粒/铁碳微电解材料，各层厚度为 0.2 m。其中，A 单元美人蕉种植的平均株距为 20 cm×20 cm；B 单元吊兰、金边吊兰和绿萝的平均株距为 25 cm×25 cm；C 单元红掌和水花生种植的平均株距为 25 cm×25 cm。在水力沿程水平方向上，在各个小单元中设置 2 个平行取样管，均使用 ABS 塑料管周围钻孔的形式（A 单元取样管选用外径 110 mm，B、C 单元取样管选用外径 25 mm），垂直插入各单元填料层中，详见图 3.6。

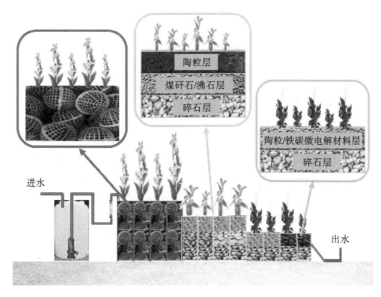

图 3.6　组合式人工湿地示意图

2. 阶梯式铁碳微电解技术协同人工湿地系统

1）预处理池

预处理池的设置同上，唯一的不同在于潜水泵将水抽到阶梯式人工湿地之前，先将污水抽到高 1 m、直径为 0.5 m 的高位水箱中，水箱离地 1.5 m，桶底部接管连接阀门，控制污水进入湿地的流量，污水在进入湿地系统后以重力流的形式自由流动。

2）关键净化单元

阶梯式人工湿地及其隔断均采用 PP 板材，连接处采用 50 mm 的 PVC 管材，地基采用钢筋-砖-水泥混合结构，在山坡上人工湿地分 4 个台阶，共有 8 个处理单元，其落差为 0.5 m，水力坡度为 6.25%。人工湿地处理单元长 2 m、宽 1 m、高 0.5 m，内部设置 3 个隔断分隔成长 0.5 m、宽 1 m、高 0.5 m 的空间，并且隔断上下错开开孔。第一台阶是厌氧塘（AP）和美人蕉人工湿地（CW1）单元，厌氧塘主要起水质氨化和大颗粒沉淀的作用，CW1 单元设置悬浮球填料并种植美人蕉；第二台阶是芦苇湿地（CW2）和鸢尾湿地（CW3），CW2 单元按照 1∶1∶1 的比例从下往上依次铺设粗碎石、细碎石、沸石填料，CW3 单元则按照 1∶1∶1 的比例铺设粗碎石、细碎石、陶粒填料；第三台阶是菖蒲湿地（CW4）和再力花湿地（CW5），CW4 单元依次铺设粗碎石、细碎石、煤矸石填料，CW5 单元铺设粗碎石、细碎石、煤矸石/沸石混合填料；第四台阶是美人蕉湿地（CW6）和生态塘（EP），CW6 单元铺设粗碎石、铁碳微电解材料、细碎石填料，EP 单元不设置填料，在水面上引入凤眼蓝，如图 3.7 所示。

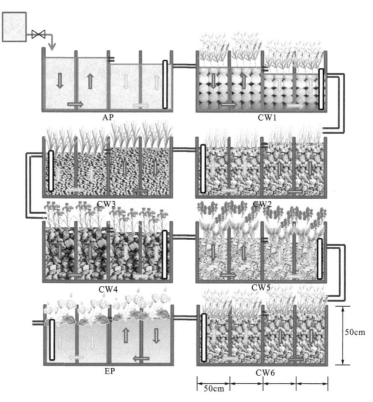

图 3.7　阶梯式人工湿地示意图

3.3.2　试验方法

实验中选用的常规检测项目及检测方法如表 3.17 所示，水质指标检测方法参照《水和废水监测分析方法》（第四版）。

表 3.17　常规水质指标和监测方法

常规水质指标	测定方法	
COD_{Cr}	水质	化学需氧量的测定《纳氏试剂分光光度法》（HJ 535—2009）
BOD_5	水质	生化需氧量(BOD)的测定《碱性过硫酸钾消解紫外分光光度法》（HJ 636—2012）
TP	水质	总磷的测定《钼酸铵分光光度法》（GB 11893—89）
TN	水质	总氮的测定《微生物传感器快速测定法》（HJ/T 86—2002）
NH_3-N	水质	氨氮的测定《快速消解分光光度法》（HJ/T 399—2007）
DO	JPB-607A 多参数现场监测仪	
pH	PHS10 多参数现场监测仪	
温度	JPB-607A 多参数现场监测仪	
氧化还原电位	PHS10 多参数现场监测仪	

3.3.3　污染物去除行为研究

3.3.3.1　人工湿地的启动

在植物移植初期对环境有适应期，此时进水污染物浓度需要极低，此阶段通入小流量自来水让植物缓慢生长。大约 1 周后，开始通入低浓度污水并接种污泥，待系统趋于稳定后逐步提升污染物浓度，此时需要大约半个月时间，让植物和微生物逐渐适应、驯化，发挥其最大的去除效能。

3.3.3.2　组合式铁碳微电解技术协同人工湿地

1. 物理指标的变化

物理指标包括温度、pH 和溶解氧，以 2 月份物理指标作为冬季代表性指标，见表 3.18；以 8 月份物理指标作为夏季代表性指标，见表 3.19。指标数据每周收集并以 4 周平均值为当月均值，监测时间为上午 9 点。2017 年冬季和 2018 年冬季，人工湿地 A、B、C 处理单元水温为 $8.45\sim15.41$℃，2 月温度平均值为 $12\sim13$℃，此时玻璃房室外温度仅为 $2\sim8$℃，玻璃房比外界环境高出近 10℃，使得很多在冬季枯萎的植物保持良好的长势以缩短其冬眠期，同时保持微生物较好的活性。人工湿地在 8 月份平均温度可以维持在 20℃左右，由于监测时间均是在上午 9 点，测试温度与当日最高温度相比更低，最高温度比平均温度最多高出 15℃。人工湿地系统 pH 日变化和冬夏两季变化不大，在系统内部监测结果也变化不大，进水和出水呈弱碱性。溶解氧夏季比冬季更高，并且由于人工湿地各单元之间以跌水曝气复氧，在 B、C 单元前端溶解氧增大 $1\sim2$ 倍，加快人工湿地的硝化和碳化过程。

表 3.18　人工湿地冬季指标

水质指标	进水	A_1	A_2	A_3	A_4	B_1	B_2	B_3	B_4	C_1	C_2	C_3	C_4
温度/℃	12.95	12.94	12.97	12.83	12.89	12.93	12.77	12.63	12.67	12.69	12.57	12.33	12.33
pH	7.57	7.64	6.9	6.73	7.42	7.51	7.43	6.91	7.22	7.14	7.23	7.31	7.16
溶解氧/(mg/L)	3.21	3.23	3.01	2.14	1.31	2.98	1.37	1.65	0.96	2.31	1.93	1.23	0.98

表 3.19　人工湿地夏季指标

水质指标	进水	A1	A2	A3	A4	B1	B2	B3	B4	C1	C2	C3	C4
温度/℃	20.62	20.63	20.64	20.6	20.54	20.61	20.52	20.31	19.95	20.6	20.49	20.39	19.25
pH	7.44	7.43	7.44	6.97	7.42	7.47	7.43	7.35	7.37	7.41	7.31	7.27	7.18
溶解氧/(mg/L)	3.53	3.53	3.01	2.35	2.14	3.08	2.31	2.04	1.91	2.95	2.81	2.46	2.02

2. 污染物的处理效能

1）对 COD 的去除效果

如图 3.8 所示，2017 年 10 月至 2018 年 12 月运行期间，人工湿地对 COD 的平均去除率达到了 82.94%，进水 COD 的平均值为 256.09 mg/L（201.92～348.29 mg/L），出水 COD 的平均值为 43.27 mg/L（23.42～65.72 mg/L），符合《城镇污水处理厂污染物排放标准》（GB 18918—2002）一级 A 排放标准。前 3 个月运行期间，COD 去除率为 85%，但是在运行后期去除率出现明显下降，可能是 2017 年冬季温度较低、微生物和植物的生长状况不理想，但是由于新装填料对污染物有极强的吸附能力，对 COD 的去除效果很好，当填料吸附作用趋于饱和时，出现了去除率显著下降的情况，这在 2018 年 1 月的监测数据中得到验证，也与胡洁等的研究结果类似[6]。2018 年 1～4 月，人工湿地对 COD 的去除率逐渐提高，在 4～10 月去除率达到 80% 以上，出水稳定达标。本节采用实际生活污水，故污水 COD 进水浓度波动较大，但经过湿地系统处理之后，出水水质稳定。赵林丽等的研究也有相似的结论[7]，这说明人工湿地工艺具有较强的抗冲击负荷能力，能够有效地保证对 COD 的净化效果。

2）对 TP 的去除效果

如图 3.9 所示，湿地对 TP 平均去除率达到了 79.98%，进水中 TP 平均值为 3.71 mg/L（2.35～5.19 mg/L），出水 TP 平均值为 0.75 mg/L（0.21～1.68 mg/L），低于《城镇污水处理厂污染物排放标准》（GB 18918—2002）一级 B 排放标准。运行前 4 个月由于填料的吸附作用较强，湿地系统对 TP 的去除率维持在 80%。在 2～3 月，填料吸附逐渐饱和，对 TP 的去除效果出现下降的趋势，但是在 4～10 月 TP 去除率超过 80%，出水水质较好。王文佳研究发现[8]，人工湿地中磷的去除 70% 主要是填料的吸附和沉淀作用，植物吸收和微生物同化作用只去除少部分磷；而植物收割是唯一可以把磷从湿地系统中去除的途径。

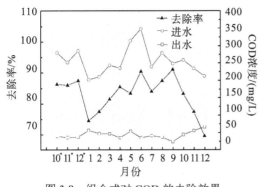

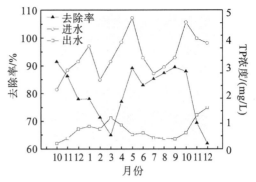

图 3.8　组合式对 COD 的去除效果
注：*指 2017 年，其余为 2018 年，后同。

图 3.9　组合式对 TP 的去除效果

3）对氨氮的去除效果

如图 3.10 所示，湿地对氨氮的平均去除率达到 65.69%，进水中氨氮的平均浓度为 13.75 mg/L（11.34～16.21 mg/L），出水中氨氮的平均浓度为 4.72 mg/L（2.38～8.03 mg/L），达到《城镇污水处理厂污染物排放标准》（GB 18918—2002）一级 A 排放标准。2017 年 10～11 月，对氨氮的去除依赖填料吸附，去除率保持在 75%以上，等填料吸附饱和之后，湿地对氨氮的去除率在 12 月下降到 52.48%，吸附曲线与卢少勇等和张晓一等的研究相似[1, 9]；之后随着气温回升，微生物数量和活性逐渐增强，氨氮的去除率增加近 10%，6～10 月，去除率在 70%以上。11～12 月，对氨氮去除率下降较快，出水中氨氮浓度增大，环境风险隐患突出。

4）对 TN 的去除效果

如图 3.11 所示，湿地对 TN 平均去除率达到 56.57%，进水 TN 平均浓度为 30.29 mg/L（26.72～35.07 mg/L），出水 TN 平均浓度为 13.08 mg/L（8.57～16.29 mg/L），达到一级 A 排放标准。2017 年 10～11 月，湿地对 TN 的平均去除率超过了 58.53%，去除作用主要依赖填料拦截和吸附作用，但是 2017 年 12 月至 2018 年 3 月，系统对 TN 的去除率始终维持在 50%。2018 年 4～10 月，组合式人工湿地去除率波动较大，最低去除率为 6 月的 54.64%，最高去除率为 9 月的 69.62%，在此期间对 TN 的去除率较好。2018 年 11～12 月，人工湿地对 TN 的去除率下降到最低，仅为 42%左右。人工湿地脱氮效果不佳，牛成镇的研究结果显示，在湿地运行后期会出现堵塞等情况极大地影响了对氮的去除效果[10]。

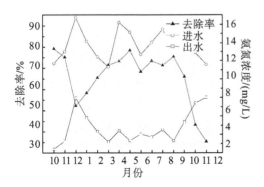

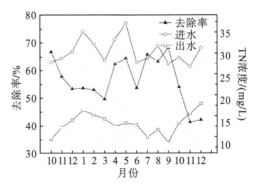

图 3.10　组合式对氨氮的去除效果

图 3.11　组合式对 TN 的去除效果

3. 不同水力负荷对组合式人工湿地的影响

如图 3.12 所示,在 0.15~0.35 m³/(m²·d) 的水力负荷条件下时,湿地对 COD、氨氮、TN 和 TP 的去除效果明显,其中 COD 去除率从 88.63%下降到 81.05%,但是在水力负荷为 0.45 m³/(m²·d) 时,COD 去除率显著降低到 62.16%,出水较为混浊;随着水力负荷从 0.15 m³/(m²·d) 增加到 0.35 m³/(m²·d),湿地系统对 TN 的去除率从 82.17%下降至 71.48%,去除效果维持在较高的水平,但是在 0.45 m³/(m²·d) 时,去除率仅为 53.69%;TP 去除率随着水力负荷加大,从 91.25%下降至 80.45%,在 0.45 m³/(m²·d) 时去除率仅为 64.51%;TN 去除率从 82.35%下降至 73.28%,在 0.45 m³/(m²·d) 时为 54.82%。以上研究结果表明,组合式人工湿地在 0.15~0.35 m³/(m²·d) 的水力负荷条件下时,能够保证系统维持高去除率,但是在水力负荷接近 0.45 m³/(m²·d) 时,去除率出现了明显的下降,说明在水力停留时间 1~3 d 组合式人工湿地具有良好的运行效果。0.15 m³/(m²·d)、0.25 m³/(m²·d)、0.35 m³/(m²·d)、0.45 m³/(m²·d) 的不同水力负荷经过测算依次对应 3 d、2 d、1 d、10 h 的水力停留时间,随着水力停留时间的延长,湿地系统对污染物的去除效果越好,但是在综合考虑污染物处理量后,适当牺牲处理效果,可以有效提升对生活污水的处理总量。

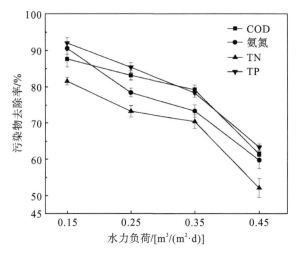

图 3.12 不同水力负荷下污染物的去除效果

4. 季节变化对污染物去除的影响

绵阳市四季明显,植物和微生物在不同季节表现出不同的活性,对污染物的去除效果呈现周期性的变化规律。将 2017 年 10 月到 2018 年 12 月的数据归纳汇总,研究季节变化对污染物去除的影响规律,以 3~5 月为春季,6~8 月为夏季,9~11 月为秋季,12 月至次年 2 月为冬季。如图 3.13 所示,春季 COD 整体去除率为 83.35%,夏季较之小幅增加,平均去除率为 87.22%,秋季开始出现下降,平均去除率为 83.87%,冬季继续降低,其平均值为 73.74%,说明组合式人工湿地对 COD 去除的季节性规律是夏季平均去除率最高,秋季和春季持平,冬季最低,植物和微生物的活性跟温度变化相关,在夏季的生长繁殖活动旺盛，冬季则持续走低，冬季污染物的去除主体是填料吸附，植物和微生物净化贡献较低。春季氨氮平均去除率为 74.30%，夏季为 70.95%，秋季为 61.51%，冬季为 52.93%，可能是因为填料在 2017 年 9 月新装后，对氨氮的去除依赖沸石等湿地填料的强吸附过程，所以氨氮去除率在春季时效果很好；除春季之外，夏季氨氮的去除率最高，此时除了填料吸附，微生物氨化反应开始占主导，氨氮浓度下降较快；秋季去除率出现下降，到冬季时去除率下降到最低。TN 去除与 COD 去除类似，春季平均去除率为 58.74%，夏季为 60.87%，秋季为 54.47%，冬季为 49.54%；TP 在春季时平均去除率为 76.99%，夏季为 85.13%，秋季为 82.21%，冬季为 70.41%。组合式人工湿地对污染物去除率总体是夏季最高、春季和秋季去除率相当、冬季去除率最差，这也与温度和光照等环境因素变化相吻合。

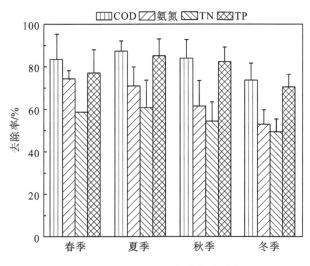

图 3.13 季节变化对污染物的去除效果

3.3.3.3 阶梯式铁碳微电解技术协同人工湿地

1. 污染物的处理效能

1）对 COD 的去除效果

阶梯式人工湿地中试系统稳定运行之后，开始连续定时取样，分析湿地系统进、出水以及各单元的水质指标。如图 3.14 所示，2019 年 7～10 月，进水的 COD 平均浓度为 244.14 mg/L（112.79～374.01 mg/L），经过系统净化处理后的 COD 平均值为 39.66 mg/L（15.81～69.75 mg/L），满足《城镇污水处理厂污染物排放标准》（GB 18918—2002）一级 A 排放标准，阶梯式人工湿地中试系统对 COD 的平均去除率达到 83.76%，说明本系统对 COD 可以保持较长时间的净化效果。AP、CW1、CW2、CW3、CW4、CW5、CW6、EP 占生活污水中 COD 总去除效果的 26.17%、19.99%、19.32%、15.86%、12.26%、25.01%、11.75%、6.01%，由此看出，厌氧塘对污水 COD 去除效果较好，厌氧微生物通过厌氧发酵可以有效去除有机物[11]，芦苇湿地、菖蒲湿地、再力花湿地对 COD 的去除贡献较大，对有机物的降解依靠填料的截留作用和好氧/厌氧微生物的协同作用。

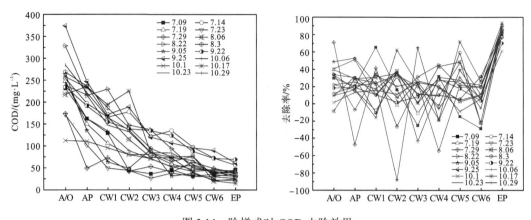

图 3.14　阶梯式对 COD 去除效果

注：A/O 指进水(原水)；图例指采样时间(月.日)，后同。

2) 对 TP 的去除效果

对 TP 的去除效果如图 3.15 所示,生活污水原水中 TP 的平均浓度为 1.98 mg/L(1.49~2.77 mg/L)，出水中 TP 的平均浓度为 0.44 mg/L(0.31~0.59 mg/L)，满足《城镇污水处理厂污染物排放标准》(GB 18918—2002)一级 A 排放标准,组合式湿地对 TP 的去除率达到了 77.53%,在运行期间内,湿地系统对 TP 的去除途径主要是填料的吸附和植物的吸收。AP、CW1、CW2、CW3、CW4、CW5、CW6、EP 对 TP 总去除的贡献率分别为 27.68%、16.28%、12.27%、10.11%、3.45%、15.64%、10.89%、26.14%,黄治平等研究发现厌氧塘对 TP 的去除主要是污泥吸附和聚磷菌的过量吸收,通过定期排泥去除[12];芦苇湿地、再力花湿地和凤眼蓝生态塘对 TP 去除效果好,湿地主要是填料的截留吸附作用、植物和微生物的同化作用,在生态塘中则主要是铁碳微电解材料的 Fe^{3+} 与磷化学反应生成 $FePO_4$,沉淀在填料表面,常邦等对铁碳微电解材料研究发现类似情况,随着 $FePO_4$ 和絮凝沉淀物附着在填料表面和坑道内部,Fe^{3+} 与 Fe^{2+} 浓度呈现先升高再缓慢降低的趋势[13]。

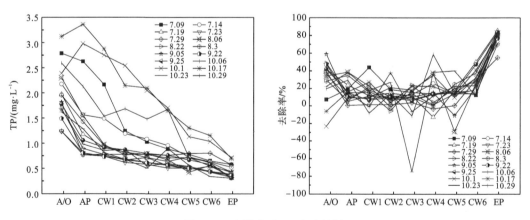

图 3.15　阶梯式对 TP 去除效果

3) 对氨氮的去除效果

对氨氮的去除效果如图 3.16 所示,进水中氨氮的平均浓度为 28.15 mg/L(17.16~

42.36 mg/L)，出水平均浓度为 10.83 mg/L(7.06～17.66 mg/L)，平均去除率为 61.52%。AP、CW1、CW2、CW3、CW4、CW5、CW6、EP 对氨氮去除贡献率为 18.16%、6.77%、11.41%、1.75%、2.39%、25.64%、2.89%、6.44%，对氨氮去除效果最好的是厌氧塘和再力花湿地，厌氧塘不是严格意义厌氧，由于进水的扰动和跌水复氧作用，氨化细菌将氨氮转化，再力花湿地中煤矸石和沸石的离子交换占主导作用，填料内部的阳离子与 NH_4^+ 发生离子交换且稳定性较强，说明"粗碎石+细碎石+煤矸石+沸石+再力花"的湿地组合对氨氮具有良好的去除效果。

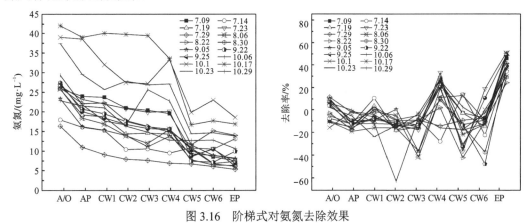

图 3.16　阶梯式对氨氮去除效果

4)对 TN 的去除效果

对 TN 去除效果如图 3.17 所示，进水中 TN 的平均浓度为 35.46 mg/L(22.69～50.35 mg/L)，出水平均浓度为 15.81 mg/L(11.51～26.98 mg/L)，平均去除率为 55.41%。AP、CW1、CW2、CW3、CW4、CW5、CW6、EP 对 TN 去除贡献率为 16.41%、7.40%、5.55%、4.21%、2.73%、14.89%、6.25%、16.44%，对 TN 去除效果最好的是再力花湿地和生态塘，再力花湿地通过填料和植物组合对氮去除效果好，生态塘主要是铁碳微电解材料的还原作用，在经过较长水力沿程后氮主要形态是 NO_3^-，金属阳极 Fe 失去电子变成 Fe^{2+}，电子传递到碳阴极，得到电子后被还原成 N_2、N_2O 等以气体形式去除，同时 Fe^{2+} 可以刺激植物生长，促进凤眼蓝对氮的吸收。

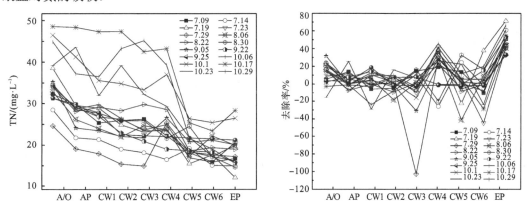

图 3.17　阶梯式对 TN 去除效果

2. 不同水力停留时间对污染物去除的影响

在不同水力停留时间条件下，阶梯式人工湿地对 COD 和 TP 的去除效果较好，为了提升阶梯式人工湿地对氮的去除效率，现以 TN 为主要对象开展研究。如图 3.18 所示，设置流量为 150~300 L/h，水力停留时间为 24~48 h 时，阶梯式系统可以保证对 TN 的去除效率维持在较高水平。设置流量为 150 L/h，水力停留时间为 48 h 时，出水中 TN 平均浓度为 12.86 mg/L，进水浓度为 32.76 mg/L，去除率为 60.73%；流量为 300 L/h，水力停留时间为 24 h 时，出水中 TN 平均浓度为 14.68 mg/L，进水浓度为 30.66 mg/L，去除率为 52.10%。但是在 9 月 5 日调整流量为 450 L/h、水力停留时间小于 18 h 时，对 TN 的去除率下降明显，此时出水 TN 平均浓度为 17.86 mg/L，较 150~300 L/h 流量下浓度同比增长了 29.63%，去除率仅为 44.91%，说明在增加人工湿地单位处理水量的同时，也要考虑到系统对污染负荷的承受能力。当进水流量依次增大时，对 COD、氨氮、TP 的净化效果出现了不同程度的降低，但是对 TN 的净化效果不佳，这也是 3.5 节利用收割植物制备铁碳微电解材料回用到湿地系统强化脱氮的原因。

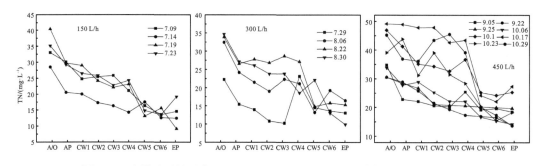

图 3.18　流量分别设置为 150 L/d、300 L/d、450 L/d 时阶梯式对 TN 去除量

3. 工程措施调整对 TN 去除的影响

人工湿地中含氮污染物主要赋存形态包括以离子态为主的氨氮和硝氮，以颗粒态或溶解态为主的有机氮，氮的去除途径主要是微生物的氨化、硝化和反硝化以及湿地填料吸附、植物吸收和挥发等方式。随着污水进水流量增大、水力停留时间缩短，阶梯式人工湿地对 TN 的去除效果显著下降，9 月 5 日开始调整植物，由于鸢尾在运行期间出现烂根、叶片发黄等现象，鸢尾整体长势较差，因此将 CW4 的植物由鸢尾换成菖蒲；流量调整为 300 L/h 之后，TN 去除率略微下降，在 8 月 6 日将芦苇、美人蕉和再力花中发老发黄植株收割，通过收割去除约 1/4 植株，刺激新生幼苗生长，有利于湿地对 TN 的去除。10 月 10 日，由于阶梯式人工湿地高负荷运行，CW4 菖蒲人工湿地出现略微堵塞，通过系统停运、自来水反冲洗过程，堵塞程度降低，但是导致了 10 月 17 日对 TN 处理效果较差；为了保证后续湿地稳定运行，将 CW4 填料掏出进行冲洗、晾晒，再将菖蒲、芦苇、再力花、凤眼蓝进行部分收割，并且投加了一定量的生物炭作为碳源，改善湿地的碳氮比，此时除氮效果提升，TN 平均出水浓度为 17.86 mg/L，但是还未能达到《城镇污水处理厂污染物排放标准》（GB 18918—2002）一级 A 排放标准。

4. 铁碳微电解填料添加对污染物去除的影响

针对人工湿地在高负荷条件下对氮处理效果不佳的问题，在阶梯式人工湿地中引入3.5 节所制备的铁碳微电解材料。铁碳微电解材料利用铁碳之间形成原电池的原理，可以为反硝化菌提供电子供体，解决人工湿地处理末端反硝化菌电子供体不足的问题，同时 Fe 和 Fe^{2+}可以将部分硝态氮直接转化为氮气从而达到脱氮的目的。

按照固液比为 1∶4 的比例在凤眼蓝氧化塘中投加铁碳微电解材料，研究发现，铁碳微电解耦合人工湿地对 NO_3^--N 去除效果较好，平均去除率为 82.54%，对 TN 的去除率为73.36%，出水中的 TN 浓度由 24.82 mg/L 逐步下降至 15.81 mg/L，在高污染负荷条件下基本可以达标排放，这对于提升阶梯式人工湿地技术对较高污染负荷的应对和较大污染物总量的处理具有重要实际应用价值。

3.3.4　小结

(1) 组合式人工湿地系统对 COD、TP、氨氮、TN 的总去除率为 82.94%、79.98%、65.69%、56.57%；阶梯式人工湿地系统对 COD、TP、氨氮、TN 的总去除率为 83.76%、77.53%、61.52%、55.41%。组合式人工湿地和阶梯式人工湿地出水均符合《城镇污水处理厂污染物排放标准》(GB 18918—2002) 一级 A 排放标准，其中组合式人工湿地对生活污水最大去除量为 1.2 m^3/d，阶梯式人工湿地最大去除量为 10.8 m^3/d。

(2) HRT 是影响人工湿地污染物净化效果的重要因素，组合式人工湿地在 1~3 d 的HRT 之内，对污染物去除效果明显，COD 去除率为 81.05%~88.63%，TP 去除率为 80.45%~91.25%，氨氮的去除率为 71.48%~82.17%，TN 的去除率为 73.28%~82.35%；阶梯式人工湿地在 48 h、24 h、18 h 的水力停留时间对污染物去除效果较好，去除率依次为 60.73%、52.10%、44.91%，随着 HRT 缩短，对 TN 的去除率仅为 44.91%。

(3) 铁碳微电解强化人工湿地对 NO_3^--N 去除效果较好，平均去除率达到 82.54%，对 TN 的去除率为 73.36%，出水中的 TN 浓度由 24.82 mg/L 逐步下降至 15.81 mg/L，在高污染负荷条件下基本可以达标排放。

(4) 通过人工湿地的长时间运行可知，"填料+植物组合""粗碎石+细碎石+煤矸石+沸石+再力花"对污染物去除效果较好，"粗碎石+细碎石+沸石+芦苇"对 COD 和 TP 去除效果好，"铁碳微电解材料+凤眼蓝"对 TP 和 TN 去除效果好，这也符合试验中层次分析法和吸附试验对植物和填料的筛选结果。

3.4　人工湿地微生物群落结构分析

微生物在人工湿地系统净化过程中起着重要的作用，是系统中的分解者，其新陈代谢与生命活动的产物对湿地系统环境有着一定的影响。人工湿地中的微生物生存状况能反映其净化污染物的能力，其菌属有细菌、放线菌和真菌等。由于人工湿地系统空间中的氧气含量、pH、温度、氧化还原电位等指标情况截然不同，所以人工湿地填料和植物根系中微生物群落结构及其分布也存在着巨大的差异性[14]。群落结构的分布特征决定了污染物在湿地系统中的迁移转化规律及系统的净化能力,是评价人工湿地是否良好运行的重要指标之一。

16S rRNA 位于原核细胞核糖体小亚基上,包括 10 个保守区域(conserved regions)和 9 个高变区域(hypervariable regions),其中保守区域在细菌间差异不大,高变区域具有属或种的特异性,随亲缘关系不同而有一定的差异[15]。因此,16S rDNA 可以作为揭示生物物种的特征核酸序列,被认为是最适于细菌系统发育和分类鉴定的指标。16S rDNA 扩增子测序(16S rDNA amplicon sequencing),通常是选择某个或某几个变异区域,利用保守区域设计通用引物进行 PCR 扩增,然后对高变区域进行测序分析和菌种鉴定,16S rDNA 扩增子测序技术已成为研究环境样品中微生物群落组成结构的重要手段。

随着高通量测序平台的不断发展,基于半导体芯片技术的 IonS5TMXL 测序平台,通过半导体芯片直接将化学信号转换为数字信号,不需要激光、照相机或标记,是非常适合扩增子测序的革命性技术,可实现单端测序 SE400 和 SE600[16]。相比 HiSeq2500 读长更长,更简单、快速、灵活,为微生物多样性研究提供更多的选择。根据所扩增区域的特点,基于 IonS5TMXL 测序平台,利用单端测序(single-end)的方法,构建小片段文库进行单端测序。通过对 Reads 剪切过滤,OTUs(operational taxonomic units)聚类,并进行物种注释及丰度分析,可以揭示样品物种构成。

3.4.1 试验方法与过程

微生物多样性测序首先从样品中提取微生物 DNA,用 Nanodrop 检测 DNA 的浓度和总量,PCR 预扩增检测样品是否合格。检测合格后进行可变区域的扩增。

扩增片段为样本的 16S rRNA 基因,扩增引物分别为"CCTAYGGGRBGCASCAG"和"GGACTACNNGGGTATCTAAT"。对扩增后的产物进行质检、纯化以及文库构建,构建好的文库经 Qubit 和 QPCR 定量,文库合格后,进行上机测序。

测序数据下机后,对其进行数据过滤、拼接、质控,具体包括以下流程:

(1)去除 Reads 两端的 Barcode 和 Primer 序列;

(2)通过 Read1 和 Read2 的重叠采用 FLASH 软件进行拼接,拼接后的序列为 Raw Tags;

(3)使用 Qiime 对 Raw Tags 进行质控,截断掉含 5 个以上连续 N 或低质量碱基的 Tags,进一步过滤掉连续高质量碱基长度小于 Tags 长度 75% 的 Tags,从而获得 Clean Tags;

(4)去除 Clean Tags 中的嵌合体,嵌合体即 PCR 扩增过程中产生的错误序列,嵌合体的检定采用 UCHIME 算法,与 Gold 数据库比对,嵌合体序列去除后即获得作为后续数据分析的 Effective Tags。

3.4.2　OTUs 聚类及微生物群落丰度分析

3.4.2.1　稀释曲线和聚类分析

稀释曲线是在微生物分析中常见的描述样品多样性的曲线，如图 3.19 所示，实验中测序文库已经趋于饱和，更多的测序量已经难以产生新的 OTUs，说明此次的测序深度已经满足样品的需要。根据聚类得到的 OTUs 结果绘制韦恩（Venn）图，如图 3.20 所示。芦苇湿地中共有 OTUs 数量为 698 个，鸢尾湿地中共有 OTUs 数量为 219 个，再力花湿地中共有 OTUs 数量为 566 个，在所有植物根际微生物中共有 OTUs 数量为 236 个。

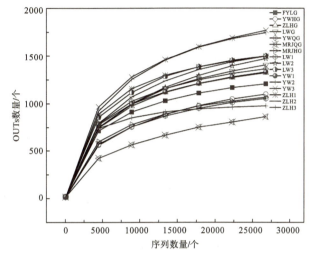

图 3.19　湿地微生物样品稀释曲线

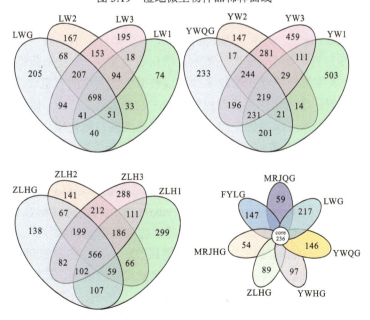

图 3.20　湿地微生物群落韦恩图

3.4.2.2 微生物群落结构分析

微生物不同分类水平群落结构分析如图 3.21 所示。在不同人工湿地单元、填料层以及不同植物根际之间,细菌群落结构差异明显。在芦苇人工湿地中,变形菌门(Proteobacteria)和拟杆菌门(Bacteroidetes)在填料不同深度层和植物根际为优势菌群,其次依次为未命名细菌(unidentified Bacteria)、硝化螺旋菌门(Nitrospirae)、厚壁菌门(Firmicutes)、放线菌门(Actinobacteria)、广古菌门(Euryarchaeota)、酸杆菌门(Acidobacteria)、蓝藻菌门(Cyanobacteria)、绿弯菌门(*Chloroflexi*)。其中变形菌门(Proteobacteria)在中层填料(LW2)所占比例最高(53.16%),在下层填料(LW3)和表层填料(LW1)中分别占 41.35%和 38.11%,芦苇根际所占比例为 43.24%,仅次于 LW2;拟杆菌门菌群所占比例最高的是芦苇根(LWG),为 22.16%,随后是表层填料(LW1)的 19.51%、下层填料(LW3)的 17.76%和中层填料(LW2)的 15.09%。在鸢尾人工湿地中,填料和植物根际上的优势微生物所隶属的主要 10 个门相似,但是菌群所占比例不同。变形菌门在鸢尾根部(YWG)比例最高达到了 68.55%,在填料表层(YW1)、下层(YW3)、中层(YW2)中所占比例依次是 60.63%、46.21%、42.39%,拟杆菌门在填料表层(YW1)和中层(YW2)中极具优势,分别为 17.67%和 17.31%,在鸢尾根部(YWG)和下层(YW3)则分别为 15.71%和 9.28%。类似地,再力花人工湿地中变形菌门在填料上层(ZLH1)、中层(ZLH2)、下层(ZLH3)和再力花根际(ZLHG)的比例达到了 65.80%、67.96%、72.10%和 67.84%。在不同人工湿地中,变形菌门占绝对优势。

以纲为分类水平,α-变形杆菌纲(Alphaproteobacteria)、γ-变形杆菌纲(Gammaproteobacteria)、拟杆菌纲(Bacteroidia)、未命名细菌(unidentified_Bacteria)、硝化螺旋菌纲(Nitrospira)、δ-变形菌纲(Deltaproteobacteria)、梭状芽胞杆菌纲(Clostridia)、未命名放线菌纲(unidentified_Actinobacteria)、甲烷微菌纲(Methanomicrobia)、未命名蓝藻纲(unidentified Cyanobacteria)占 80%以上。其中 α-变形杆菌纲、γ-变形杆菌纲是微生物群落中富集较多的,包括其中 α-变形杆菌纲、γ-变形杆菌纲、硝化螺旋菌纲、δ-变形菌纲等均属于革兰氏阴性菌,说明了在人工湿地中存在着较多的可以被微生物利用的有机碳,其最主要的来源是生活污水、植物根际的生化作用以及植物、微生物的凋落、死亡。除此之外,研究还发现了硝化螺旋菌纲,作为污水净化中的有益菌种将空气的二氧化碳作碳源,可以实现氨氮以及硝态氮的氮氧化,以达到去除氮素的目标,硝化螺旋菌纲在维系氨氮/硝酸盐/亚硝酸盐循环体系中具有重要作用。

人工湿地在属水平上排前 10 名的是未命名硝化螺旋菌属(*unidentified_Nitrospiraceae*)、弓形杆菌属(*Arcobacter*)、硫弯曲菌属(*Sulfuricurvum*)、罗河杆菌属(*Rhodanobacter*)、管道杆菌属(*Cloacibacterium*)、硫杆菌属(*Thiobacillus*)、假黄色单胞菌属(*Pseudoxanthomonas*)、新鞘氨醇杆菌属(*Novosphingobium*)、德沃斯氏菌属(*Devosia*)、热单胞菌属(*Thermomonas*)等。硫杆菌属是硫化细菌的一个重要分支,属于化能自养型细菌,硫杆菌属可以在氧化元素硫和还原态硫化物,或者低价铁的过程中获取能量,并同化大气中的二氧化碳,这个过程可以为植物提供可利用的硫素营养[17]。硫杆菌属在芦苇人工湿地填料上层(LW1)、中层(LW2)、下层(LW3)中所占比例为 1.3%、8.51%、2.96%;在鸢尾人工湿地填料上层

（YW1）、中层（YW2）、下层（YW3）中所占比例为 2.16%、1.26%、1.78%；在再力花人工湿地填料上层（ZLH1）、中层（ZLH2）、下层（ZLH3）中所占比例为 0.82%、0.39%、0.79%，硫杆菌属在填料上比例总体呈现下降的现象，可能的原因是生活污水经过厌氧过程后产生了部分的还原态硫化物（H_2S、$S_2O_2^{3-}$），还原态硫化物依次进入芦苇、鸢尾、再力花人工湿地，其浓度呈现下降趋势，也导致了填料上的硫杆菌属所占比例依次下降，这与 Kleerebezem 和 Mendezà 的研究结果近似[18]。值得注意的是，硫杆菌属在植物根际则没有明显规律，但是其比例较低，美人蕉根际（MRJG）为 0.05%、芦苇根际（LWG）为 0.11%、鸢尾根际（YWG）为 0.66%、再力花根际（ZLHG）为 0.16%、凤眼蓝根际（FYLG）为 0.08%。

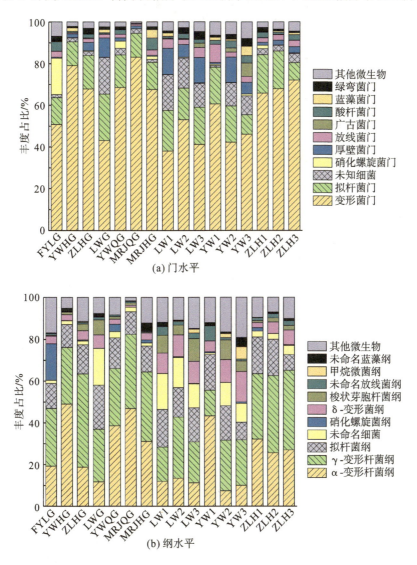

(a) 门水平

(b) 纲水平

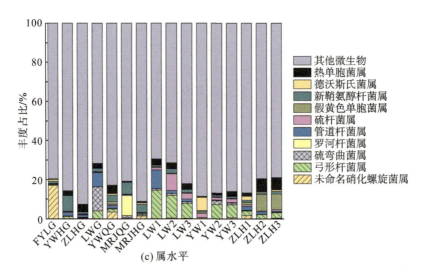

图 3.21　湿地微生物不同分类水平的群落组成

注：MRJQG 为美人蕉前段根际；MRJHG 为美人蕉后段根际；YWQG 为鸢尾前段根际；YWHG 为鸢尾后段根际。

3.4.3　微生物群落 α 多样性分析

克隆覆盖率（Coverage）表征在测序过程中微生物群落被克隆覆盖程度的指标，Coverage 如表 3.20 所示。对不同样本在 97%一致性阈值下的 Alpha Diversity 分析指数（Shannon、Simpson、Chao1、ACE、goods_coverage、PD_whole_tree）进行分析并绘制多样性曲线，同时，通过威尔科克森符号秩检验（Wilcoxons signed rank test）分析组间物种多样性差异是否显著[19]。α 多样性分析结果如图 3.22 所示。香农（Shannon）指数、Chao1 指数变化规律相似，再力花湿地多样性指数最高，鸢尾湿地多样性指数最低，湿地之间差异不显著，Shannon 指数和辛普森（Simpson）指数几乎在一个水平。ACE 指数变化规律一致，以鸢尾中层填料最低且离散度最高，再力花底层填料最高，但组间差异不显著。PD_whole_tree 指数反映了样品中物种对历史保存的差异，指数越大说明物种对进化历史保存的差异越大[20]，结果显示湿地植物根际的分组差异最大，表明植物根际对微生物物种对进化历史保存的差异最大。其覆盖程度均超过 98%，说明待测样品中绝大部分的微生物都已经覆盖。物种数（Species）可以直接直观评估细菌群落的丰富程度，而 Shannon 指数则可以得出样品微生物的多样性。芦苇人工湿地填料的物种数为 1049～1500 种，Shannon 指数为 7.15～8.52，芦苇根际的物种数为 1404 种，Shannon 指数为 7.77；鸢尾人工湿地填料物种数为 972～1770 种，Shannon 指数为 8.42～8.65，鸢尾根际物种数为 1095 种，Shannon 指数为 7.77；再力花人工湿地填料上物种数为 1496～1746 种，Shannon 指数为 8.01～8.76，再力花根际物种数为 1320 种，Shannon 指数为 7.69，在垂直方向上，随着深度的增加，填料上附着的微生物的物种数和 Shannon 指数却出现了增加的现象，说明在填料底层中不是完全的厌氧状态，在混合水流以及植物根际的作用下，微生物的丰富度和多样性维持在较高的水平，并且随着沿程的增加，物种数和 Shannon 指数没有出现明显的下降，说明在湿地系统内出现了自养型微生物逐渐占据优势的趋势。

表 3.20　人工湿地中细菌群落丰富度及多样性信息表

样本	Species	Shannon	Simpson	Chao1	ACE	Coverage
MRJG	858**	6.55*	0.97	1208.39*	1214.22	0.989
LWG	1404	7.77	0.98	1611.86	1658.48	0.988
YWG	1095	7.13	0.98	1233.76	1312.90	0.990
ZLHG	1320**	7.69	0.98	1453.54	1480.73	0.991
FYLG	1203	7.63*	0.97	1325.71*	1345.34	0.992
LW1	1049**	7.15*	0.97	1170.00	1228.52	0.992
LW2	1471	7.96	0.99*	1898.40	1894.28	0.984
LW3	1500	8.52	0.99	1614.72	1646.67	0.991
YW1	1329*	8.42*	0.99	1551.02	1545.79	0.989
YW2	972	8.44	0.99	1002.15	999.67	0.998
YW3	1770*	8.65*	0.99	2082.42	1892.31	0.985
ZLH1	1496**	8.76	1.00	1683.87	1646.60	0.991
ZLH2	1496	8.01*	0.99*	1666.45	1708.93	0.988
ZLH3	1746	8.44	0.99	1875.54	1952.94	0.988

注：*表示 $P<0.05$，**表示 $P<0.01$。

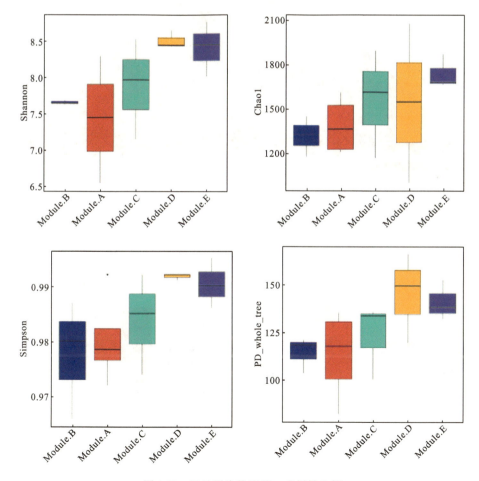

图 3.22　湿地微生物群落 α 多样性分析

3.4.4　微生物群落 β 多样性分析

β 多样性是对不同样本的微生物群落构成进行比较分析,结果如图3.23～图3.25所示。选用加权(weighted)unifrac 距离和非加权(unweighted)unifrac 距离两个指标来衡量两个样本间的差异系数,其值越小,表示这两个样本在物种多样性方面存在的差异越小。填料与填料间的差异以及填料与植物根际之间的 β 多样性指数均不大,结合威尔科克森符号秩检验分析,在只考虑物种的情况下,β 多样性较高的是植物根际的分组,且与其他 4 个分组之间存在显著差异,芦苇和再力花湿地的 β 多样性几乎一致;而如果同时考虑物种丰度,则 β 多样性较高的是再力花湿地。

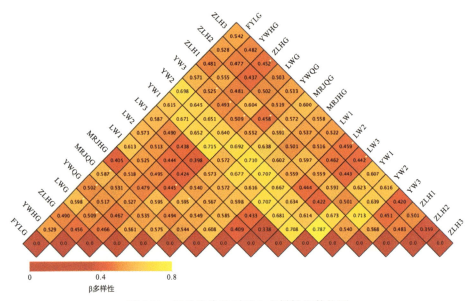

图 3.23　湿地微生物群落 β 多样性指数热图

注：MRJQG 为美人蕉前段根际；MRJHG 为美人蕉后段根际；YWQG 为鸢尾前段根际；YWHG 为鸢尾后段根际。

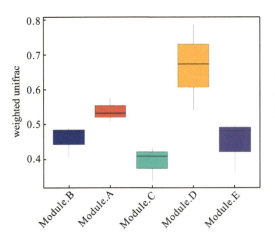

图 3.24　weighted unifrac 检验分析

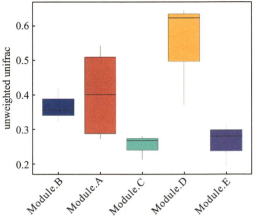

图 3.25　unweighted unifrac 检验分析

为了更好反映不同采样点间微生物群落的关系，采用不同的降维[PCA、主坐标分析 (principal co-ordinates analysis，PcoA)、非度量多维尺度分析(non-metric multidimensional scaling，NMDS)处理，结果如图 3.26 所示。主成分分析(principal component analysis，PCA) 是一种基于欧式距离(Euclidean distances)的应用方差分解，对多维数据进行降维，从而提取出数据中最主要的元素和结构的方法。应用 PCA，能够提取出最大程度反映样本间差异的两个坐标轴，从而将多维数据的差异反映在二维坐标图上，进而揭示复杂数据背景下的简单规律。第一主成分贡献率是 19.38%，第二主成分的贡献率是 13.02%。不同人工湿地样品在主成分轴上的分离效果比较好，说明了微生物群落结构差异性较强，其中芦苇人工湿地填料和鸢尾湿地填料具有比较近的主成分距离，同时再力花根际、美人蕉根际、鸢尾根际呈现较好的主成分距离，而鸢尾湿地表层填料、再力花表层填料和凤眼蓝根际与以上样品的主成分距离极大，说明了鸢尾湿地表层填料、再力花表层填料和凤眼蓝根际的细菌群落结构组成结构差异性比较大，而芦苇人工湿地填料和鸢尾湿地填料微生物结构较为相似，植物根际中再力花根际、美人蕉根际、鸢尾根际有一定的相似性。从加权 unifrac 距离 PCoA 分析图可以看出，再力花的各采样点聚集在一起，表明其群落结构相似度很高；其他各采样点则较为分散，但呈现出一定的规律，即植物根际与对应的湿地填料分开排列，这表明填料和植物根际的微生物群落结构具有一定的差异，这与人工湿地微生物分布规律

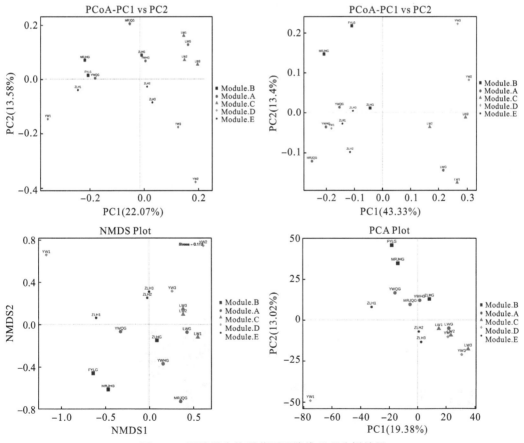

图 3.26　湿地微生物群落不同降维处理分析结果

相符。NMDS 能清晰地反映出湿地微生物群落结构差异沿水力沿程分布的特点，特别是不同填料层的微生物群落结构的这种分布规律更明显，这表明与底层填料相比，表层受水力扰动更大，生境异质性更高；可能会使区域物种、群落多样性降低，会不会有新的物种、群落结构演化，特别是有益微生物的出现，需要多年甚至长期的监测、分析和模型预测。

3.4.5　组间群落结构差异显著性检验

通过 T 检验筛选出各组间的差异物种，为了研究组间具有显著性差异的物种，从不同层级的物种丰度表出发，利用 MetaStat 方法对组间的物种丰度数据进行假设检验得到 p 值，通过对 p 值的校正，得到 q 值；最后根据 q 值筛选具有显著性差异的物种，并绘制差异物种在组间的丰度分布图，如图 3.27 和图 3.28 所示，芦苇湿地与再力花湿地在门水平上物种差异性极显著，利用这些差异物种，可选作区域检测的 Marker 物种（即标记物种）。为了进一步从不同分类单元及进化角度筛选差异物种作为组间差异的 Biomarker（即生物标记物），利用 LEfSe（LDA Effect Size）工具绘制进化分支图（系统发育分布）和组间具有统计学差异的 Biomarker 在不同组中丰度比较图。图 3.29 所示为各组间差异物种所处的分类单元及进化关系。差异的微生物主要是变形菌门、拟杆菌门及硝化螺旋菌门，而差异的拟杆菌和硝化螺旋菌主要集中于填料表层中。

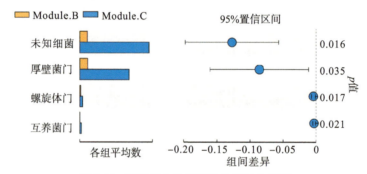

图 3.27　湿地微生物群落物种差异分析图

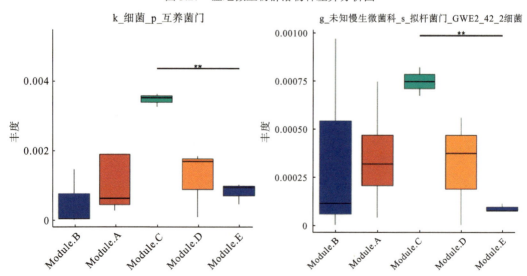

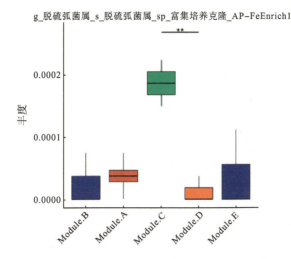

图 3.28　湿地微生物群落 MetaStat 组间丰度分布（门水平）

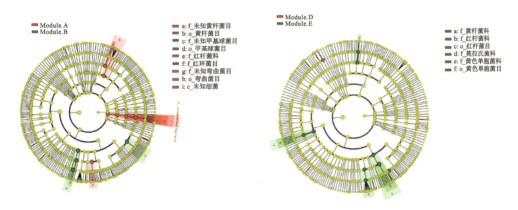

图 3.29　湿地微生物群落 LEfSe 分支进化图

3.4.6　环境因子对微生物群落结构的影响

用斯皮尔曼（Spearman）等级相关来研究环境因子与微生物种丰富度（α 多样性）之间的相互变化关系，得到两两之间的相关性和显著性 P。如图 3.30 所示，环境因子对门水平的物种影响较显著的是温度、pH、溶解氧、填料深度和水力沿程；对生物多样性影响显著的是温度和水力沿程，温度可以显著影响微生物多样性，结合人工湿地冬夏不同季节处理效果，较高的温度下微生物活性更强，对污染物净化效果更好；多样性出现明显的空间性不同，随着深度变化，人工湿地多种理化特征变化明显，结合对微生物群落结构解析，湿地微生物呈现由异养型转向自养型的趋势。

基于距离的冗余分析（distance-based redundancy analysis，dbRDA）主要用来反映基于菌群的距离与环境因子之间的关系。从图 3.31 可以看出，与常规冗余分析（redundancy analysis，RDA）不同，基于布雷-柯蒂斯（Bray-Curtis）距离的 dbRDA 分析呈现出完全不同的结果。在该分析中，对微生物群落分布作用较大的是水平沿程、溶解氧、pH、TP，而深度、TN、COD 对群落影响较小。同时可以看到，沿程对再力花湿地的影响大于芦苇湿地，

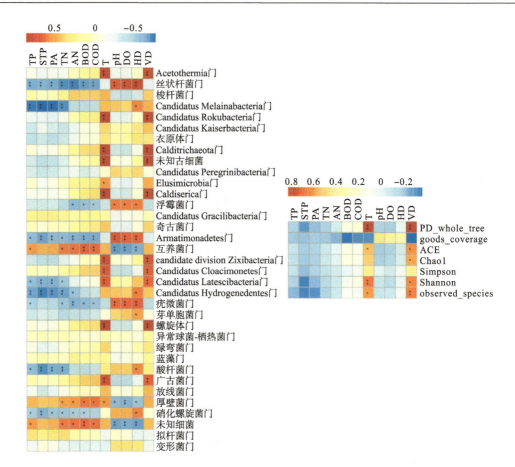

图 3.30　湿地微生物群落 Spearman 相关性分析热图

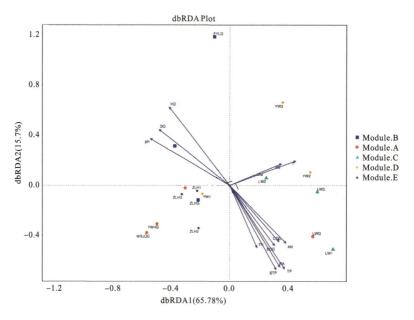

图 3.31　湿地微生物群落 dbRDA 分析图

而 COD、氨氮、TP 等污水指标与沿程呈负相关关系，说明在人工湿地前段营养元素充足，微生物易受污水水质波动影响，而在人工湿地后段自养型微生物增多，对营养元素需求下降，微生物群落结构相对稳定。

方差分解分析重点研究各环境因子对微生物群落分布的解释量，可得到造成微生物群落分布差异的各环境因子的贡献度。如图 3.32 所示，本书研究中的环境因子只能解释约 90% 的物种分布变化规律，而其他因素如生境均质性、生物进化、采样是否合理、水力条件、填料植物组合等对该研究区域微生物的分布起主要作用，进一步说明人工湿地装置的设计方式和生活污水的进入会造成湿地系统生境均质性。这种情况的发展，虽然可能会使人工湿地微生物群落多样性降低，但是也会向着高净化效果的优势微生物群落演进。

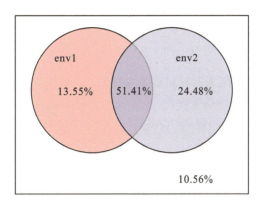

图 3.32　湿地微生物群落方差分解分析图

3.4.7　小结

（1）阶梯式人工湿地系统在门分类水平上，以变形菌门、拟杆菌门、硝化螺旋菌门、厚壁菌门、放线菌门、广古菌门、酸杆菌门为主要优势门；以 α-变形杆菌纲、γ-变形杆菌纲、拟杆菌纲、硝化螺旋菌纲、δ-变形菌纲为主要优势纲；以未命名硝化螺旋菌属、弓形杆菌属、硫弯曲菌属、罗河杆菌属、管道杆菌属、硫杆菌属为主要优势属。酸杆菌门、绿弯菌门、放线菌门、浮霉菌门等在氮循环中起到重要作用的菌门在阶梯式人工湿地中所占的比例明显增加；假单胞菌属（*Pseudomonas*）、不动杆菌属（*Acinetobacter*）、丛毛单胞菌属（*Comamonas*）、固氮弓菌属（*Azoarcus*）、气单胞菌属（*Aeromonas*）等是在反硝化过程中的功能菌属，而在厌氧氨氧化过程起到作用的菌属则主要是浮霉状菌属（*Planctomyces*）。

（2）不同深度的填料微生物群落结构具有一定的差异性，但是差异性不显著，填料层和植物根际微生物群落结构差异显著。在表层填料中，芦苇湿地表层填料与鸢尾湿地表层填料和再力花湿地表层填料在物种多样性方面存在着比较大的差异；在中层填料当中，鸢尾湿地中层填料与芦苇湿地中层填料和再力花湿地中层填料的物种多样性差异较大；在底层填料中，芦苇、鸢尾和再力花 3 种湿地填料相互之间的物种差异性较小，物种组成更加接近。

（3）环境因子对门水平的物种影响较显著的是温度、pH、溶解氧、填料深度和水力沿程；对生物多样性影响显著的是温度和水力沿程。

3.5 人工湿地资源化技术

湿地植物死亡腐烂导致 N、P 等污染物重新进入水中，人工湿地要保证长久的去除效果，需要定时对湿地植物进行收割，对植物残体进行资源化利用，不仅能够有效避免二次污染，还能创造一定的经济价值。目前湿地植物资源化利用研究最多的是制成乙醇、发酵沼气、作为有机肥和饲料，对于利用湿地植物制备生物炭的研究则开展得较少[21]。本节主要介绍植物基生物炭及其在铁碳微电解技术下材料的制备和表征。

3.5.1 材料与方法

3.5.1.1 试验材料

以美人蕉、芦苇、再力花为原材料制备生物炭，3 种植物均采集自人工湿地。铁碳微电解材料制备实验以上述植物基生物炭、还原铁粉为基础材料，以膨润土作为结构黏结剂，其中还原铁粉纯度为 99.9%，粒径为 100 目；膨润土为钙基膨润土，经破碎研磨后过 100目筛备用。

3.5.1.2 仪器与方法

1. 试验仪器

试验仪器有程序控温箱式电阻炉、元素分析仪、傅里叶红外变换光谱仪、场发射扫描电镜。

2. 铁碳微电解材料的制备工艺流程

本节采用热固焙烧的方法来制备铁碳微电解材料，制备流程如图 3.33 所示，将实验室制备的植物基生物炭作为碳骨架，按一定比例混合还原铁粉、膨润土、碳酸氢铵 (NH_4HCO_3)，均质化后用去离子水调和，再手工制成 1 cm 左右的圆球，造粒完成后上鼓风干燥箱 120℃固化 30 min，待其表面干结、硬度明显增强后，将颗粒转移入瓷坩埚中，自然冷却后在其表面盖上一层活性炭粉末并加上盖子，防止还原铁在高温环境中被氧化，再置于马弗炉中高温焙烧 2 h 成型，铁碳微电解材料初步制备过程即完成。

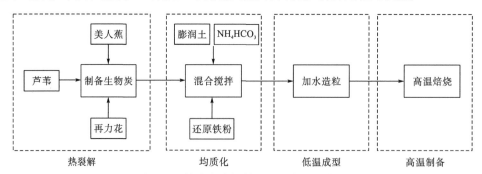

图 3.33　铁碳微电解材料的制备工艺流程

3. 材料表征

1）生物炭得率测定

生物炭得率为

$$P = \frac{M_1}{M_0} \times 100\% \qquad (3-9)$$

式中：P 表示生物炭得率，%；M_1 表示生物炭质量，g；M_0 表示植物生物质质量，g。

2）生物炭 pH 测定

准确称取生物炭样品 0.500 g、10 mL 去离子水于 50 mL 锥形瓶中，混合均匀后置于 25℃的恒温震荡箱中震荡，24 h 后取出测定 pH，平行测定 3 次。

3）炭灰分测定

将瓷坩埚置于马弗炉中 750℃加热 1 h，冷却后称坩埚净重，再称取 0.500 g 生物炭于瓷坩埚中，敞口置于马弗炉中 750℃灰化 1 h，冷却至室温取出，称量重量，灰分含量为

$$AC = \frac{M_T}{MM_C} \times 100\% \qquad (3-10)$$

式中，AC 为生物炭灰分含量，%；M_T 表示加热后坩埚和灰分总质量，g；M_C 表示瓷坩埚净质量，g；M 表示加热前生物炭质量，g。

4）碳元素含量分析

使用元素分析仪对生物炭中 C、H、N 元素含量进行测定，O 元素含量通过扣除灰分后得出，所有样品均测试 3 次，并以其平均值表示不同温度下生物炭中 H/N、O/C、(O+N)/C 的元素比例。

5）光谱分析

将生物炭研磨所得粉末与 KBr 混合后压片，使用傅里叶红外变换光谱仪测定其红外光谱，测试条件：采用 4 cm^{-1} 的光谱分辨率和 32 次扫描累加，光谱为 400～4000 cm^{-1}，过程中用光谱纯 KBr 进行校正。

6）炭比表面积测定

使用比表面积物理测定仪进行比表面积测定，样品需要在 573K 下脱气 2 h，实验时以高纯氮为吸附质，相对压强为 10^{-6}～1.0 条件下描绘吸附等温线，并计算比表面积。

7）炭扫描电镜及能谱分析

大致取 10 mg 生物炭粉末粘于样品台上，通电、抽真空、喷金、泄压后取出样品，置于工作台上放入电镜箱体，观察其表面形态并选取合适区域做能谱分析。

8）材料吸水率

将铁碳微电解材料置于干燥箱中 120℃烘干至恒重，取 3 份相同质量的材料分别放入烧杯中，加入去离子水完全漫过材料最上部，略微震荡后静置 1 h，然后取出称重：

$$W_a = \frac{M_{吸} - M_{前}}{M_{前}} \times 100\% \qquad (3-11)$$

式中，W_a 表示吸水率（water absorption）；$M_{吸}$ 表示吸水 1 h 后材料质量，g；$M_{前}$ 表示吸水前材料质量，g。

9) 材料堆积密度

取 50 mL 烧杯称其质量为 $M_烧$，注满去离子水后称重为 $M_水$，将烘干至恒重的材料称取一定质量，缓慢加入注满水的烧杯中，待材料与烧杯口平齐称量此时重量为 $M_材$：

$$Bd = \frac{M_材}{M_水 - M_烧} \rho_w \tag{3-12}$$

式中，Bd 表示堆积密度(bulk density)，kg/m^3；ρ_w 表示水的密度。

10) 材料表观密度

取 1 个 500 mL 容量瓶加水后称其重量记为 M_1'，材料 120℃烘干至恒重，称取质量为 M_0 的材料置于容量瓶中，并加入去离子水至漫过材料，震荡、静置到不再有气泡排出，再向瓶中加水定容，此时的重量为 M_2'：

$$Ad = \frac{M_0'}{M_0' - M_2' + M_1'} \rho_w \tag{3-13}$$

式中，Ad 表示表观密度(apparent density)，kg/m^3。

11) 材料空隙率

材料空隙率的计算与堆积密度、表观密度密切相关：

$$空隙率 = \left(1 - \frac{Bd}{Ad}\right) \times 100\% \tag{3-14}$$

3.5.2 湿地植物资源化试验结果与分析

3.5.2.1 植物基生物炭理化性质分析

1. 热解温度对生物炭产量的影响

通过对美人蕉、芦苇和再力花这 3 种湿地植物进行热解研究，得到了不同热解温度下的产物并对生物炭产率进行了测定。如表 3.21 所示，热解温度对不同湿地植物基生物炭产率的影响是相似的，即产率随热解温度的升高而降低。在 300～400℃时，产率随温度的升高而急剧下降，美人蕉生物炭产率从 52.13%下降到 41.60%，芦苇生物炭产率从 53.39%下降到 39.03%，再力花生物炭产率从 45.53%下降到 36.74%，在 500～600℃时生物炭产率保持相对稳定，随后当温度升高到 700℃时产率剧烈下降，此时美人蕉生物炭产率仅为20.50%，芦苇生物炭产率为 18.80%，再力花生物炭产率为 16.13%。因此从生物炭产率角度看，植物原料在 500℃时可以得到更多的生物炭，尤其是美人蕉生物炭的产率最高。经过测算，收割面积为 0.5 m^2 可以得到植物鲜重 15.5 kg，烘干得到 1.5 kg 干物质，制成活性炭成品约 0.55 kg，组合式人工湿地植物面积为 14 m^2，全部收割可以制成生物炭约15.4 kg。

表 3.21 热解温度对生物炭产率影响

热解温度/℃	美人蕉生物炭产率/%	芦苇生物炭产率/%	再力花生物炭产率/%
300	52.13	53.39	45.53
400	41.60	39.03	36.74

热解温度/℃	美人蕉生物炭产率/%	芦苇生物炭产率/%	再力花生物炭产率/%
500	35.12	29.81	29.25
600	35.51	29.30	28.70
700	20.50	18.80	16.13

2. 热解温度对生物炭理化性质的影响

生物炭理化性质如表 3.22 所示，与原料相比，美人蕉、芦苇和再力花生物炭中的 C 含量、pH 和灰分值(Ash)明显升高，O 含量和 H 含量降低，而 N 含量和 S 含量无明显变化规律，这说明生物炭在高温下具有良好的固碳能力，且炭化程度在一定范围内随热解温度的升高而增大，这与 Chun 等的研究结果近似[22]。不同植物原料在相同热解温度下元素组成差异较大，在 500℃时，美人蕉生物炭含碳量为 46.59%，芦苇生物炭含碳量为 68.64%，再力花生物炭含碳量为 60.35%。

表 3.22　生物炭理化性质

	元素含量/%						元素比例			
	N	C	H	S	Ash	O	H/C	O/C	(O+N)/C	pH
MRJ	1.50	34.98	4.55	0.79	11.37	49.81	1.56	1.07	1.10	5.70
M300	2.35	50.26	3.10	0.15	22.04	26.80	0.74	0.40	0.44	7.25
M400	1.87	48.53	2.24	0.15	29.06	21.88	0.55	0.34	0.37	10.10
M500	1.83	46.59	2.06	0.19	38.01	14.98	0.53	0.24	0.27	11.27
M600	1.68	44.93	1.60	0.21	45.64	9.30	0.43	0.16	0.19	10.94
M700	1.18	44.05	1.16	0.17	50.21	5.59	0.32	0.10	0.12	11.61
LW	1.56	44.64	5.29	0.54	7.76	43.33	1.42	0.73	0.76	4.78
L300	1.95	61.69	4.19	0.54	9.61	25.92	0.82	0.32	0.34	5.67
L400	2.40	63.31	3.03	1.00	15.65	19.41	0.57	0.23	0.26	8.28
L500	2.30	68.64	2.49	1.17	18.45	11.56	0.43	0.13	0.16	9.27
L600	1.91	73.49	1.92	0.83	20.15	5.52	0.31	0.06	0.08	9.56
L700	1.90	63.54	1.44	1.26	29.95	5.71	0.27	0.07	0.09	9.15
ZLH	1.56	43.43	5.24	0.62	10.06	42.21	1.45	0.73	0.76	6.14
Z300	2.76	56.40	3.67	0.92	14.86	26.92	0.78	0.36	0.40	6.88
Z400	2.85	58.93	3.06	1.23	16.86	22.77	0.62	0.29	0.33	10.19
Z500	3.01	60.35	2.19	0.76	20.46	19.25	0.44	0.24	0.28	10.78
Z600	2.10	62.05	1.67	1.01	21.62	15.75	0.32	0.19	0.22	10.92
Z700	2.46	59.62	1.34	0.89	28.96	11.65	0.27	0.15	0.18	11.55

注：M 代表美人蕉，L 代表芦苇，Z 代表再力花；300、400、500、600、700 代表热解温度(℃)。后同。

生物炭的 pH 和 Ash 随着热解温度的升高而升高，生物炭的 pH 和 Ash 分别由 300℃ 的 5.67~7.25 和 9.61%~22.04%升高到 700℃的 9.15~11.61 和 28.96%~50.21%，Zhao 等

研究发现植物热解过程中发生了矿物质元素积累和酸性官能团变化,使得生物炭拥有较高的灰分值,同时发生了生物炭由弱酸性向碱性过渡的过程[23]。H/C、O/C 和 (O+N)/C 等元素比值随温度的升高而降低,说明随着生物炭中纤维素、半纤维素和木质素等大分子分解,芳香结构逐渐形成,使得生物炭的芳香度和疏水性增加,但极性呈现降低,Cao 等的研究也有类似结论[24]。在 500℃时,美人蕉生物炭 (O+N)/C 值为 0.27,再力花为 0.28,而芦苇生物炭仅为 0.16,说明美人蕉和再力花生物炭含有更多的官能团,可以吸附更多的有机物。

3. 植物及其生物炭官能团分析

由图 3.34 可见,植物基生物炭含有丰富的官能团,但因其原料不同而有所差异,原料在热解过程中部分官能团发生了迁移、新增或消失,3 种原料在 3420 cm^{-1} 附近的伸缩振动远远高于相应生物炭的振动强度,并且 O—H 的振动强度随着热解温度的升高而下降幅度加大,表明原料在向生物炭转化的过程中 O—H 发生了着火损失而降低了羟基的数量,这与元素分析中 C 含量增加,而 H 和 O 含量降低结果相符,这可能是由于 H 和 O 的损失对应于高温下炭结构中较弱的键的断裂。脂肪族 (CH$_2$) 的伸缩振动随之减弱到 500℃时消失,烷基链趋向芳构化将形成致密的环状结构,这与 Sun 等和 Bera 等的研究相符,主要原因是植物木质纤维素在较高的热解温度下发生了分解以及生物炭中的脂肪族 C 缩合成芳香族 C,导致生物炭芳香性大大增强[25, 26]。随着热解温度的升高,未在原料中出现的 CO$_3^{2-}$ 和已有的 C—O—C 的特征峰振动越来越强烈,并且当原料向高温生物炭过渡时,烯烃 C=C 也逐渐向芳香环 C=C 转变,同时伴随着 872/874/875 cm^{-1}、617 cm^{-1} 开始出现芳杂环 C—H 的弯曲振动,这些现象证明了高温热解使得生物炭获得了更丰富的芳香族 C=C 和醚结构的氧官能团,这与前面所提到的 H/C 和 O/C 元素含量百分比比降低芳香性增加一致。以上从光谱学角度分析了生物炭中具有丰富的含氧官能团,在污染物去除领域具有广泛的应用前景[27]。

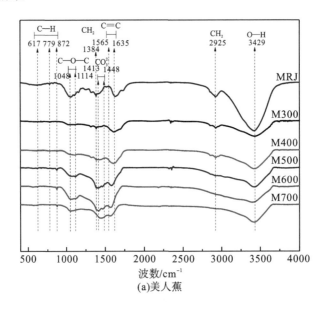

(a)美人蕉

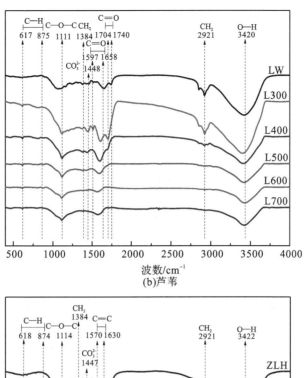

(b)芦苇

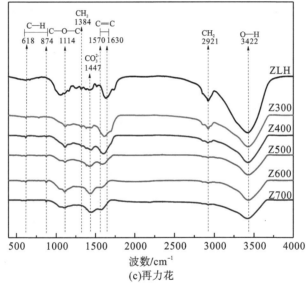

(c)再力花

图 3.34　湿地植物生物炭官能团

4. 植物及其生物炭 XRD 分析

XRD 分析如图 3.35 所示，3 种原料和相应生物炭的 XRD 图表现出了较高的相似性。原料以纤维素微晶结构的特征峰为主，在植物基生物炭中主要以 KCl、方解石(CaCO₃)和白云石[CaMg(CO₃)₂]的特征峰为主，在 15.85°(2θ)和 21.91°(2θ)附近都出现了不同程度宽而缓的衍射峰，这表示原料中存在纤维素的微晶结构，这与 Jiang 等的研究相似[28]，不同的是美人蕉生物炭中出现了其他两种原料中都不存在的 KCl 晶体的特征峰。当热解温度上升到 300℃时，Z300 中纤维素衍射峰消失，而其余两种生物炭的纤维素衍射峰逐渐变松变宽，说明部分纤维素结构消失同时伴随着纤维素结晶度的下降；而当温度上升到 400℃时，纤维素晶体结构完全被破坏，Keiluweit 等的研究中也发现了美人蕉和芦苇生物炭中的纤维素晶体结构比再力花具有更高的热稳定性[29]。随着热解温度从 300℃增加到 700℃时，在生物炭的 XRD 图中都出现了 KCl 晶体（$2\theta=28°$ 和 $2\theta=40°$）强烈的尖峰，这与 FTIR 图中 CO_3^{2-} 的出现相一致；此外随着热解温度的升高，KCl、方解石和白云石晶体对应的特征峰越来越尖锐，说明生物炭中的晶体随热解温度的升高而结晶度增加，Yuan 等的研究中有类似发现[30]。

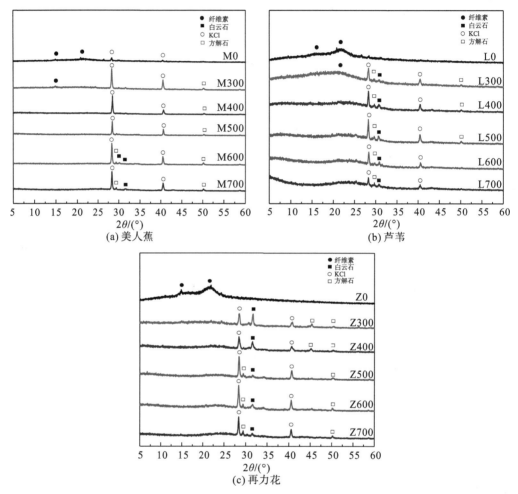

图 3.35　湿地植物生物炭 XRD 图

5. 植物及其生物炭电镜和能谱分析

如图 3.36 所示，不同温度碳化的美人蕉生物炭表面呈现出非均质性和多孔性特征，并且随着热解温度的升高，孔隙进一步发育和增强。热解温度为 300℃时，生物炭内部孔结构较小，孔壁组织较厚，同时由于自身结构破坏并不严重，还保留了一些原料的组织结构。当温度升高到 400℃，生物炭表面形貌发生了较大的变化，开始出现一些程度较浅的沟壑。500～600℃时，有机质被进一步分解而大量放热，导致能量从孔道内部冲出，在生物炭内部形成了分布相对规则有序的蜂窝状结构。700℃时，开始出现孔壁坍塌和片层结构的堆叠，导致生物炭孔壁结构变薄，微孔分布相对无序，孔径大小不规则，可能导致表面粗糙度的增加，有助于提高生物炭的吸附量。能谱分析显示，生物炭表面 C 和 O 元素最为丰富，还发现了 N、P、S、Na、Mg、K、Cl 和 Ca 等元素，这与元素分析和 XRD 分析中白云石、方解石和 KCl 晶体的出现较为一致。

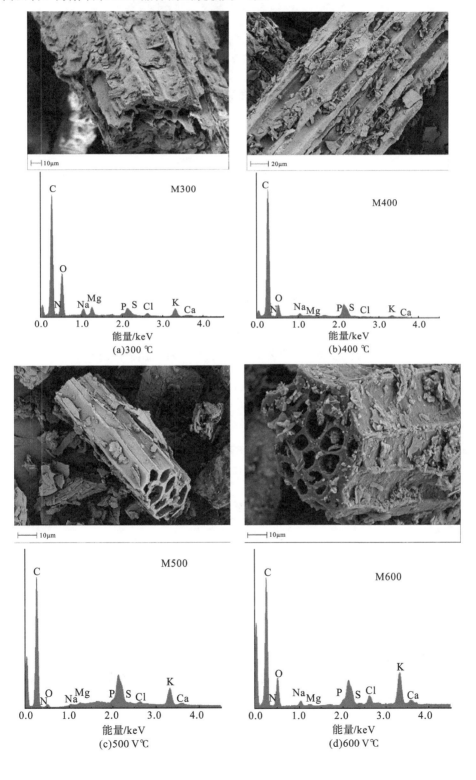

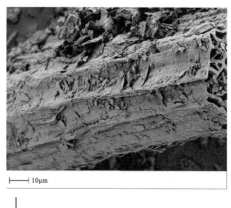

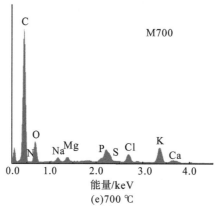

图 3.36   美人蕉生物炭表面放大 1000 倍 SEM 图和能谱图

3.5.2.2   铁碳微电解材料制备条件优化和理化性质分析

1. 铁碳质量比对铁碳微电解材料处理效果的影响

本节最终确定铁碳的质量比为 1∶1、4.67∶1、8∶1、10∶1，其中膨润土的质量比为 30%，考察其对模拟废水中 COD、NO_3^--N、TP 的去除效果，配比见表 3.23。

表 3.23   不同铁碳质量比时的材料配比

铁碳质量比	铁粉/g	活性炭/g	膨润土/g	碳酸氢铵/g
1∶1	112	112	67.2	14.56
4.67∶1	112	24	40.8	8.84
8∶1	112	14	37.8	8.19
10∶1	112	11.2	36.96	8.008

经过称量、混合、加水、成型流程后，将铁碳微电解粒径控制在 1～1.5 cm，再置于烘箱中 120 ℃加热 30 min 定型，转入马弗炉 700 ℃焙烧 2 h 经过程序降温后取出材料待测。称取不同铁碳质量比材料(1∶1、4.67∶1、8∶1、10∶1)各 25 g，置于 250 mL 锥形瓶中，再加入模拟废水 100 mL，放入摇床之后开始定时取样，取样时间间隔为 0.25 h、0.5 h、0.75 h、1 h、3 h、5 h、12 h、24 h、36 h、48 h 和 72 h，将溶液离心后取上清液测试各污染物

浓度，并计算出不同取样时间下的去除率，值得注意的是，模拟废水在加入铁碳微电解材料之后，其 pH 略微升高，最可能的原因是铁碳微电解材料中阳极铁失去电子，溶液中 H^+ 得到部分电子，H^+ 的消耗导致溶液的 pH 缓慢增大。

图 3.37 为 COD、NO_3^- 和 TP 的去除率，不同的铁碳质量比对污染物的去除效果不同。铁碳质量比为 4.67∶1 时，对 COD 去除率最高超过了 30%，可能是铁碳质量比为 4.67∶1 时摩尔比恰好是 1∶1，因此形成的原电池个数最多，化学反应更加迅速彻底；当铁碳质量比过小时，铁含量是限制因子，铁含量不足以形成较多的原电池，反应速率较低；当铁碳质量比过高时，活性炭成为限制因子，有效的原电池数量不足，限制了对 COD 的降解。从反应速率上看，铁碳质量比为 1∶1 和 4.67∶1 能够在 1 h 时达到较高的去除率，而铁碳质量比为 8∶1 和 10∶1 在 3 h 才会达到较高的去除率，原电池数目是提升反应速率的重要影响因素。在 NO_3^- 去除行为当中，铁碳质量比为 8∶1 和 10∶1 的反应速率更快，在 3 h 时可以达到较高的去除效果，但是铁碳质量比为 1∶1 和 4.67∶1 在 5 h 才能达到反应平衡，说明了 NO_3^- 去除是一个缓慢的过程，同时更高的铁碳质量比可以加快反应进程。从最终达到的反应平衡看，铁碳质量比为 8∶1 和 10∶1 时 NO_3^- 去除率较高。铁碳微电解材料对 TP 具有极高的去除率，以 KH_2PO_4 为主要溶质的溶液中，PO_4^{3-} 与 Fe^{2+}、Fe^{3+} 形成 $Fe_3(PO_4)_2$ 和 $FePO_4$ 沉淀，正向促进 Fe^0 腐蚀进程；由于沉淀反应的进行，TP 去除率在 15 min 时就可以达到 40%，各铁碳质量比微电解材料对磷去除效果都较好，最终的去除率可以达到 80% 以上。

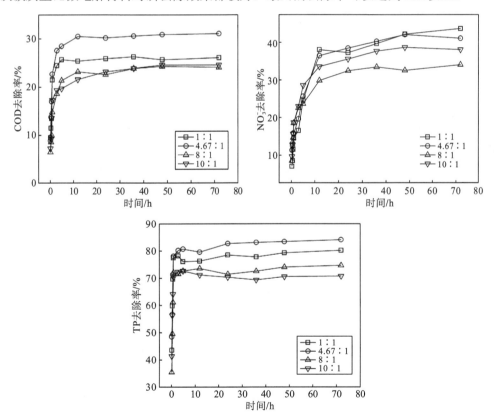

图 3.37　不同铁碳质量比对 COD、NO_3^-、TP 去除率

2. 膨润土含量对铁碳微电解材料处理效果的影响

膨润土是以蒙脱石为主要成分的非金属黏土矿物，具有良好的吸附性、膨胀性、可塑性、无毒性以及离子交换等特性[31]。在铁碳微电解材料制备过程中，膨润土可以起到颗粒化改造和黏合剂的作用，使得还原铁和活性炭很好地黏合在一起，有效提升铁碳微电解材料的强度和抗压能力，同时膨润土在经过高温焙烧之后，其活性也会发生一定变化，对废水的处理效果可以得到一定的提升。本节旨在确定膨润土的最佳比例，使得材料有效成分和强度满足要求。膨润土比例设定为10%、20%、30%、40%、50%，制作流程和取样时间同上，其他含量见表3.24。

表 3.24 不同膨润土含量时的材料配比

膨润土含量/%	铁粉/g	活性炭/g	膨润土/g	碳酸氢铵/g
10	112	24	13.6	7.48
20	112	24	27.2	8.16
30	112	24	40.8	8.84
40	112	24	54.4	9.52
50	112	24	68	10.2

如图3.38所示，在膨润土含量为10%～30%时，铁碳微电解材料对COD的去除率可以达到35%，随着膨润土含量增大到40%，去除率下降到30%，当膨润土含量为50%时，去除率降低到20%；从反应速率上看，较低的膨润土含量（≤30%）在反应进行到1 h时就达到了较高的去除率，而较高的膨润土含量则要到5 h以后才会逐渐达到平衡，说明了高膨润土含量黏合性太强，还原铁和活性炭不容易产生原电池反应，对COD的去除效果不理想。10%和20%膨润土含量对NO_3^-的去除效果最好，去除率可以达到44%，30%含量的膨润土去除率可以维持在40%，而40%和50%的膨润土含量对NO_3^-的去除率在30%，去除效果随着膨润土含量的增大而降低；从去除速率上看，10%～30%的膨润土含量比例在5 h后可以达到较高的去除率，继续增大膨润土含量后，在12 h达到较高去除率。不同含量膨润土对TP去除率没有明显影响，去除率最高可以达到85%以上，在15 min时，对TP的去除率就可以达到40%，说明$FePO_4$沉淀反应会加速零价铁的溶解。针对铁碳微电解强度的测算，本节采用YHKC-2A型颗粒强度测定仪测试不同含量膨润土对材料强度的影响，实验结果显示10%、20%、30%、40%、50%膨润土含量铁碳微电解材料的强度依次是24.4 N、62.7 N、63.2 N、118.3 N、125.4 N。综合考虑铁碳微电解材料去除率和强度，30%的膨润土含量可以保证较高的去除率以及强度要求。

3. 焙烧温度对铁碳微电解材料处理效果的影响

焙烧温度直接影响铁碳微电解材料的处理效果和强度，温度过低不能牢固结合，材料强度不够，容易散成一堆粉末，造成人工湿地堵塞；温度过高则可能造成能源的极大浪费，同时也容易造成材料熔结和零价铁的氧化。综合考察温度对铁碳微电解性能的影响，本节将温度设置为400 ℃、500 ℃、600 ℃、700 ℃、800 ℃、900 ℃，其他配比如表3.25所示，实验条件和流程同上。

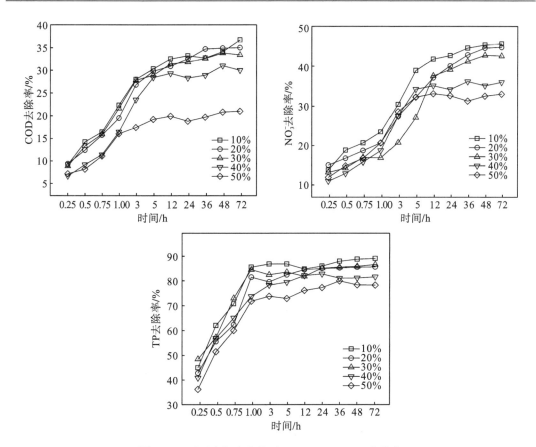

图 3.38　不同膨润土含量对 COD、NO_3^-、TP 去除率

表 3.25　不同焙烧温度时的材料配比

焙烧温度/℃	铁粉/g	活性炭/g	膨润土/g	碳酸氢铵/g
400	112	24	40.8	8.84
500	112	24	40.8	8.84
600	112	24	40.8	8.84
700	112	24	40.8	8.84
800	112	24	40.8	8.84
900	112	24	40.8	8.84

　　如图 3.39 所示，在 400～700℃的温度下，COD 去除率由 31%升高至 37%，超过 700℃时，COD 去除率开始下降，900℃时去除率仅为 25%；从去除速率看，所有温度的填料都可以在 1 h 时达到较高的去除率。NO_3^-去除率在 400～800℃时可以达到 42%，在 900℃时则降至 32%，NO_3^-在 3 h 时可以达到较高去除率。不同焙烧温度的铁碳微电解材料对 TP 去除率均可以保证在 75%以上，在 500～700℃时去除率超过 84%；从去除速率看，45 min 就可以达到 50%去除率以上。分析材料焙烧前后的质量损失(NH_4HCO_3 不计)可知，400～700℃时材料所损失的质量可以控制在 4%以内，较大程度避免因温度过高导致有效成分失活，在 800～900℃时质量损失达到了 10%，说明了温度≥800℃时，材料中活性炭出现灰

化，这与活性炭结构破坏相一致。考虑以上因素，确定材料焙烧的最佳温度为 700℃。

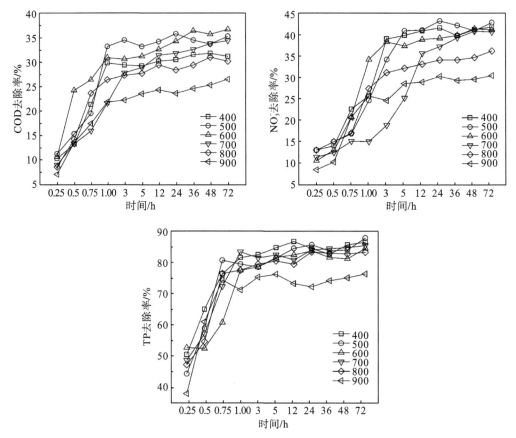

图 3.39　不同焙烧温度对 COD、NO_3^-、TP 去除率

4. 铁碳微电解宏观物理指标分析

最终确定以植物基生物炭、还原铁粉为主要活性成分，以膨润土为黏合剂和骨架，以碳酸氢铵为造孔剂制备铁碳微电解材料，制备流程如下：将干燥后的还原铁粉、植物基生物炭、膨润土、碳酸氢铵按照质量比为 112∶24∶40.8∶8.84 混合均匀，加水揉捏成直径为 1～1.5 cm 的圆球，放入鼓风干燥箱 120℃固化 30 min 活化微孔，待其表面干结、硬度明显增强后，将颗粒转移入瓷坩埚中，铺设活性炭粉末并加上盖子隔氧，移入马弗炉中高温焙烧 2 h，待材料冷却至室温后装入自封袋。从表 3.26 可以看出，按照优化流程制备的铁碳微电解材料，其吸水率为 28.73%，堆积密度为 627.6 kg/m³，表观密度为 1783.5 kg/m³，孔隙率为 64.81%，表明了填料亲水能力较强，内部疏松多孔，与污水接触面积较大，并且填料具备较好的强度，不易被压实，理化性质与杜利军和曹飞所制备的铁碳微电解材料性质近似，并且优于商业铁碳微电解材料[32, 33]。添加植物基生物炭的铁碳微电解材料作为优良的净化和支撑填料，能够应用到人工湿地处理实际生活污水，实现污水的高效净化。

表 3.26　宏观物理指标

物理性质	粒径/cm	吸水率/%	堆积密度/(kg/m³)	表观密度/(kg/m³)	孔隙率/%
测算结果	1~1.5	28.73	627.6	1783.5	64.81

3.5.3　小结

(1)针对湿地植物残体固废处置和资源化利用问题，3.5 节利用美人蕉、芦苇和再力花 3 种湿地植物制备生物炭和铁碳微电解材料，不仅能够有效避免二次污染，还能创造一定的经济价值。生物炭产率随着热解温度升高而降低，同时不同湿地植物生物炭产率不同，选取 500℃作为 3 种植物最优碳化温度，此时美人蕉生物炭产率最高(35.12%)、芦苇生物炭产率其次(29.81%)、再力花生物炭产率最低(29.25%)。经过测算，组合式人工湿地植物面积为 14 m²，全部收割可以制成生物炭约 15.4 kg。

(2)3 种植物基生物炭热解过程中发生了矿物质元素的积累和酸性官能团的变化，使得生物炭拥有较高的灰分值，同时发生了生物炭由弱酸性向碱性过渡的过程，H/C、O/C 和 (O+N)/C 元素比值随温度的升高而降低，芳香结构逐渐形成，使得生物炭的芳香度和疏水性增加，而极性官能团减少，对污染物吸附效能得到极大提升。

(3)经过单因素交叉分析实验，铁碳微电解材料的原料配比确定为还原铁粉、植物基生物炭、膨润土、碳酸氢铵按照质量比为 112：24：40.8：8.84 进行调配，最终制备的材料吸水率为 28.73%，堆积密度为 627.6 kg/m³，表观密度为 1783.5 kg/m³，孔隙率为 64.81%，利用植物基生物炭制备的铁碳微电解材料具有优良的物化性质。

参 考 文 献

[1] 卢少勇, 万正芬, 李锋民, 等. 29 种湿地填料对氨氮的吸附解吸性能比较[J]. 环境科学研究, 2016, 29(8): 1187-1194.

[2] 刘莹, 刘晓晖, 张亚茹, 等. 三种人工湿地填料对低浓度氨氮废水的吸附特性[J]. 环境化学, 2018, 37(5): 1118-1127.

[3] Xiao J B, Chu S Y, Tian G M, et al. An Eco-tank system containing microbes and different aquatic plant species for the bioremediation of N, N-dimethylformamide polluted river waters[J]. Journal of Hazardous Materials, 2016, 320: 564-570.

[4] Wu S Q, Gao L, Gu J Y, et al. Enhancement of nitrogen removal via addition of cattail litter in surface flow constructed wetland[J]. Journal of Cleaner Production, 2018, 204: 205-211.

[5] 刘扬, 杨玉楠, 王勇. 层次分析法在我国小城镇分散型生活污水处理技术综合评价中的应用[J]. 水利学报, 2008, 39(9): 1146-1150.

[6] 胡洁, 许光远, 胡香, 等. 组合式人工湿地深度处理小城镇污水处理厂尾水[J]. 水处理技术, 2018(11): 120-122.

[7] 赵林丽, 邵学新, 吴明, 等. 人工湿地不同基质和粒径对污水净化效果的比较[J]. 环境科学, 2018, 39(9): 4236-4241.

[8] 王文佳. 大型复合生态湿地的尾水净化效应及其微生物群落特征研究[D]. 杭州: 浙江大学, 2019.

[9] 张晓一, 陈盛, 查丽娜, 等. 表面流人工湿地和复合型生态浮床处理污水厂尾水的脱氮性能分析[J]. 环境工程, 2019, 37(6): 46-51.

[10] 牛成镇. 垂直流人工湿地条件优化及其微生物多样性研究[D]. 杭州: 浙江大学, 2015.

[11] 梁奇奇. 低能耗厌氧-人工湿地系统处理分散式农村生活污水效能研究[D]. 苏州: 苏州科技大学, 2015.

[12] 黄治平, 张克强, 朱昌雄, 等. 三级生态塘强化处理农村生活污水的应用研究[J]. 中国给水排水, 2014, 30(13): 69-72.

[13] 常邦, 胡伟武, 李文奇, 等. 新型铁碳微电解填料去除农村生活污水中的磷[J]. 水处理技术, 2017, 43(5): 48-51.

[14] 魏佳明, 崔丽娟, 李伟, 等. 表流湿地细菌群落结构特征[J]. 环境科学, 2016, 37(11): 4357-4365.

[15] Zhang P F, Peng Y R, Lu J L, et al. Microbial communities and functional genes of nitrogen cycling in an electrolysis augmented constructed wetland treating wastewater treatment plant effluent[J]. Chemosphere: Enviromental Toxicology and Risk Assessment, 2018, 211(11): 25-33.

[16] Zhai J, Rahaman M H, Chen X, et al. New nitrogen removal pathways in a full-scale hybrid constructed wetland proposed from high-throughput sequencing and isotopic tracing results[J]. Ecological Engineering: The Journal of Ecotechnology, 2016, 97: 434-443.

[17] Sun Y J, Wang T Y, Peng X W, et al. Bacterial community compositions in sediment polluted by perfluoroalkyl acids (PFAAs) using Illumina high-throughput sequencing[J]. Environmental Science and Pollution Research, 2016, 23(11): 10556-10565.

[18] Kleerebezem R, Mendez R. Autotrophic denitrification for combined hydrogen sulfide removal from biogas and post-denitrification[J]. Water Science and Technology, 2002, 45(10): 349-356.

[19] Sleytr K, Tietz A, Langergraber G, et al. Diversity of abundant bacteria in subsurface vertical flow constructed wetlands[J]. Ecological Engineering: The Journal of Ecotechnology, 2009, 35(6): 1021-1025.

[20] 路丹, 雷静, 韦燕燕, 等. 短期免耕和垄作对稻田土壤微生物群落及多样性指数的影响[J]. 西南农业学报, 2015, 28(4): 1670-1674.

[21] 张斐斐, 黄林海, 吴海洋, 等. 人工湿地植物的选择与利用及存在的问题[J]. 江西科学, 2016, 34(1): 32-40.

[22] Chun Y, Sheng G Y, Chiou C T, et al. Compositions and sorptive properties of crop residue-derived chars[J]. Environmental Science & Technology:EST, 2004, 38(17): 4649-4655.

[23] Zhao B, O'Connor D, Zhang J L, et al. Effect of pyrolysis temperature, heating rate, and residence time on rapeseed stem derived biochar[J]. Journal of Cleaner Production, 2018, 174: 977-987.

[24] Cao X Y, Ro K S, Libra D A, et al. Effects of biomass types and carbonization conditions on the chemical characteristics of hydrochars[J]. Journal of Agricultural and Food Chemistry, 2013, 61(39): 9401-9411.

[25] Sun J N, He F H, Pan Y H, et al. Effects of pyrolysis temperature and residence time on physicochemical properties of different biochar types[J]. Acta Agriculturae Scandinavica, Section B-Soil & Plant Science, 2017, 67(1): 12-22.

[26] Bera T, Purakayastha T J, Patra A K, et al. Comparative analysis of physicochemical, nutrient, and spectral properties of agricultural residue biochars as influenced by pyrolysis temperatures[J]. Journal of Material Cycles and Waste Management, 2018, 20(2): 1115-1127.

[27] Peng F, Song H, Xiang J, et al. Pyrolysis of maize stalk on the characterization of chars formed under different devolatilization conditions[J]. Energy & Fuels, 2009, 23(9): 4605-4611.

[28] Jiang Z H, Yang Z, So C L, et al. Rapid prediction of wood crystallinity in finus elliotii plantation wood by near-infrared spectroscopy[J]. Journal of Wood Science, 2007, 53(5): 449-453.

[29] Keiluweit M, Nico P S, Johnson M G, et al. Dynamic molecular structure of plant biomass-derived black carbon (biochar)[J]. Environmental Science & Technology: EST, 2010, 44(4): 1247-1253.

[30] Yuan J H, Xu R K, Zhang H. The forms of alkalis in the biochar produced from crop residues at different temperatures[J]. Bioresource Technology: Biomass, Bioenergy, Biowastes, Conversion Technologies, Biotransformations, Production Technologies, 2011, 102(3): 3488-3497.

[31] 张巍. 膨润土在水污染治理中吸附无机污染物的应用进展[J]. 工业水处理, 2018 (11): 10-16.

[32] 杜利军. 新型铁碳填料的制备与废水除磷性能研究[D]. 北京: 中国科学院大学 (中国科学院过程工程研究所), 2019.

[33] 曹飞. 新型微电解填料的制备及其性能研究[D]. 镇江: 江苏大学, 2016.

第4章　分散式生活污水纳污河道典型污染物生态净化技术

4.1　研究区域概况及分析方法

4.1.1　区域概况

研究区位于四川省资阳市乐至县童家河流域，地处北纬 $30°0'2''$~$30°30'4''$、东经 $104°45'2''$~$105°15'2''$，属于典型的亚热带季风气候。根据《四川省统计年鉴》显示，2019年末到2020年初，乐至县户籍人口为79.94万人（常住人口为49.5万人），城镇居住人口日益增多。童家河属于沱江的三级支流，全长27 km，流域面积为113 km²，每日出水断面流量达到50000 m³。根据2020年资阳市发布的《创新"双河长制"深化流域治理》可知，童家河是乐至县的主要流域之一，同时也是乐至县城常年工业废水和生活污水等的重要纳污河道，沉积性污染物复杂，水质自净能力弱，枯丰水期分化明显。

现阶段童家河不仅是上游污水处理厂的主要受纳河道，同时也是该地区农业面源污染和分散式生活污水的主要承接河流，河道水流滞缓且水体自净化能力弱，氮、磷等营养盐浓度高，水质污染明显，同时内源释放较为突出。所以童家河流域具有典型的纳污河道特征，即主要污染源为上游城镇污染输入、下游养鱼污水、农业和农村分散式生活污水等面源污染。

4.1.2　样品采集

为了对纳污河道的环境现状进行研究，通过结合童家河流域的区域特征、水动力条件、地质情况、沉积特性以及工农业等因素，以纳污河道丰水期、枯水期水体样品及丰水期沉积物样品、植物样品作为研究对象，进行季节性采样。

本书通过全球定位系统(global positioning system，GPS)，利用专用采水器、不锈钢抓斗式采样器等采集纳污河道水体样品(位于水下0.5 m)、沉积物样品(0~5 cm)和土壤样品(0~5 cm)。在采集水体样品的附近点位同步采集生长情况较好、不同种类的水生植物样品。其中，监测断面为仁和污水处理厂(WSC)、渡槽(DC)、廖家河(LJH)、玉龙桥(YLQ)、文峰场(WFC)和清水村(QSC)。样品采集时间分别为2020年9月(丰水期)和2020年12月(枯水期)。丰水期内在纳污河道的5个断面共布设16个水体样品采集点、13个沉积物样品采集点、4个周边土壤样品采集点和13个水生植物样品采集点。枯水期内在纳污河道的6个断面共布设20个水体样品采集点。

4.1.3　样品预处理及分析方法

4.1.3.1　样品预处理

现场预处理：将上述丰水期内采集好的水体样品一部分按照《水质　样品的保存和管理技术规定》(HJ 493—2009)保存，并在现场使用便携式仪器对现场水体样品的pH、溶解氧(DO)、水温(T)、叶绿素 a(Chla)、藻蓝蛋白(Pc)、浊度(Tur)和电导率(Cond)进行测定，并做好记录；另一部分 4 ℃避光保存带回实验室。枯水期内采集水体样本一部分按照《水质　样品的保存和管理技术规定》(HJ 493—2009)保存；其余部分加入 1%(体积百分比)的甲醇，防止微生物对环境内分泌干扰物(endocrine disruptor chemicals，EDCs)的降解。丰水期内采集的沉积物样品和水生植物样品均在现场用自封袋分装，低温保存带回实验室。上述样品均注明采样时间、采样地点、样品编号等信息，采集好的水体样品和植物样品送至实验室于 4 ℃冰箱保存，待分析。沉积物和植物根际样品于-80 ℃条件下保存，待分析。

实验室预处理：当天将水体样品运回实验室后，尽快用 0.45 µm 的水系滤膜进行过滤，滤液用于测定溶解性磷酸根(PO_4^{3-})、氨氮(NH_3-N)、硝态氮(NO_3^--N)；现场酸化保存的原水体样品运送至实验室进行分析，包括总磷(TP)、总氮(TN)和化学需氧量(COD)；将加入 1%(体积百分数)甲醇的水体样品采用 0.45 µm 的玻璃纤维滤膜进行过滤，用于测定EDCs 含量；将采集的沉积物样品装入 100 mL 离心管中，放入冷冻干燥机内干燥，随后取出剔除植物、碎石等杂质，研磨后过 100 目尼龙筛，样品置于干燥器中保存，备测；将采集的水生植物样品放入 80 ℃的恒温烘箱中烘干 72 h，剪碎，随后用高速破碎机进行破碎，过 100 目筛，置于干燥器中保存，待测。

4.1.3.2　水体样品分析

1. 常规水质指标分析

待 4 ℃的水体样品恢复至室温后，进行常规指标的测定，包括总磷(TP)、磷酸根(PO_4^{3-})、总氮(TN)、氨氮(NH_3-N)、硝态氮(NO_3^--N)和化学需氧量(COD)，以上所有监测指标均加入试剂空白，且重复测定三次以保证实验结果的可信度。水体样品的分析指标及分析方法见表 4.1。

表 4.1　水体样品分析指标及分析方法

分析指标	分析方法	方法依据
TN	碱性过硫酸钾消解紫外分光光度法	《水质　总氮的测定　碱性过硫酸钾消解紫外分光光度法》(HJ 636—2012)
NH_3-N	纳氏试剂分光光度法	《水质　氨氮的测定　纳氏试剂分光光度法》(HJ 535—2009)
NO_3^--N	化学间断分析仪-分光光度计	
TP	钼锑抗分光光度法	《水质　总磷的测定　钼酸铵分光光度法》(GB 11893—89)
PO_4^{3-}	钼锑抗分光光度法	《水质　总磷的测定　钼酸铵分光光度法》(GB 11893—89)
COD	快速消解分光光度法	《水质　化学需氧量的测定　快速消解分光光度法》(HJ/T 399—2007)

2. EDCs 的测定

水体中 EDCs 的测定参照 Huang 等[1]和 Wang 等[2]提出的分析方法, 简要步骤如下。

水体样品经玻璃纤维膜过滤后, 准确量取 1 L, 调整 pH 为 4.5, 加入 100 μL 浓度为 1 ng/μL 的回收率指示物(BPA-d_{16}), 随后经固相小柱(Sep-Pak C-18)萃取, 进行富集和纯化。首先分别用 5 mL 的乙酸乙酯和 5 mL 甲醇低速过柱, 5 mL 的超纯水冲洗柱子 3 次, 控制过柱速率为 1~2 mL/min, 柱中预留 3 mL 的超纯水, 控制水样速率为 5 mL/min 进入小柱, 保持柱内液体体积大于 1 mL, 完成后用适量的超纯水润洗, 一同转移进入小柱, 用 10 mL 10%的甲醇淋洗小柱, 真空干燥 60 min, 最后用 10 mL 二氯甲烷进行洗脱, 洗脱液收集于棕色小瓶中, 经高纯氮吹干, 加入 50 μL 的双(三甲基硅基)三氟乙酰(BSTFA)、30 μL 的吡啶,在 70℃下衍生化 50 min,冷却至室温后加入 20 μL 1 ng/μL 的内标物(雄烷), 混合均匀, 取 5 μL 注入 GC-MS(G3440B, Agilent)进行分析[3]。

4.1.3.3　沉积物分析

1. 常规指标分析

将经过预处理研磨后的沉积物样品, 进行如下理化指标分析。分析指标包括: 总碳(TC)、总氮(TN)、总磷(TP)、硝态氮(NO_3^--N)、氨氮(NH_3-N)、总有机碳(TOC)、总有机氮(TON)、X 射线衍射光谱(XRD)和粒度。沉积物的 TC、TN、TON 和 TOC 均采用大进样量元素分析仪(vario MACRO cube, 德国 Elementar)进行测定; 测定 TOC 前, 先用 1 mol/L HCl 充分反应去除样品中的碳酸盐, 洗至中性, 于 45 ℃烘箱内干燥, 备测; 测定 TON 前, 先后分别加入 2 mol/L KCL 和 1 mol/L HCL, 充分反应去除无机氮, 洗至中性, 置于 45 ℃烘箱内干燥, 备测。TC 和 TN 采用未经处理的沉积物样品, 而 TON 和 TOC 采用处理后的沉积物样品, 进行元素分析仪测定, 得到 W(TC)、W(TN)、W(TOC)和 W(TON)。此外, 再分别称取适量上述处理后的沉积物样品, 采用元素分析(vario MACRO cube, 德国 Elementar)与同位素质谱(vario ISOTOPE cube, 德国 Elementar)联用仪测定沉积物样品中 δ^{13}C 和 δ^{15}N。

沉积物中 TP 的测定采用 $HClO_4$-HNO_3 消解法, 通过分光光度法计算沉积物中的磷含量[4]; 依据《土壤　氨氮、亚硝酸盐氮、硝酸盐氮的测定　氯化钾溶液提取-分光光度法》(HJ 634—2012), 采用 1 mol/L 的 KCL 溶液对沉积物中的 NH_3-N 和 NO_3^--N 进行提取, 提取液利用化学间断分析仪进行测定。有机质(organic matter, OM)则根据范·贝梅伦(van Bemmelen)因数(1.724)进行换算[5]。沉积物样品粒度测定前, 先后分别用 H_2O_2 和 HCl 对沉积物样品进行预处理, 达到去除有机质和碳酸盐的目的, 用超纯水洗至中性后, 加入六偏磷酸钠进行超声振荡分散, 处理后采用激光粒度分析仪(Beckman LS13320)进行测定。同时使用 X 射线衍射分析仪(Ultima IV, 日本理学)表征沉积物样品的矿相组成。

2. DOM 光谱学测定

沉积物中溶解性有机质(dissolved organic matter, DOM)光谱分析包括: 紫外-可见光谱及三维荧光光谱。三维荧光和紫外-可见光谱的测定, 均采用固液比(质量体积比)为

1∶10 进行提取，即每克沉积物加入 10 mL 超纯水，在 25℃，220 r/min 条件下振荡 24 h，静置后经 0.45 μm 的水系滤膜过滤，得到 DOM 提取液，备测。随后分别采用 PTI 高级荧光瞬态稳态测量系统(美国 PTI 公司)和紫外分光光度计(UV-8000，上海元析)在一定条件下完成三维荧光和紫外-可见光谱的测定。以上测定均使用 Milli-Q 超纯水(Millipore，18.2 MΩ·cm)作为测试空白。

实验过程中仪器参数设置如下所述。

(1)三维荧光光谱测量系统使用 1 cm 四面透光的石英比色皿，光源设置为 150 W 的氙灯，电压设置为 700 V。其中波长扫描范围为激发波长 E_x=200～450 nm，发射波长 E_m=200～600 nm，狭缝宽度为 5 nm，E_x 及 E_m 扫描间隔均为 5 nm，扫描速度为 12000 nm/min。

(2)紫外-可见光谱使用 1 cm 的石英比色皿测定样品的紫外吸收光谱，设置波长扫描范围为 200～800 nm，步长为 1 nm，正常速度进行扫描。

4.1.3.4　水生植物分析

水生植物分析指标包括：总碳(TC)、总氮(TN)、总磷(TP)、$\delta^{13}C$ 和 $\delta^{15}N$。水生植物样品中 TC 和 TN 的测定均采用上述大进量元素分析仪进行分析测定。TP 的测定方法参照《土壤农化分析》一书中关于植物常量元素的测定方法，即利用 H_2SO_4-H_2O_2 消煮后，通过钼锑抗比色法测定其吸光度来进行植物中 TP 的计算[6]。此外，称取适量破碎后的水生植物样品，采用元素分析-同位素质谱联用仪测定水生植物的 $\delta^{13}C$ 和 $\delta^{15}N$。

4.1.3.5　微生物群落结构分析

准确量取 1 L 水样，用 0.22 μm 玻璃纤维滤膜过滤截留水体微生物，保留滤膜，将采集的水生植物样品保留根部，均置于-80 ℃条件下保存。将滤膜和水生植物根际样本进行 DNA 提取与测序分析。

4.2　纳污河道典型污染物空间分布特征及污染来源分析

4.2.1　纳污河道水体营养元素空间分布特征

本节以典型纳污河道作为研究对象，该河道主要受到点源和面源污染的双重影响，具有水质水量波动较小、易受雨季影响、水体可生化性高、有明显的季节和时间性变化等特点，污染状况与上游城市和沿线村落息息相关，同时也容易受到内源释放的影响。纳污河道的污染源主要为上游城市污染输入、下游养鱼污水、分散式生活污水及周边农用地的面源污染，工业污染源体量相对较小。基于以上特点，本节对典型城郊-农村纳污河道上覆水体和沉积物的基本理化性质、典型污染物组成和浓度进行了分析，阐明了纳污河道内典型污染物的空间分布特征及季节性变化规律，同时利用紫外-可见光谱、三维荧光光谱并结合平行因子分析表征了纳污河道沉积物中 DOM 的光谱特征和有机质来源，将有助于了解水体和沉积物的有机污染特性。除此之外，通过 C/N 元素比、稳定碳氮同位素相对丰度和三元混合模型的组合方式定量地计算了不同端元物质对沉积物中有机质的贡献率，揭示了纳污河道沉积物中 N、P 污染物的来源。

4.2.1.1　丰水期水质分析

对丰水期内采集水体样品的各现场指标和水质指标进行了统计分析，结果见表 4.2 和表 4.3。纳污河道丰水期内 pH、DO、T、Chla、Pc、Tur 和 Cond 变化范围如表 4.2 所示，其中变异系数最大为 Chla，但以上变异系数均小于 100%，特别是 pH 和 T 的变异系数小于 10%，说明各断面的 pH 和 T 变化不大，数据分布相对集中。

表 4.2　丰水期上覆水现场指标

采样点	pH	DO/(mg/L)	T/℃	Pc/(cell/mL)	Chla/(μg/L)	Tur/NTU	Cond/(μS/cm)
DC	6.96	9.6	23.1	13.07	0.771	6	830
LJH-1	7.14	7.6	22.1	20.08	0.874	21	993
LJH-2	8.03	5.8	22.5	29.52	1.184	47	957
YLQ-1	7.09	6.1	22.4	27.7	1.275	37	784
YLQ-2	7.14	4.7	21.5	20.51	0.953	28	740
YLQ-3	6.85	5	22.0	28.10	1.342	26	900
YLQ-4	7.31	5.6	22.2	35.38	1.445	14	736
YLQ-5	7.1	5.5	22.4	28.57	1.166	26	720
WFC-1	6.69	0.4	26.1	34.89	1.275	61	860
WFC-2	6.52	1.2	24.5	13.23	0.953	12	736
WFC-3	6.87	6.5	23.8	38.21	1.342	49	894
QSC-1	7.22	10.4	21.4	53.86	1.445	25	603
QSC-2	7.31	9.7	21.8	48.71	1.166	28	604
QSC-3	7.13	8.8	22.2	47.92	5.053	36	700
QSC-4	7.32	8.5	21.8	40.42	4.830	20	608
QSC-5	7.22	7.4	22	61.81	3.420	35	760
变异系数/%	4.54	42.54	5.29	40.48	74.47	47.42	15.12

表 4.3　丰水期上覆水营养元素空间分布特征　　　　（单位：mg/L）

采样点	TN	NH₃-N	NO₃⁻	TP	PO₄³⁻	COD
DC	7.76	2.25	0.56	0.21	0.04	29.59
LJH-1	6.97	2.03	0.33	0.22	0.18	37.21
LJH-2	7.19	2.23	0.25	0.21	0.02	35.90
YLQ-1	5.83	1.99	1.13	0.24	0.15	30.09
YLQ-2	6.00	1.72	1.28	0.23	0.03	35.12
YLQ-3	5.16	1.76	1.06	0.25	0.21	26.73
YLQ-4	5.68	1.81	1.19	0.23	0.21	29.89
YLQ-5	5.53	1.89	1.07	0.24	0.15	29.23
WFC-1	0.73	0.18	0.10	0.06	0.05	26.46
WFC-2	2.41	0.88	0.45	0.22	0.15	28.80

续表

采样点	TN	NH$_3$-N	NO$_3^-$	TP	PO$_4^{3-}$	COD
WFC-3	6.02	1.75	1.10	0.20	0.16	32.02
QSC-1	3.56	0.83	1.02	0.15	0.05	27.31
QSC-2	4.08	0.81	1.10	0.16	0.04	35.25
QSC-3	3.62	0.85	1.05	0.15	0.03	22.41
QSC-4	3.77	0.77	0.91	0.14	0.03	25.56
QSC-5	3.69	0.99	0.82	0.35	0.13	31.18
变异系数/%	37.17	43.83	43.25	30.20	67.58	13.25

丰水期各水质指标检测值如表 4.3 所示,其沿程变化趋势如图 4.1(a)和图 4.1(c)所示。丰水期 TN、NH$_3$-N、NO$_3^-$、TP、PO$_4^{3-}$和 COD 的浓度变化范围分别为 0.73～7.76 mg/L、0.18～2.25 mg/L、0.10～1.28 mg/L、0.06～0.35 mg/L、0.02～0.21 mg/L 和 22.41～37.21 mg/L,其平均浓度分别为 4.88 mg/L、1.42 mg/L、0.84 mg/L、0.20 mg/L、0.10 mg/L 和 30.17 mg/L。在丰水期 6 个水质指标中,PO$_4^{3-}$测定值的变异系数最大,数值波动明显;其余 5 个指标的变异系数相对较小,说明其数值相对比较稳定,尤其是 COD 的测定值。有研究指出,当变异系数较大时,指示着该类污染物可能来自人为污染,而变异系数较小则说明受人为干扰较小,并且来源单一、稳定[4]。通过变异系数得出:PO$_4^{3-}$>NH$_3$-N>NO$_3^-$>TN>TP>COD。除 COD 以外,所有变异系数均超过 30%,表明均受到人为活动的影响,尤其是 PO$_4^{3-}$的变异系数达到了 67.58%,表明 PO$_4^{3-}$受到周围人为环境影响最为明显。

各营养元素的沿程变化基本相同,随水流方向浓度有降低的趋势,高浓度主要集中于渡槽、廖家河断面,TN 和 NH$_3$-N 浓度的最大值均出现渡槽断面,其次是廖家河及玉龙桥断面,而文峰场断面营养元素浓度显著降低。对于该河道来讲,NH$_3$-N 和 NO$_3^-$浓度波动相对较小,但基本与 TN 的变化规律相符。根据《地表水环境质量标准》(GB 3838—2002),纳污河道整体上丰水水质处于较差的状态,TN 和 NH$_3$-N 为该河道的主要污染指标,整个河段受 N 污染最为明显。

值得注意的是,丰水期文峰场断面的 WFC-3、WFC-2 和 WFC-1 的 TN、TP、NH$_3$-N、NO$_3^-$、PO$_4^{3-}$呈现显著降低的趋势,主要原因是文峰场断面存在人工湿地系统,在该段断面内由于植物的截留、吸附和同化作用导致水体中各营养元素发生降解[7-9]。但是位于文峰场采样点的 DO 浓度由进水口向内呈现出显著降低的趋势,尤其是到 WFC-1 时,DO 浓度仅为 0.4 mg/L。主要是由于该区域以狐尾藻、凤眼蓝和大藻群落分布较多,其迅速繁殖,大面积覆盖于水体表面,导致大气溶解氧和水体接触面积降低、光透射率显著下降,从而影响水体中溶解氧的交换[10]。

4.2.1.2　枯水期水质分析

枯水期水体中营养元素检测值如表 4.4 所示,空间分布特征如图 4.1(b)和图 4.1(d)所示。在枯水期的 5 个水质指标中,其变异系数均相对丰水期变小,各采样点间相应营养元素检测值相差较小,数据分布也较丰水期更为集中。通过变异系数可知:NH$_3$-N>TN>PO$_4^{3-}$>TP>COD,只有 NH$_3$-N、TN 的变异系数超过 30%,表明在枯水期内纳污河道中 NH₃-N、TN 受到周围人为活动的影响较为明显。

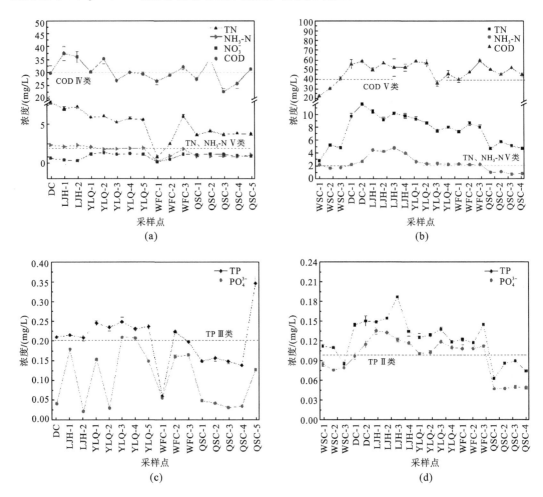

图 4.1　丰水期、枯水期水体营养元素空间分布

注：(a)和(c)为丰水期，(b)和(d)为枯水期。

表 4.4　枯水期上覆水营养元素空间分布特征　　　　　　　　　　（单位：mg/L）

采样点	TN	NH₃-N	TP	PO₄³⁻	COD
WSC-1	2.81	2.21	0.12	0.09	22.96
WSC-2	5.28	1.70	0.11	0.08	30.52
WSC-3	4.87	1.76	0.09	0.08	40.90
DC-1	9.74	2.22	0.15	0.10	55.58
DC-2	11.61	2.70	0.16	0.12	58.69
LJH-1	10.45	4.50	0.15	0.14	49.85
LJH-2	9.18	4.30	0.16	0.14	56.74
LJH-3	10.17	4.84	0.19	0.13	52.42
LJH-4	9.79	4.03	0.14	0.12	52.44
YLQ-1	9.34	2.68	0.13	0.10	58.88

采样点	TN	NH$_3$-N	TP	PO$_4^{3-}$	COD
YLQ-2	8.72	2.37	0.13	0.11	56.84
YLQ-3	7.47	2.41	0.14	0.12	36.06
YLQ-4	8.07	2.24	0.12	0.11	45.81
WFC-1	7.32	2.30	0.13	0.11	39.96
WFC-2	8.62	2.22	0.12	0.11	47.50
WFC-3	8.08	2.28	0.15	0.12	59.25
QSC-1	4.76	1.07	0.06	0.05	50.19
QSC-2	5.78	1.17	0.09	0.05	45.38
QSC-3	5.19	0.75	0.09	0.05	51.92
QSC-4	4.73	0.87	0.08	0.05	45.03
变异系数/%	30.83	47.06	24.75	29.43	20.07

枯水期纳污河道水体中 TN、NH$_3$-N、TP、PO$_4^{3-}$和 COD 含量分别为 2.81～11.61 mg/L、0.75～4.84 mg/L、0.06～0.19 mg/L、0.05～0.14 mg/L 和 22.96～59.25 mg/L，平均值分别为 7.60 mg/L、2.43 mg/L、0.13 mg/L、0.10 mg/L 和 47.85 mg/L。由此可见，枯水期内纳污河道中 N、COD 含量严重超标，高浓度污染物基本集中在渡槽、廖家河断面。结合枯水期污水厂和渡槽污染情况发现，仁和污水处理厂尾水断面营养元素浓度低于下游断面，说明该纳污河道存在其他未知污染源，可能是农业面源污染、河道内源释放等。

相较于丰水期来说，TN、NH$_3$-N 和 COD 平均含量分别增加了 2.72 mg/L、1.01 mg/L 和 17.68 mg/L，而 TP 的平均含量下降了 0.07 mg/L。枯水期 TN、NH$_3$-N 浓度上升趋势明显，可能是枯水期流量低、流速小，气温的骤降使得蓝藻和水生植物腐败死亡释放出营养元素，大部分 N 未得到降解而滞留于水中，使得 N 浓度回升[11, 12]。同时，根据中国气象网显示，在 2020 年 8～9 月乐至县经历了长达一个月左右的大降雨时期，这对水体具有强烈的稀释作用，加快了水流速度，并且相对较高的温度加快了动植物新陈代谢速度，导致 N 利用速率高，上述几点共同作用导致 N 浓度丰水期明显低于枯水期。对于 TP 的季节性变化规律，其与李丛杨等[13]研究太湖梁溪河流域 TP 的研究规律相似，即表现为冬季低、夏季高。有研究指出，TP 的浓度变化与蓝藻及水生植物的生长周期相吻合，夏季因为其大量繁殖和残体堆积会加速水体的厌氧情况，从而导致沉积物中磷的内源释放[14]。不仅如此，因为丰水期的强降雨，增加了对周围农田和河道的冲刷，导致降雨径流携带周边的磷污染物进入水体，增加了河道的氮磷负荷量[15-17]。这也是总体上丰水期营养元素浓度的变异系数大于枯水期的原因。另一方面，在受到冲刷等外力作用时和为满足水生植物的生长要求时，固化于沉积物中磷得以快速释放[18]。以上这些原因都有可能导致丰水期水体中 TP 含量高于枯水期。

根据《地表水环境质量标准》（GB 3838—2002），枯水期水体中 TN、NH$_3$-N 和 COD 成为水体主要的污染物，其中整个河道受 N 和 COD 污染最为明显。总体而言，枯水期水质状况与丰水期类似，处于较差的水质状态。除此之外，枯水期内文峰场断面 TN、TP、NH$_3$-N 和 PO$_4^{3-}$并未出现丰水期内显著降低的趋势，只有 COD 有略微降低的现象。可能是因为枯水期时正值冬季，水生植物修复带中各水生植物停止生长、植物吸收作用及微生物活性减弱，所以在水生植物修复带内各类水质指标无明显下降趋势[19]。

结合丰水期和枯水期水质指标来看，河道内植物型营养元素含量普遍偏高，水体自净能力较弱，其污染状况与上游城市和沿线村落息息相关，靠近上游城市断面中的营养元素浓度普遍高于下游农村断面，呈现出城郊—农村梯度下降的趋势，高浓度污染物基本集中在渡槽和廖家河断面。此外，纳污河道的水质状况也呈现出季节性变化，枯水期的 TN、NH_3-N 和 COD 值相较于丰水期有明显的升高趋势，但 TP 有所降低，整体上两季水质均处于较差的状态，枯水期内的水质污染更为严重。

4.2.2　纳污河道水体 EDCs 空间分布特征

本节选取环境中具有代表性的 EDCs，包括酚类中的 4-壬基酚（4-Nonylphenol, 4-NP）、双酚 A（Bisphenol A, BPA）和 4-t-辛基酚（4-t-Octylphenol, 4-t-OP），类固醇类中的 17-β-雌二醇（17-β-Estradiol，E2）、雌三醇（Estriol, E3）和 17-α-乙炔基雌二醇（17-α-Ethynylestradoil, EE2）等作为研究对象，针对纳污河道中 EDCs 的污染特征开展了研究工作，揭示了典型纳污河道中 EDCs 的污染情况和空间分布特征。

4.2.2.1　标准品、内标物及回收率指示物简介

标准器、内标物及回收率指示物详细信息见表 4-5。

表 4.5　标准品、内标物及回收率指示物信息表

名称	英文名称	CAS 号	化学式	化学结构
4-壬基酚	4-Nonylphenol（4-NP）	104-40-5	$C_{15}H_{24}O$	
双酚 A	Bisphenol A（BPA）	80-05-7	$C_{15}H_{16}O_2$	
4-t-辛基酚	4-t-Octylphenol（4-t-OP）	140-66-9	$C_{14}H_{22}O$	
17-β-雌二醇	17-β-Estradiol（E2）	50-28-2	$C_{18}H_{24}O_2$	
17-α-乙炔基雌二醇	17-α-Ethynylestradoil（EE2）	57-63-6	$C_{20}H_{24}O_2$	

续表

名称	英文名称	CAS 号	化学式	化学结构
雌三醇	Estriol（E3）	50-27-1	$C_{18}H_{24}O_3$	
雄烷（内标）	5α-Androstane	438-22-2	$C_{19}H_{32}$	
双酚 A-d_{16}（回收率指示物）	Bisphenol A-d_{16}（BPA-d_{16}）	96210-87-6	$C_{15}D_{16}O_2$	

4.2.2.2　EDCs 标准品的线性方程、相关系数及其线性范围

以标准品峰面积与内标物的峰面积比值为纵坐标,同时以标准品浓度与内标物浓度的比值为横坐标做线性回归分析,得到标准曲线[3]。按照上述标准曲线绘制方法,分别绘制酚类和类固醇类 EDCs 的标准曲线,其线性方程、相关系数及线性范围如表 4.6 和表 4.7 所示。

表 4.6　酚类 EDCs 线性回归方程、相关系数及其线性范围

目标物	线性方程	相关系数（R^2）	线性范围/(ng/μL)
4-t-OP	$y=3.9575x+0.3674$	0.9991	0.05~6.4
4-NP	$y=5.0057x-0.7622$	0.9957	0.05~6.4
BPA	$y=2.6219x-0.3035$	0.9976	0.05~6.4
BPA-d_{16}	$y=3.2533x-0.5278$	0.9962	0.05~6.4

表 4.7　类固醇类 EDCs 线性回归方程、相关系数及其线性范围

目标物	线性方程	相关系数（R^2）	线性范围/(ng/μL)
E2	$y=0.9347x-0.0607$	0.9985	0.05~6.4
EE2	$y=0.0712x-0.0657$	0.9878	0.05~6.4
E3	$y=0.5788x-0.0386$	0.9983	0.05~6.4

根据上述实验方法,BPA-d_{16} 的回收率范围为 50.27%~114.19%,平均回收率为84.40%。目标 EDCs 在纳污河道水体中仅检出 3 种,包括 4-t-OP、4-NP 和 BPA,检出率

分别为 10%、60% 和 80%，三种类固醇类 EDCs 均未在纳污河道水体中检出，而 BPA 为纳污河道中主要的 EDCs 污染物，结果如表 4.8 所示。4-t-OP、4-NP 和 BPA 检出浓度范围分别为 ND～10.52 ng/L，ND～22.97 ng/L 和 ND～85.31 ng/L。靠近上游城市断面中 EDCs 的浓度相对较高，普遍高于下游农村断面，其污染状况与上游城市和沿线村落息息相关，呈现出城郊—农村梯度下降的趋势，高浓度污染物集中在污水厂、渡槽和廖家河断面。

表 4.8　纳污水体中 6 种 EDCs 的浓度　　　　　　　　（单位：ng/L）

采样点	4-t-OP	4-NP	BPA	E2	EE2	E3
WSC-1	ND	18.70±1.03	60.09±1.43	ND	ND	ND
WSC-2	ND	18.68±0.63	51.09±2.25	ND	ND	ND
WSC-3	ND	21.66±1.70	95.25±4.72	ND	ND	ND
DC-1	10.52±0.70	18.23±1.35	63.48±3.82	ND	ND	ND
DC-2	ND	19.33±1.97	41.53±2.72	ND	ND	ND
LJH-1	ND	20.56±1.87	67.00±2.03	ND	ND	ND
LJH-2	ND	20.32±1.55	85.31±5.12	ND	ND	ND
LJH-3	7.92±0.67	22.97±1.51	55.24±2.45	ND	ND	ND
LJH-4	ND	20.79±1.94	45.26±3.26	ND	ND	ND
YLQ-1	ND	ND	ND	ND	ND	ND
YLQ-2	ND	ND	51.01±2.89	ND	ND	ND
YLQ-3	ND	ND	55.35±2.51	ND	ND	ND
YLQ-4	ND	ND	54.47±2.75	ND	ND	ND
WFC-1	ND	ND	ND	ND	ND	ND
WFC-2	ND	ND	ND	ND	ND	ND
WFC-3	ND	ND	ND	ND	ND	ND
QSC-1	ND	ND	41.76±4.34	ND	ND	ND
QSC-2	ND	18.02±1.64	44.12±2.95	ND	ND	ND
QSC-3	ND	15.58±1.52	43.19±3.50	ND	ND	ND
QSC-4	ND	15.31±1.50	42.88±2.81	ND	ND	ND

注：ND 表示未检出。

与国内外水体中 EDCs 的检出浓度进行分析比较，发现 BPA 在全球范围水环境中普遍检出。例如，黄文平等[20]研究发现，黄浦江上游 31 种目标 EDCs 待测物中共检出 9 种 EDCs，BPA 浓度占绝对优势，平均浓度为 41.65 ng/L。长江中 BPA 的浓度范围为 268～563 ng/L[21]，巢湖中 BPA 的浓度范围为 7.3～224.9 ng/L[22]，而滇池水体中 BPA 的浓度范围为 29.78～530.33 ng/L[3]。综上所述，童家河流域虽作为当地重要的纳污河道，但并未受到 EDCs 的普遍污染，尤其是在农村断面其 EDCs 基本属于未检出状态。通过与前人研究相比较，本书研究纳污河道并未受到 EDCs 的普遍污染，且 EDCs 浓度处于较低的污染水平。

4.2.3　纳污河道沉积物营养元素空间分布特征

4.2.3.1　粒度及矿相组成分析

按照碎屑岩沉积相和沉积环境中提出的粒径分级标准可将沉积物粒度分为四级，其中粒径＜5 μm 为黏粒，5～10 μm 为细粉砂，10～50 μm 为粗粉砂，＞50 μm 为砂砾。根据以上分类标准，对纳污河道沉积物粒径进行了统计分析，图 4.2 展示了其粒度组成的沿程变化。由图 4.2 可知，纳污河道沉积物以粉砂占据绝对优势，平均占比为 52.37%，其中粗粉砂平均占比为 35.96%，细粉砂平均占比为 16.41%；其次是黏粒，占比为 32.20%；最少的是砂砾，占比为 15.43%。此外，沉积物的整体粒径也通常使用平均粒径和中值粒径来进行表征，纳污河道沉积物的平均粒径和中值粒径分别为 17.14～39.19 μm 和 7.97～20.01 μm，其平均值分别为 27.69 μm 和 13.46 μm。根据采样点的平均粒径和中值粒径还可以看出，由于水动力条件的差异，河岸相沉积物粒径比河心相沉积物粒径粗。

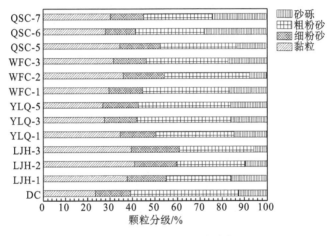

图 4.2　纳污河道沉积物的粒度组成

纳污河道沉积物样品 XRD 分析结果如图 4.3 所示，可以看出沉积物的衍射图谱中衍射峰数目较多，峰形呈现窄而尖的特性，不同采样点的衍射谱图基本相同。经过与标准卡片和文献进行对比发现，沉积物样品中主要矿石组分为石英、伊利石、方解石和斜长石等。

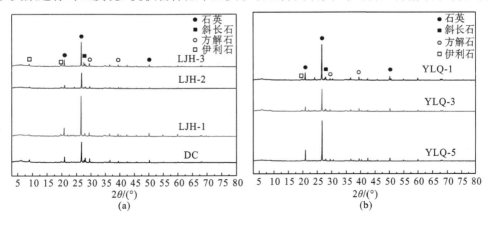

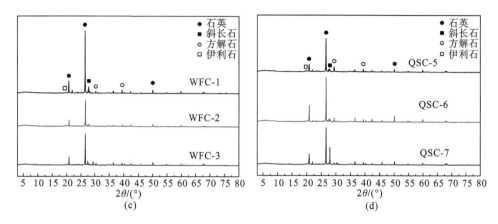

图 4.3   沉积物 X 射线衍射图谱

4.2.3.2   营养元素分布特征

对河道内 13 个沉积物样品中的各营养元素进行了分析研究,其空间分布特征如图 4.4 所示。

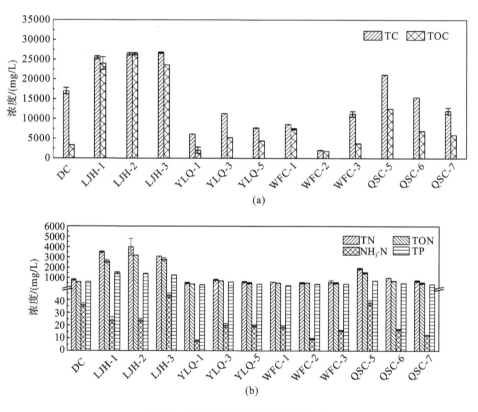

图 4.4   沉积物中营养元素沿程分布

沉积物中以 TC 浓度最高,其次是 TOC、TN、TON、TP、NH_3-N(NO_3 检出率低未列出)。 TC 含量为 2000~26700 mg/kg,平均值为 14692 mg/kg;TOC 含量为 1800~26400 mg/kg,平

均值为 9777 mg/kg。TN 含量为 500~4000 mg/kg，平均值为 1431 mg/kg；TON 含量为 500~
3200 mg/kg，平均值为 1154 mg/kg；NH_3-N 含量为 7.96~43.62 mg/kg，平均值为 22.00 mg/kg，
TP 含量为 257~1474 mg/kg，平均值为 671 mg/kg。在纳污河道沉积物中，碳元素主要以
有机碳的形式存在，约占总碳的 66.54%。氮元素主要以有机氮的形式存在，约占总氮含
量的 80.65%，氨氮和硝态氮只占很小一部分，氨氮约占总氮含量的 1.54%。

研究结果表明，沉积物中营养元素含量普遍偏高，不同采样断面间营养元素的浓度存
在差异，各营养元素在沿程分布上呈现出上游含量高于下游的趋势，靠近上游城市断面中
的营养元素浓度普遍高于下游农村断面。其中 TN、TON、TC 和 TOC 的高浓度值集中出
现在渡槽和廖家河断面，但在清水村有回升的现象。这表明沉积物中营养元素的空间分布
特征与上覆水体沿程变化类似，其沉积物污染状况受到上游城市和沿线村落的双重影响。

4.2.4　纳污河道溶解性有机质光谱特性及污染来源解析

4.2.4.1　紫外-可见光谱特征

紫外-可见光谱常被用于定性地识别和表征沉积物等环境样品中 DOM 的特征及来源，
表征 DOM 的腐殖化程度、芳香性、相对分子量等信息。采用如下公式计算校正后的吸收
系数，其光谱特征参数含义见表 4.9。

$$a^*(\lambda) = 2.303 D(\lambda)/r \tag{4-1}$$

$$a(\lambda) = a^*(\lambda) - a^*(700) \cdot \lambda/700 \tag{4-2}$$

$$a(\lambda) = a(440)\exp[S(440-\lambda)] \tag{4-3}$$

式中，$a^*(\lambda)$ 为波长为 λ 时未经散射校正的吸收系数，m^{-1}；$D(\lambda)$ 为波长 λ 处的吸光度；式
(4-2)中 $a(\lambda)$ 为波长为 λ 时经过散射校正的吸收系数；r 为光程路径，m。

本书中 $S_{275\sim295}$ 和 $S_{350\sim400}$ 通过式(4-3)经过非线性拟合得到，S_R 为光谱斜率比，为
$S_{275\sim295}/S_{350\sim400}$。

表 4.9　紫外-可见吸收光谱的特征参数

参数	计算方法	表征含义
a_{254}	$a^*(\lambda) = 2.303 D(\lambda)/r$, $a(\lambda) = a^*(\lambda) - a^*(700) \cdot \lambda/700$	a_{254} 表示 DOM 的相对浓度，值越大，DOM 浓度越高[23, 24]
S_R	$a(\lambda) = a(440)\exp[S(440-\lambda)]$, $S_R = S_{275\sim295}/S_{350\sim400}$	指示分子量大小，高 S_R 值表示低分子量物质[25]
E2/E3	E2/E3=$D(250)/D(365)$	表征 DOM 的分子量大小与有机质来源，与相对分子质量成反比。E2/E3>3.5 时，有机质以富里酸为主；反之则以胡敏酸为主[26]
E2/E4	E2/E4=$D(240)/D(420)$	表征有机物分子缩合度，E2/E3 与 E2/E4 的下降表明低分子量物质转化成高分子量物质，分子缩合水平变高[26]
E3/E4	E3/E4=$D(300)/D(400)$	表征腐殖质的腐殖化程度[23]

由 DOM 的紫外光谱曲线[图 4.5(a)]可以看出，波长为 200~800 nm，吸光度呈递减
趋势，在红外光谱波段吸光度基本为零，而在紫外波段(250~400 nm)吸光度呈指数形降

低。在 250～280 nm 波长范围内，部分沉积物样品出现了一个肩峰，表明该类沉积物中的 DOM 可能含有两个双肩的共轭体系，如苯环、共轭二烯等[27]。相关研究表明，a_{254} 可以用来表征 DOM 的相对浓度[23]，根据图 4.5(b) 显示，廖家河断面沉积物的 a_{254} 明显高于其他地方，表明该断面的 DOM 浓度最高，其次是清水村断面，其余断面 a_{254} 特征值基本相同，无明显波动。

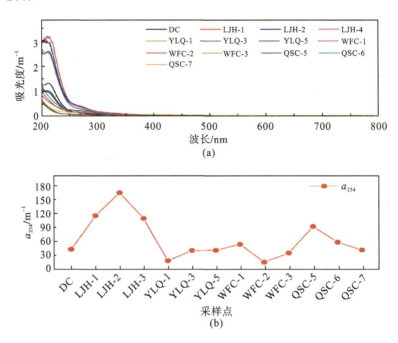

图 4.5 沉积物的紫外-可见光谱曲线(a) 和 a_{254} 的特征值(b)

本书中沉积物的 S_R 变化范围为 0.94～1.39，平均值为 1.05，纳污河道不同断面沉积物 DOM 的 S_R 大小不同，说明沉积物的 DOM 结构特征存在一定差异。研究表明[27]，S_R 也常被用来指示低分子量 DOM 与高分子量 DOM 比值变化，S_R 越大，表明 DOM 分子量相对较低。纳污河道沿程 S_R 有稍微减小的趋势，但变化趋势不明显，可能代表着沿程 DOM 分子量有相对增大的趋势。E2/E3 为 2.25～9.44，平均值为 6.17，该数值与李璐璐等[28]得出的结果相似，表明沉积物的 DOM 和水体中 DOM 的分子量或胡敏酸/富里酸组成相似。根据表 4.10 显示，除 WFC-3 外，其余采样点的 E2/E3 均大于 3.5，这表明绝大部分沉积物中有机质的富里酸含量大于胡敏酸；而 WFC-3 中则是胡敏酸含量大于富里酸，E3/E4 无明显变化规律。同时，流域沿程的 E2/E3 与 E2/E4 有下降的趋势(除 QSC-5)，表明沿程沉积物中有机质中的低分子量物质转化成高分子量物质，使得分子量变大，缩合度变高。

表 4.10 沉积物中 DOM 各光谱指标值

	a_{254}	S_R	E2/E3	E2/E4	E3/E4
DC	42.15	1.39	8.02	22.01	3.17
LJH-1	113.69	1.05	9.44	39.07	4.74
LJH-2	163.32	1.04	9.10	35.87	5.30

续表

	a_{254}	S_R	E2/E3	E2/E4	E3/E4
LJH-3	108.14	0.99	7.80	31.88	5.18
YLQ-1	17.88	1.01	4.54	12.11	4.41
YLQ-3	39.62	1.01	6.99	27.40	5.16
YLQ-5	39.94	1.06	6.00	18.82	3.70
WFC-1	52.83	0.94	3.74	9.53	3.70
WFC-2	14.58	1.10	4.13	9.43	3.25
WFC-3	33.90	1.11	2.25	3.34	1.96
QSC-5	90.67	1.00	9.07	42.17	5.48
QSC-6	57.02	0.94	4.60	13.36	4.33
QSC-7	40.37	0.99	4.56	13.31	4.33

4.2.4.2　三维荧光光谱特征

为考察纳污河道沉积物中 DOM 的分布特征、来源和组成情况，获得更全面的 DOM 荧光光谱信息，本节选取了 13 个沉积物样品进行三维荧光扫描。三维荧光光谱测定时，利用超纯水作为试剂空白扣除散射影响，利用 MATLAB 进行平行因子分析，在 PARAFAC 模型中应用非负约束，并通过残差分析确定荧光组分数，采用折半分析来检验结果的可靠性。研究表明，荧光峰的不同位置代表了不同的 DOM 组分，三维荧光光谱被划分为 5 个区域，分别对应 5 类物质，对应物质如表 4.11 所示[24]。根据荧光峰的位置不同，可将三维荧光光谱划分为 5 个区域，同时通过光谱特征参数来表征 DOM 的性质，其环境意义和计算方法见表 4.12。

表 4.11　三维荧光划分区域

区域		类别	包含范围
荧光划分区域	第Ⅰ区域	酪氨酸类蛋白质(C1)	E_x=200～250 nm，E_m=280～330 nm
	第Ⅱ区域	色氨酸类蛋白质(C2)	E_x=200～250 nm，E_m=330～380 nm
	第Ⅲ区域	类富里酸(C3)	E_x=200～250 nm，E_m=380～550 nm
	第Ⅳ区域	溶解性微生物代谢产物(C4)	E_x=250～340 nm，E_m=280～380 nm
	第Ⅴ区域	类腐殖酸(C5)	E_x=250～400 nm，E_m=380～550 nm

表 4.12　三维荧光指数环境意义

荧光光谱指数	计算公式	环境意义
荧光指数(FI)	$\mathrm{FI}=\dfrac{a(E_x=370,\ E_m=450)}{a(E_x=370,\ E_m=500)}$	判断 DOM 的来源和降解程度[23, 24]
腐殖化指数(HIX)	$\mathrm{HIX}=\dfrac{a(E_x=255,\ E_m=435\sim480)}{a(E_x=255,\ E_m=300\sim345)}$	评估 DOM 的腐殖化程度[29]
自生源指数(BIX)	$\mathrm{BIX}=\dfrac{a(E_x=370,\ E_m=380)}{a(E_x=370,\ E_m=430)}$	反映有机质自生源相对贡献率，同时可评价生物的可利用性[29]

研究指出，湖泊沉积物中 DOM 的来源可分为陆源和内源两种，陆源 DOM 主要来自土壤有机质、地表径流、陆生动植物残体以及人类活动输入的有机质，代表荧光物质为类腐殖质。而内源 DOM 主要来自藻类、水生植物、浮游生物、微生物等，代表荧光物质为类蛋白物质[30]。

荧光指数(FI)常用来表征 DOM 的来源，一般认为，当 FI<1.4 时，陆源输入占据主导位置，内源贡献相对较少；而当 FI>1.9 时，内源输入占据主要位置，陆源贡献相对较少。纳污河道沉积物中 DOM 的 FI 为 1.22～1.71，均值为 1.41(图 4.6 所示)，FI 总体上更接近 1.4，陆源输入占据主导。自生源指标(BIX)可以表征 DOM 的自生源特征，当 BIX>1 时，DOM 主要是由微生物活动产生，内源特征明显，当 BIX 在 0.8～1.0 时，DOM 介于内源与陆源之间，而当 BIX<0.6 时，DOM 主要来自陆源，内源贡献相对较低[29, 31]。本书研究中，纳污河道沉积物中 DOM 的 BIX 值为 0.36～0.85，均值为 0.53，即 BIX 也显示出陆源输入占据主导位置。HIX>10，说明 DOM 有强腐殖化特征，HIX<4，基本无腐殖质特征，对于纳污河道沉积物中 DOM 的 HIX 来说，其值为 8.87～36.67，平均值为 19.58，具有强腐殖化特征。有研究指出，以陆源输入为主的 DOM，其腐殖化程度较高[29]，所以高 HIX 也暗示了陆源输入的主导作用。根据图 4.6 及分析结果表明，沉积物中 DOM 的来源以陆源输入为主，内源输入为辅，具有陆源及内源共同影响的特征。

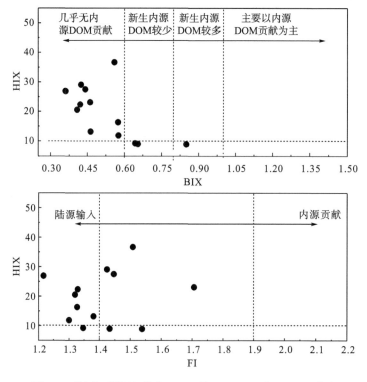

图 4.6   纳污河道沉积物中 DOM 的 BIX-HIX 和 FI-HIX 分布

为考察沉积物中 DOM 的分布特征和组成情况，选取 13 个采样点的样品进行了三维荧光扫描。从图 4.7 和图 4.8 可以看出，各采样点处的荧光光谱图基本相同，主要荧光峰位置一致，但荧光强度有所差异。随后根据表 4.12 对三维荧光光谱图进行分区。对以 DC 和 QSC-7 为代表的三维荧光光谱图进行了详细的区域划分（图 4.7），样品三维荧光光谱图均出现了明显的 C5 荧光峰，13 个采样点在此处的荧光强度均极高，因此沉积物中 DOM 主要以类腐殖酸为主。

类腐殖质与土壤淋溶、地表径流、植物腐烂和其降解产物等产生的 DOM 有关，主要属于陆源输入，而类蛋白则一般由水生生物或微生物产生[32]。因此，由图 4.8 可知，纳污河道沉积物 DOM 以类腐殖酸为主，其内源特征不明显，以陆源输入为主。这也正好与前文的光谱特征参数分析一致，尤其与 HIX 特征值展现出的 DOM 高度腐殖化结果相符。

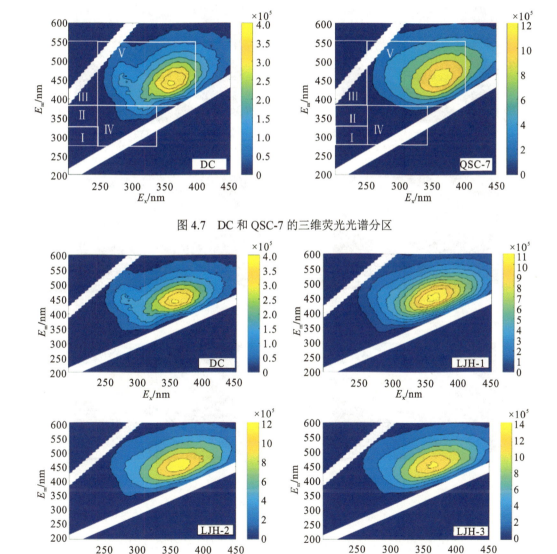

图 4.7　DC 和 QSC-7 的三维荧光光谱分区

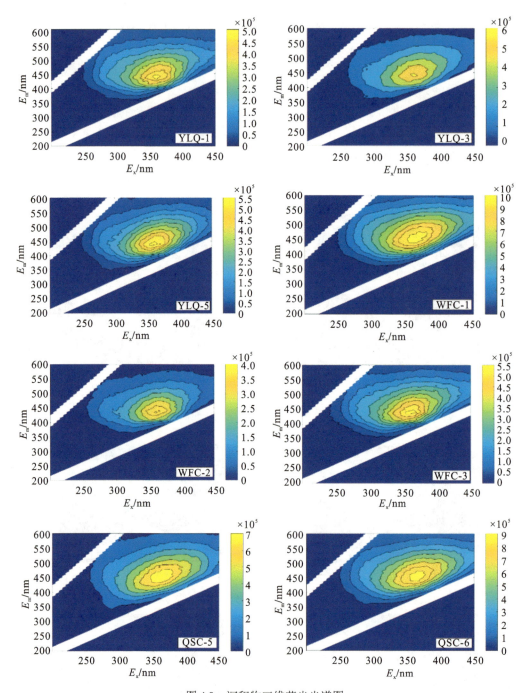

图 4.8　沉积物三维荧光光谱图

　　但三维荧光光谱法属于一种单一的定性方法,当不同种类和强度的荧光峰发生重叠或者叠加时,可能会导致光谱中某些重要的指纹信息被隐藏而无法有效识别,所以需要寻找一种新的方法进行深度解析。本书结合平行因子法(PARAFAC 模型)对三维荧光数据进行解析,可对 DOM 的不同荧光组分进行分离和定性分析,具有可行性强、准确度高等优点。利用 MATLAB 软件对纳污河道中 13 个沉积物样品的三维荧光数据进行 PARAFAC 模型分析，采用非负约束，并通过残差分析确定荧光组分数，同时利用折半分析来检验结果的可靠性。

从图 4.9(a)残差分析可以看出，2 组分与 3 组分之间差异性明显，而图 4.9(b)显示出 3 组分与 4 组分之间无明显差异，因此确定组分数为 3 时为最优选择。通过平行因子分析识别出丰水期纳污河道沉积物的 DOM 中有 3 个荧光组分(图 4.10)，并通过表 4.13 对各组分进行归属解析。

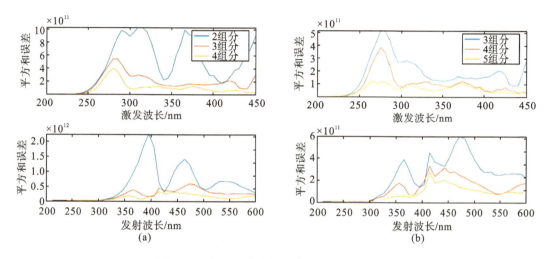

图 4.9　平行因子法分析三维荧光的组分检验图

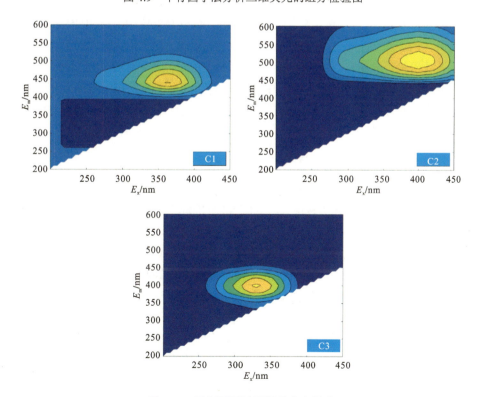

图 4.10　平行因子法解析的荧光组分

表 4.13   腐殖酸中主要荧光峰位置及归属解析

类别		包含范围
A	紫外光区类富里酸	E_x=230~270 nm, E_m=370~460 nm
C	可见光区富里酸	E_x=300~360 nm, E_m=370~440 nm
D	(长波)类腐殖酸	E_x=350~440 nm, E_m=430~510 nm
E	(短波)类腐殖酸	E_x=290~310 nm, E_m=400~450 nm
B	类蛋白(类酪氨酸)	E_x=225~230 nm, E_m=305~310 nm
T	类蛋白(类色氨酸)	E_x=225~230 nm, E_m=320~350 nm

组分 C1 和 C2 均属于长波类腐殖酸,以胡敏酸为代表,对应荧光峰 D,D 峰可以用来表征 DOM 的腐殖化程度。类腐殖质是土壤淋溶、植物腐烂降解或沿岸径流产生的 DOM,主要来源为陆源输入,该类物质主要表现为分子量大,易光降解且生物可利用性差等特性,它与黄廷林等在夏季周村水库识别出的组分具有相似性[33]。在本书研究中,D 峰显示出绝对优势,可能是与采样前期连续强降雨径流带入的陆源有机质有关[34]。而组分 C3 属于可见光区富里酸,对应荧光峰 C,其主要为一些分子量较大且相对稳定的富里酸,也是典型的陆源有机物。此外,有研究指出[27],C 峰的出现可能与 DOM 中的羰基和羧基的存在有关,通常也指示了陆源有机质的输入。在周石磊等[23]的研究中,山东省周村水库沉积物 DOM 的组分分析中也识别出了 D 峰和 C 峰,除此之外还识别出了 T 峰。

综上,根据三维荧光光谱和平行因子分析得出,纳污河道沉积物受到陆源输入的类腐殖质有机物的影响最大,陆源输入大于内源作用。黄廷林等[33]在研究中指出,类富里酸、类腐殖酸和类色氨酸均呈现出两两极显著相关,表明 DOM 中类腐殖质和类蛋白物质存在同源性。所以相关研究指出,当水生植物进入稳定生长期后,其释放的 DOM 经降解后能产生类腐殖质等物质;除此之外,水体中微生物的活性会因为农田、牧场和城市径流等污染而增加其活性,导致类蛋白质含量的增加。因此,传统陆源和内源分类下的 DOM 来源会随着人为活动的改变而发生差异,从而导致 DOM 来源的定性识别难度增加。

4.2.4.3   稳定同位素技术解析纳污河道污染来源

传统陆源和内源 DOM 的来源会随着人类活动的不断发展而发生变化,从而导致 DOM 来源定性识别难度增加,上述方法只能够对有机质进行定性分析,所以研究者们开始寻找其他方法来对其进行定量或半定量。越来越多的研究者发现,不同来源有机质的 C/N 元素比和稳定同位素组成具有差异性,通过利用沉积物的这类差异性来指示有机质的来源和估算不同端元的贡献率。沉积物有机质的来源主要包括内源和陆源两大类。陆源有机质主要来自土壤有机质、地表径流、陆生动植物残体以及人类活动输入的有机质;而内源有机质主要来自水体内部本身,如水生植物、浮游生物和微生物降解、分泌产生的物质[35-37]。内源和陆源有机物的碳同位素特征值范围不同,并且这种组成差异可以在沉积物中得到长期稳定的保存,因此,综合运用碳同位素和 C/N 元素比特征值可有效地解析沉积物中有机质来源及端元物质的相对贡献率[30, 38, 39]。

本书采用 $\delta^{13}C$、$\delta^{15}N$ 与 C/N 相结合的方式对纳污河道沉积物中的有机质来源进行定性和半定量分析。本书对纳污河道中的沉积物、周围土壤和水生植物端元进行了 $\delta^{13}C$ 和 $\delta^{15}N$ 测定，其中包括 13 个沉积物样品、4 个周围土壤样品和 13 个淡水水生植物样品（大藻、凤眼蓝和狐尾藻）。同时结合前人对沉积物有机质来源的 $\delta^{13}C$、$\delta^{15}N$ 和 C/N 元素比范围进行了归纳总结，初步将端元物质设定为浮游生物、淡水水生植物、土壤有机质、陆生 C3 植物、陆生 C4 植物和污水有机质 6 种[30]。按照六端元的 $\delta^{13}C$、$\delta^{15}N$ 与 C/N 元素比进行了分布范围整理，结果如表 4.14 所示。为深入分析纳污河道沉积物有机质的来源，明确每个端元物质的贡献率，首先对每个采样点的有机质来源进行定性分析，绘制六端元关系图。根据图 4.11，认为陆生 C3 植物和陆生 C4 植物对沉积物的有机质贡献相对较小，故将端元物质简化为浮游生物、土壤有机质、污水有机质和淡水水生植物四个端元。

表 4.14　典型端元有机质来源的 $\delta^{13}C$、$\delta^{15}N$ 与 C/N 元素比的分布

端元有机质	$\delta^{13}C$/‰	$\delta^{15}N$/‰	C/N 元素比	数据来源
陆生 C3 植物	$-30.0\sim-23.0$	$-5.00\sim8.00$	>18	文献[30]、文献[40]
陆生 C4 植物	$-17.0\sim-9.0$	$3.00\sim6.00$	>15	文献[30]、文献[40]
污水有机质	$-28.50\sim-16.61$	$6.74\sim25.00$	$6.60\sim14.64$	文献[40]
浮游生物	$-36.00\sim-24.00$	$5.00\sim8.00$	$5.20\sim14.60$	文献[30]、文献[40]~文献[42]
淡水水生植物	$-30.61\sim-26.73$	$2.06\sim8.79$	$9.41\sim33.19$	本书测定值
土壤有机质	$-26.07\sim-24.33$	$5.27\sim6.10$	$7.28\sim10.92$	本书测定值

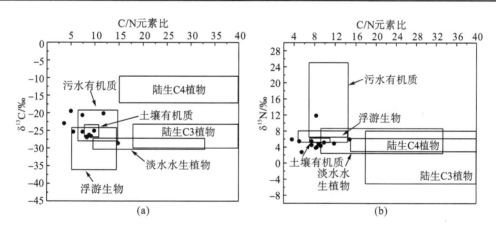

图 4.11　六端元关系图

根据上述定性分析，本书采用以下三元混合模型进行定量分析：

$$\delta^{13}C_S = \delta^{13}C_X \cdot f_X + \delta^{13}C_Y \cdot f_Y + \delta^{13}C_Z \cdot f_Z + \delta^{13}C_W \cdot f_W \quad (4\text{-}4)$$

$$\delta^{15}N_S = \delta^{15}N_X \cdot f_X + \delta^{15}N_Y \cdot f_Y + \delta^{15}N_Z \cdot f_Z + \delta^{15}N_W \cdot f_W \quad (4\text{-}5)$$

$$C/N_S = C/N_X \cdot f_X + C/N_Y \cdot f_Y + C/N_Z \cdot f_Z + C/N_W \cdot f_W \quad (4\text{-}6)$$

$$1 = f_X + f_Y + f_Z + f_W \quad (4\text{-}7)$$

式中，$\delta^{13}C$、$\delta^{15}N$ 为有机质稳定同位素的相对丰度；C/N 为有机质中碳与氮元素的含量比；f 为不同端元所对应的贡献率，浮游生物、淡水水生植物、土壤有机质和污水有机质分别

记为 X、Y、Z 和 W。

根据表 4.14 将浮游生物端元分布范围的中间值作为特征值进行模型计算，而土壤有机质和淡水水生植物以本次研究纳污河道的 4 个土壤样品和 13 个淡水水生植物样品的平均值进行模型计算。

根据以上端元值，并利用数值计算方法编制三元混合模型，求出方程的近似解，即为各端元对纳污河道沉积物各断面有机质的贡献率，计算结果如表 4.15 所示。

表 4.15　不同端元对纳污河道沉积物有机质的贡献百分数（%）

采样点	f_X	f_Y	f_Z	f_W
DC	0.00	0.00	100.00	0.00
LJH-1	25.70	0.00	74.30	0.00
LJH-2	30.45	0.00	69.55	0.00
LJH-3	31.32	0.00	68.68	0.00
YLQ-1	0.00	0.00	100.00	0.00
YLQ-3	0.00	0.00	100.00	0.00
YLQ-5	19.44	0.00	80.56	0.00
WFC-1	26.98	58.28	12.87	1.88
WFC-2	0.00	0.00	99.20	0.80
WFC-3	0.00	0.00	100.00	0.00
QSC-5	48.71	0.00	0.00	54.59
QSC-6	0.00	5.32	94.68	0.00
QSC-7	0.00	26.83	73.17	0.00

研究结果表明，纳污河道沉积物的有机质主要来自土壤有机质(陆源输入)，土壤有机质对其沉积物有机质的贡献率在 70%左右，这与王雯雯等[38]评估呼伦湖沉积物有机质输入结果十分类似。纳污河道有机质来源分析结果与上述紫外-可见光谱和三维荧光光谱分析结果基本一致，均呈现出陆源输入贡献大于内源作用，贡献最大为土壤有机质，其次为浮游生物、淡水水生植物和污水有机质。

结合采样条件和各断面周边的实际环境情况，在 2020 年 8~9 月乐至县经历了长达一个月左右的强降雨时期，连续的降雨加大了对周边土壤的冲刷，降雨径流导致土壤中的有机质源源不断地进入河道，使得土壤有机质的贡献率升高。对于渡槽断面来说，由于污水处理厂的提标改造，在污水处理厂至渡槽段进行了大规模清淤工作，河道中新鲜泥土居多，所以原始土壤有机质占据重要位置。对于 WFC-1 断面来说，表现为淡水水生植物贡献最大，达到了 58.28%。该断面属于水生植物多的水生植物修复带断面，水深较浅，所以水生植物腐烂后沉积的有机质贡献较大。该结果与光谱分析得出的结论有所不同，这可能是水生植物进入稳定生长期后，其释放的 DOM 经微生物降解产生类腐殖质，还未来得及降解为其他物质，导致该结果与传统类腐殖质来源有所差异。

而廖家河断面属于玉龙湖水库区，河道淤积严重，周边存在大面积农田和分散式人口居住区。玉龙桥和文峰场断面属于童家镇段，该区域由于部分污水管网破损，存在污水渗漏入河的现象，同时由于污水收集管网的覆盖不全面，也存在生活污水直排的现象，而清水村段沿岸主要以大量农田和种植经济型果树为主。以上表明，土壤中有机质的来源不仅受到固有土壤有机质的影响，还受到农业面源和分散式生活污水面源污染的共同影响。

研究结果表明，河道沉积物的有机污染来自周边土壤有机质的影响，人为因素影响较大，可能与周边村镇人口活动有关，土壤中有机质受到周边农业面源污染和分散式生活污水面源污染的影响，而其上游污水处理厂尾水对沉积物中有机污染的贡献较小[40]。同时沉积物中 TP、TN 和有机物(organic matter，OM)的相关性分析显示，河道沉积物中的 TP、TN 和 OM 来自同一污染源，所以沉积物中的 N、P 也主要来源于周边土壤有机质，污染源极有可能也主要来自以上两种面源污染，针对该现象，该河道应该加强控制周边陆域土壤的流失，同时加大力度控制周边农业和生活污水的面源污染，以减轻对河道的污染[40]。

综上所述，在进行有机质来源定量分析时，应该选择合适陆源和内源端元，同时有机物碳氮同位素相对丰度和 C/N 元素比的端元值应该通过研究区的实际情况决定。因为输入源、植被类型和地理条件的不同均可能会影响稳定同位素相对丰度和 C/N 元素比，使其发生变化，所以端元值并非固定的。同时在自然条件下，随着陆源有机物的输入，考虑到水体内源的一系列变化过程，河道中有机质的传统来源发生一定变化，使得各组分来源相互独立又相互交叉，这将给有机质来源的定性和定量分析增加难度。

4.3   分散性生活污水低成本净化技术工程示范

通过前文对纳污河道的整体研究可知，河道内植物型营养元素浓度普遍偏高，因此应该选择因地制宜的治理方式，而以上条件刚好契合人工湿地植物的生长条件。本节首先介绍分散性生活污水集约-景观-资源化低成本净化技术应用成果以及此技术的优点；然后介绍通过在污水受纳河道中游构建人工湿地，探究其在自然情况下对实际水体净化效果的运用问题，并进一步验证其是否可达到削减污染物浓度和提高水体微生物多样性等目的，以期为当地的水环境生态修复与治理提供参考。而微生物作为河流中数量庞大和功能最多的群体，对水体中污染物的迁移转化具有重要作用，且净化效果也与微生物群落结构、丰度和多样性息息相关，所以深入分析河道中微生物群落结构组成，有利于提高人工湿地对污水的净化效果和运行稳定性。

4.3.1   示范基地情况和构建

4.3.1.1   分散型生活污水集约-景观-资源化低成本净化技术示范基地

如图 4.12 所示，分散型生活污水集约-景观-资源化低成本净化技术对废水的处理是有效的，根据植物及污染物的种类、季节不同以及系统是开路还是闭路，废水中主要污染物的去除率一般为 30%~90%，处理效果是满意的。一体化生态净化系统的效果要明显好于单一生态净化床系统的处理效果。根据示范工程的测试结果，出水主要污染物去除效率可以达到 80%~90%甚至 90%以上，处理水水质满足《城镇污水处理厂污染物排放标准》(GB 18918—2002)一级 A 标准要求。本书对生长在立体生态净化床系统蔬菜的食用安全性按照无公害食品(绿叶类蔬菜)的国家标准进行了检测。结果表明，蔬菜(芹菜)中的铅(0.015 mg/kg)、镉(0.0029 mg/kg)以及氯氰菊酯(未检出)含量均远低于国家规定的指标(铅≤0.2 mg/kg、镉≤0.05 mg/kg 和 氯氰菊酯≤1 mg/kg)，证明系统生长的蔬菜是安全、健康的。分散型生活污水集约-景观-资源化低成本净化系统实现了人工湿地技术的单元化与装置化。同时，分散型生活污水集约-景观-资源化低成本净化装备运行维护成本低、使用灵活、处理效果好、可生产有价值副产品等，使其具有明显的优势。

图 4.12   分散型生活污水集约-景观-资源化低成本净化技术示范基地

4.3.1.2   分散型生活污水受纳河道低成本治理工程示范

以分散型生活污水受纳河道童家河流域为研究对象，对其干流、支流等进行实地调研，在中游区域的文峰场河道段构建人工湿地。该区域由上游集中来水，河道地势平坦、流速较缓，两岸以大面积农田为主，无乡镇化企业，污染来源单一。同时，该河段地势、河道、水流等有利于培育湿地植物、根植人工湿地净化系统。此外，选择玉龙桥作为对照断面。图 4.13 为分散型生活污水低成本净化技术工程示范区示意图。

图 4.13   分散型生活污水低成本净化技术工程示范区示意图

通过构建生态系统，达到扩大环境容量，提高河道水体自净能力的目的，最终实现水质稳定达标，所以在了解文峰场河段的水质、水文、水深、河道宽度等基本情况后构建人工湿地示范区。示范区整体为两个弧形，岸线较长，进水前段水深较深，后半部分水深较浅。依据对于现有生长较好的植物群落尽量减少人工干预的原则,在需要人工种植的区域,借鉴与本地相近的水生植物群落进行修复带内群落演替。同时根据前期实验室探究,在示范区岸线种植挺水植物(芦苇、再力花)、河道内种植浮叶植物(大藻、凤眼蓝和狐尾藻),通过在示范区种植高密度的水生植物,充分利用水生植物对水体中 N、P 的吸收作用,以及植物和微生物在根际系统内的协同净化作用来达到净化水质的目的[43]。

文峰场人工湿地示范区宽约 18 m,全长约 300 m,总面积约为 5275 m²,由于西南地区每年夏、秋季降水量较大,导致水流量加大、水位上涨,加之河道水动力作用,系统内植物会被冲散和迁移,这将会对整个人工湿地示范区造成严重的冲击,为避免上述情况的发生,在文峰场的进水断面架设拦网。人工湿地示范区建设工作于 2020 年 6 月左右开始,7 月左右完工,建设完成后人工湿地生态系统初步形成,而水生植物需经历 20~30 d 适应期才能与环境相互作用,最终趋于稳定。人为设计的人工湿地系统建成初期比较脆弱,必须通过维护管理来促进其良性循环和平衡,即需要对生态系统内的植物进行按时打捞和维护,现场效果如图 4.14 所示。

图 4.14　文峰场人工湿地示范区现场图

人工湿地示范区以廖家河断面上游来水为主要污染来源,伴随着周边农业和分散式生活污水的面源污染,其中修复带全长约 300 m,总面积约为 5275 m²,玉龙桥断面全长约 281 m,总面积为 5604 m²。选择人工湿地系统进行纳污河道水体原位净化研究,同时以玉龙桥断面为原位净化效果的对照断面,主要监测文峰场和玉龙桥断面丰水期和枯水期各营养元素的空间变化规律。以上章节对整个纳污河道中典型污染物的空间分布特征进行了相关分析,以下将着重对文峰场断面构建的人工湿地示范区净化效果及机理进行探究。

4.3.2　人工湿地示范区净化效果分析

4.3.2.1　丰水期净化效果

从图 4.15 可以看出,由于污染源主要为上游来水,文峰场和玉龙桥进水断面各营养元素浓度基本相同,但丰水期内营养元素浓度在文峰场断面有显著下降的趋势,而在玉龙桥断面无明显变化规律,浓度基本持平。

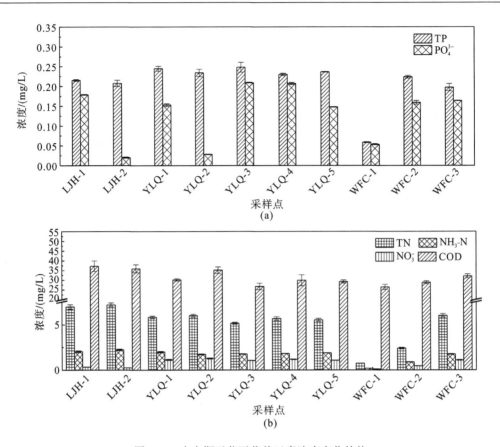

图 4.15　丰水期示范区营养元素浓度变化趋势

　　对于 TN 来说，上游来水中 TN 基本维持在 6.97～7.19 mg/L，玉龙桥断面 TN 浓度范围为 5.16～6.00 mg/L，文峰场断面 TN 浓度范围为 0.73～6.02 mg/L。文峰场人工湿地示范区进水断面 TN 为 6.02 mg/L，末端断面为 0.73 mg/L，人工湿地示范区对 TN 的削减量约为 87.87%，而玉龙桥断面对 TN 的削减量约为 5.15%。以此类推，人工湿地示范区对 NH_3-N 的削减量约为 89.71%，而玉龙桥断面对 NH_3-N 的削减量约为 5.03%；人工湿地示范区对 NO_3^- 的削减量约为 90.91%，而玉龙桥断面对 NO_3^- 的削减量约为 5.31%。

　　对于 TP 来说，上游来水 TP 浓度基本维持在 0.21～0.22 mg/L，玉龙桥断面 TP 浓度为 0.23～0.25 mg/L，文峰场断面 TP 浓度为 0.06～0.22 mg/L，人工湿地示范区进水断面 TP 浓度为 0.20 mg/L，末端断面为 0.06 mg/L，人工湿地对 TP 的削减量约为 70.00%，而玉龙桥断面 TP 基本保持不变。人工湿地对 PO_4^{3-} 的削减量约为 68.75%，而玉龙桥断面的 PO_4^{3-} 也基本保持不变。

　　对于 COD 来说，上游来水中的 COD 浓度基本维持在 35.90～37.21 mg/L，玉龙桥断面 COD 浓度为 26.73～35.12 mg/L，而文峰场断面 COD 浓度为 26.46～32.02 mg/L，人工湿地示范区进水断面 COD 浓度为 32.02 mg/L，末端断面为 26.46 mg/L，人工湿地对 COD 的削减量约为 17.36%，而玉龙桥断面对 COD 的削减量约为 2.86%。

　　相关研究表明，N、P 等植物型营养元素会被水生植物吸收，为植物生长所用[44]，而水体中的有机物污染物则会被微生物分解。文峰场和玉龙桥断面的对比结果表明，丰水期内由于人工湿地示范区中植物的截留、过滤、吸附、同化和微生物降解等作用，纳污河道水体中各营养元素浓度发生明显下降，表明水生植物强化的植物修复带可以有效地削减实际水体中 TN、NH_3-N、NO_3^-、TP、PO_4^{3-}、COD 的污染负荷，改善其污染状况。

4.3.2.2　枯水期净化效果

根据图 4.15 和图 4.16 显示，相较于丰水期来说，枯水期人工湿地示范区内各污染物浓度并未出现显著降低的趋势，只有 COD 有降低的现象。

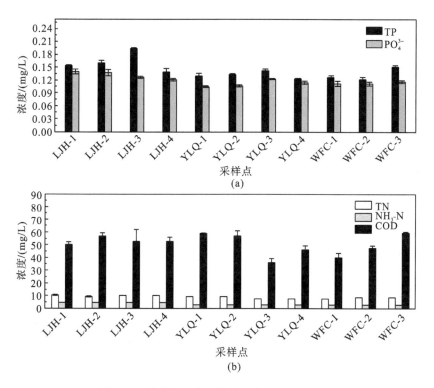

图 4.16　枯水期示范区营养元素浓度变化趋势

对于 TN 来说，上游来水中的 TN 基本维持在 9.18～10.45 mg/L，玉龙桥断面 TN 浓度为 7.47～9.34 mg/L，文峰场断面水体 TN 浓度为 7.32～8.08 mg/L，文峰场进水断面 TN 浓度为 8.08 mg/L，末端断面为 7.32 mg/L，人工湿地示范区对 TN 的削减量约为 9.41%，玉龙桥断面对 TN 的削减量约为 13.59%。以此类推，人工湿地示范区对 NH_3-N 的削减量几乎为 0，浓度基本保持不变，而玉龙桥断面对 NH_3-N 的削减量约为 16.42%。对于 TP 来说，上游来水中 TP 浓度基本维持在 0.14～0.19 mg/L，玉龙桥断面 TP 浓度为 0.12～0.14 mg/L，文峰场断面 TP 浓度为 0.12～0.15 mg/L，人工湿地示范区进水断面 TP 浓度为 0.15 mg/L，末端断面为 0.13 mg/L，人工湿地示范区对 TP 的削减量约为 13.33%，而玉龙桥断面对 TP 的削减量约为 7.69%。人工湿地示范区对 PO_4^{3-} 的削减量约为 8.33%，而玉龙桥断面对 PO_4^{3-} 的削减量约为 10.00%。对于 COD 来说，上游来水中 COD 浓度基本维持在 49.85～

56.74 mg/L,玉龙桥断面 COD 浓度为 36.06~58.88 mg/L,文峰场断面 COD 浓度为 39.96~59.25 mg/L,人工湿地示范区进水断面 COD 浓度为 59.25 mg/L,末端断面为 39.96 mg/L,人工湿地示范区对 COD 的削减量约为 32.56%,而玉龙桥断面对 COD 的削减量约为 22.20%。

文峰场人工湿地示范区断面和玉龙桥断面的对比结果表明,枯水期内水生植物强化的人工湿地削减水体中 TN、NH_3-N、TP、PO_4^{3-} 的污染负荷的能力明显下降,而 COD 的削减率有上升的趋势,可能是因为枯水期时正值冬季,各水生植物停止生长,植物的吸收作用及微生物活性减弱,人工湿地示范区去污效率会受到温度和季节变化的影响,特别是在冬季。所以文峰场人工湿地示范区内各营养元素浓度无明显下降,对其去除效果不明显。

不仅如此,枯水期正值冬季,河道流量低、流速小,同时气温的骤降使得蓝藻和人工湿地中植物死亡腐败,营养元素释放加剧,而大部分营养元素未得到降解而滞留水中,使得浓度回升,削减能力下降。而丰水期阶段为水生植物适应期后的最佳生长期,植物在该阶段对营养元素的需求比较旺盛,加之微生物活性也相对较高,所以导致丰水期内各营养元素浓度明显下降。

4.3.3　相关性分析

4.3.3.1　水体、植物及沉积物营养元素相关性分析

虽然各采样点断面有不同数量与种类的水生植物分布,但主要以浮叶植物为主,其中分布最广的植物为大藻,其次是凤眼蓝、狐尾藻。选取典型代表水生植物——大藻,作为纳污河道典型水生植物并做相关性分析。

纳污河道中水体、植物及沉积物营养元素含量相关性分析如表 4.16 所示。植物体 TN 和水体 TN 浓度之间存在着显著性正相关,而植物体 TN 和沉积物 TN 浓度之间,植物体 TN 和沉积物 TP 浓度之间,沉积物的 TN 和 TP 浓度之间存在极显著正相关,说明纳污河道中的氮、磷污染物在迁移转化、沉积、释放之间有着密切联系,或者是其来源具有同源性[45]。

表 4.16　纳污河道水体、植物体及沉积物 TN 和 TP 含量的相关性

	植物体 TN	植物体 TP	水体 TN	水体 TP	沉积物 TN	沉积物 TP
植物体 TN	1					
植物体 TP	-0.394	1				
水体 TN	0.864*	-0.242	1			
水体 TP	0.251	-0.525	0.362	1		
沉积物 TN	0.947**	-0.650	0.746	0.291	1	
沉积物 TP	0.937**	-0.641	0.801	0.303	0.983**	1

注:*表示在 0.05 水平(双侧)上显著相关;**表示在 0.01 水平(双侧)上极显著相关。

4.3.3.2 沉积物中 TN、TP 和 OM 相关性分析

根据 van Bemmelen 因数(1.724)进一步将沉积物中 TOC 浓度转换为 OM 浓度[46]，其计算公式如下：

$$W_{TOC} = W_{OM} / 1.724 \tag{4-8}$$

式中，W_{TOC} 为沉积物中有机碳浓度，mg/kg；W_{OM} 为沉积物中有机质的浓度，mg/kg。

通过以上公式可以计算出沉积物中 OM 的质量浓度。

纳污河道沉积物 TN、TP 和 OM 相关性分析如图 4.17 所示。采样点沉积物中的 TN、TP、OM 三者两两之间均呈极显著正相关。这表明沉积物中大部分 N 和 P 可能来源于 OM 中的有机氮、有机磷组分[47]，与上述元素分析中有机氮占总氮含量的 80.65%的结果相符。同时 OM、TP 和 TN 的相关性也表明，沉积物的 OM 和 TP、OM 和 TN 极有可能分别来自同一个污染源。而沉积物中 TN 和 TP 的相关性结果则表示它们具有一定的同源性，由此可以推测，纳污河道沉积物的 TP、TN 和 OM 可能来自同一污染源。

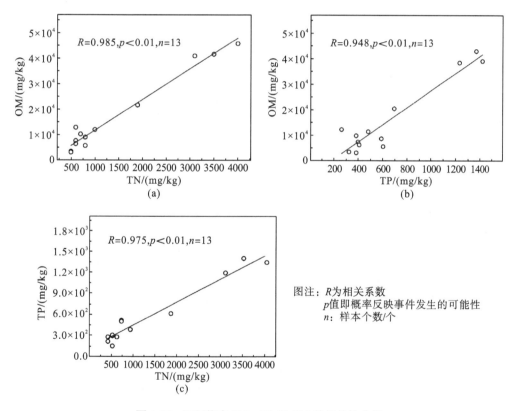

图 4.17 沉积物中 TN、TP 和 OM 的相关性分析

4.3.3.3 沉积物 OM 与粒度的变化规律

为了解纳污河道沉积物粒度特征与 OM 的关系，采用相关性分析方法探讨粒度组成、粒径与 OM 含量的关系，其相关系数如图 4.18 所示。纳污河道沉积物黏粒含量与 OM 浓度呈极显著正相关，中值粒径与 OM 浓度呈显著正相关，而粉砂含量、砂砾含量与 OM

含量无相关性。这表明黏粒级的沉积物有利于有机质的富集和滞留,随着黏粒占比的升高,沉积物有机质含量也相应增加。但随着中值粒径的升高,沉积物颗粒增大,有机质含量降低,这表明有机质的含量主要受到粒径较小的沉积物影响。相关研究表明,沉积物中有机质含量除了会受到人为活动的影响,粒径也是一项非常重要的因素,当沉积物粒径较小时,比表面积大,吸附力强,从而能吸附更多的有机质,也更利于有机质的滞留[48]。

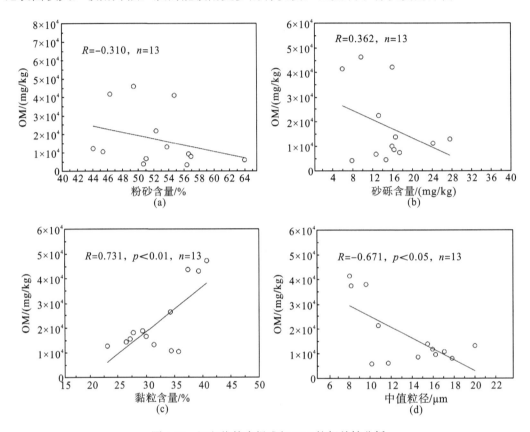

图 4.18 沉积物粒度组成与 OM 的相关性分析

4.3.4 人工湿地净化示范区环境质量评价

4.3.4.1 单因子指数评价法

利用单因子指数评价法对示范区及其附近断面进行环境评价。单因子评价法采用一票否决原则。将各参评指标与环境质量标准进行对比,计算其比值是否超过 1,将超标倍数最大的单项指标作为最终评价结果,以最坏的水质评价结果作为最终评价结果得出水质类别。单因子评价法属于国家标准方法,是目前使用最广泛的水质评价方法。

单因子污染指数计算公式:

$$P_i = C_i / S_i \tag{4-9}$$

式中,P_i 为单因子污染指数;C_i 为参评因子的实测值;S_i 为参评因子的标准值。

参照《地表水环境质量标准》(GB 3838—2002)和童家河流域受污染情况,选取水质指标 TN、COD、TP 和 NH₃-N 为评价因子，得到童家河各采样断面的单因子指数，评价结果见表 4.17。丰水期和枯水期内水质常规指标分析中示范区流域 TN、COD 和 NH₃-N 均有超标。从水质评价结果来看，文峰场人工湿地示范区进水断面水质为Ⅴ类，而 WFC-1 水质评价结果为Ⅳ类水质，为轻度污染，说明丰水期人工湿地具有良好的水质净化能力。枯水期文峰场人工湿地断面 TN 最大单因子指数由进水的 4.04 下降到出水断面的 3.66，水体污染有所改善，表明枯水期较丰水期人工湿地的净化能力有明显的下降趋势。

表 4.17　童家河水质单因子评价结果

示范区	丰水期	示范区	枯水期
	超标项目及最大单因子指数		超标项目及最大单因子指数
LJH-1	TN(3.49)、NH₃-N	LJH-1	TN(5.23)、NH₃-N、COD
LJH-2	TN(3.60)、NH₃-N	LJH-2	TN(4.59)、NH₃-N、COD
YLQ-1	TN(2.92)、NH₃-N	LJH-3	TN(5.09)、NH₃-N、COD
YLQ-2	TN(3.00)	LJH-4	TN(4.90)、NH₃-N、COD
YLQ-3	TN(2.58)	YLQ-1	TN(4.67)、NH₃-N、COD
YLQ-4	TN(2.84)	YLQ-2	TN(4.36)、NH₃-N、COD
YLQ-5	TN(2.77)	YLQ-3	TN(3.73)、NH₃-N
WFC-1	COD(0.88)	YLQ-4	TN(4.04)、NH₃-N、COD
WFC-2	TN(2.41)	WFC-1	TN(3.66)、NH₃-N
WFC-3	TN(3.01)	WFC-2	TN(4.31)、NH₃-N、COD
		WFC-3	TN(4.04)、NH₃-N、COD

4.3.4.2　内梅罗综合污染指数评价法

内梅罗综合污染综合指数（Nemerow's pollution index，NPI）是在 *Scientific Stream Pollution Analysis*（《河流污染科学分析》）[49]一书中提出的，是兼顾极值的计权型多因子指数。在使用内梅罗综合污染指数法进行环境风险评价时，各项评价因子均采用地表水环境质量标准的Ⅲ类水质的相应限值。

内梅罗综合污染指数法计算公式：

$$I = \sqrt{\frac{I_{i\max}^2 + I_{i\text{ave}}^2}{2}} \tag{4-10}$$

$$I_{\text{ave}} = \frac{1}{n}\sum_{i=1}^{n} I_i \tag{4-11}$$

$$I_i = \frac{F_i}{F_{si}} \tag{4-12}$$

式中，I 为内梅罗指数；$I_{i\max}$ 为第 i 项因子中最大的污染指数；$I_{i\text{ave}}$ 为第 i 项因子的平均值污染指数；I_i 为第 i 项参评因子污染指数；F_i 为第 i 项评价因子的实测值；F_{si} 为地表水环境质量标准的Ⅲ类水质相应标准限值。

根据上述公式计算，得到童家河内梅罗综合污染指数，如图 4.19 所示。同时，依据水质分级标准表 4.18 进行分级。

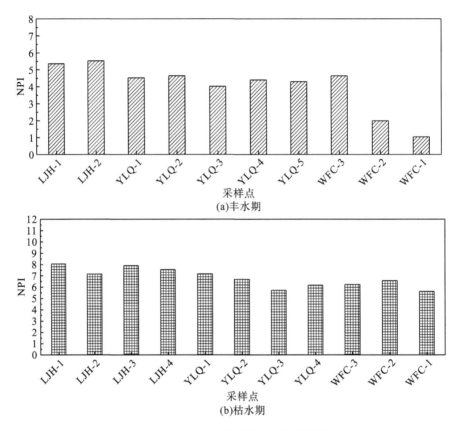

图 4.19   童加河内梅罗综合污染指数图

表 4.18   水质分级标准

综合污染指数	<1	1~2	2~3	3~5	>5
水质等级	清洁	轻污染	污染	重污染	严重污染

内梅罗综合污染指数结果表明，丰水期 LJH 断面 $I>5$、YLQ 断面 I 为 4~5，对于 WFC 人工湿地净化系统，进水断面 I 为 4.63，属于重度污染，而出水断面的 I 为 1.03，属于轻污染。枯水期 WFC 人工湿地净化系统的 I 由 6.32 降低为 5.61，水质有净化转好趋势，以上评价结果与单因子评价结果一致。

4.3.5   人工湿地净化系统中微生物群落结构分析

4.3.5.1   微生物多样性指数分析

微生物对生活污水中碳、氮、磷、硫等元素地球化学循环具有重要作用，且污水净化效果与湿地中微生物群落结构丰度、多样性等密切相关，分析人工湿地净化系统微生物群落结构组成，有利于提高人工湿地生活污水净化效果和运行稳定性。

以 97%的序列相似度作为 OTUs 划分阈值，将序列聚类成为 OTUs，共获得 73844 个 OTUs。表 4.19 和表 4.20 列出了 30 个样本微生物测序的群落多样性和丰富度指数（Chao1、ACE、Shannon、Simpson、Coverage），其中 Shannon 指数越大，微生物多样性越高，Simpson 指数反之；ACE 指数、Chao1 指数表征群落丰富度，其值越大，群落丰富度越高。由群落多样性和丰富度的测序结果可以得出，各采样点的 Coverage 指数均在 98%及以上，能够代表此次微生物群落的真实情况，测序结果可靠。同时，30 个测序样本在门分类上的 OTU 数均表现为植物根际 OTUs 数显著高于水体微生物。经过对比发现，植物根际样本的 Shannon 指数显著高于水体样本的 Shannon 指数。同时，ACE 指数、Chao1 指数也显示出植物根际样本明显大于水体样本，说明植物根际样本与水体样本间的微生物丰富度和多样性存在明显差别，且在植物根际上微生物种群的丰富度及群落多样性更高，尤其是文峰场人工湿地净化系统和下游临近的玉龙桥采样区。同时，水体微生物样本 Alpha 多样性指数表明，文峰场断面 Chao1、ACE 和 Shannon 指数相对较高，说明人工湿地植物的存在能够明显提高水体微生物种群的丰富度和群落多样性，大型沉水植物生物量和组成是影响水体微生物群落结构和多样性的关键因子，也是调控微生物群落组成季节动态的主要驱动因子。

表 4.19　根际微生物多样性及丰富度

样品	OTUs/个	多样性和丰富度指数				
		Shannon	Simpson	ACE	Chao1	Coverage
WFC.1.D	3204	9.056	0.988	3704.854	3667.582	0.986
WFC.1.F	2874	8.736	0.986	3277.170	3193.888	0.989
WFC.1.H	3491	9.488	0.994	4365.932	4115.424	0.981
WFC.2.D	2989	9.009	0.991	3402.860	3332.057	0.988
WFC.2.F	3087	9.099	0.992	3464.809	3431.474	0.988
WFC.3.F	3175	9.124	0.989	3673.745	3612.886	0.987
WFC.3.D	3007	9.510	0.996	3343.508	3271.528	0.990
LJH.1.D	2759	8.688	0.991	3267.724	3222.156	0.987
LJH.2.F	2292	7.917	0.985	2728.447	2624.544	0.989
LJH.2.D	3034	9.349	0.995	3427.951	3360.433	0.988
YLQ.5.K	3330	9.420	0.994	3750.631	3699.284	0.987
YLQ.5.F	3780	10.038	0.997	4158.377	4112.772	0.987
QSC.5.H	2526	9.207	0.994	2750.509	2738.382	0.992
QSC.5.D	2157	7.834	0.956	2388.956	2361.91	0.993
QSC.5.Y	1960	7.633	0.976	2169.489	2142.91	0.993

表 4.20　水体微生物多样性及丰富度

样品	OTUs/个	多样性和丰富度指数				
		Shannon	Simpson	ACE	Chao1	Coverage
DC	2021	7.122	0.958	2441.977	2396.291	0.989

样品	OTUs/个	多样性和丰富度指数				
		Shannon	Simpson	ACE	Chao1	Coverage
LJH.1	1900	6.779	0.939	2209.322	2150.052	0.991
LJH.2	2013	7.238	0.966	2398.641	2343.545	0.99
YLQ.1	2099	7.641	0.985	2425.075	2348.991	0.991
YLQ.2	2146	7.838	0.987	2458.859	2419.195	0.991
YLQ.3	2292	8.099	0.988	2656.188	2600.78	0.990
YLQ.4	2326	8.126	0.989	2644.54	2565.013	0.991
WFC.1	2346	7.836	0.981	2665.202	2634.607	0.991
WFC.2	2479	8.08	0.984	2812.993	2732.000	0.990
WFC.3	2015	7.307	0.975	2374.264	2293.449	0.991
QSC.1	1547	7.101	0.975	1772.784	1727.681	0.994
QSC.2	1894	7.474	0.978	2254.362	2228.629	0.991
QSC.3	1331	7.029	0.966	1507.927	1477.048	0.995
QSC.4	1174	6.791	0.970	1319.86	1282.514	0.996
QSC.5	2596	8.516	0.980	2920.341	2876.830	0.990

4.3.5.2　微生物群落结构分析

为分析不同采样断面微生物群落结构组成,从门、纲分类水平上对不同微生物组成的丰度差异进行了比较。分析结果如图 4.20～图 4.23 所示,各样本在门水平和纲水平上存在差异,植物根际微生物样本与水体微生物样本差异性较大。

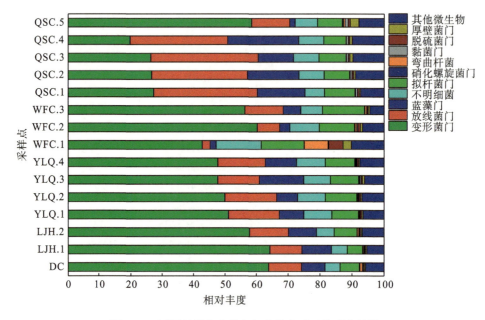

图 4.20　不同采样点水体在门分类水平下的群落结构

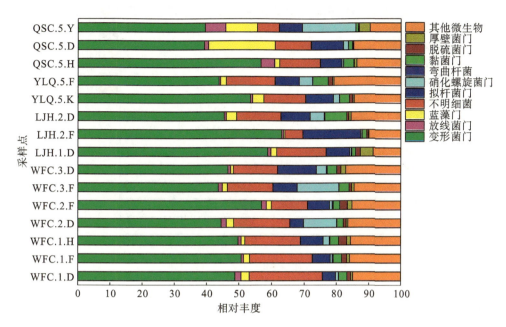

图 4.21　不同植物根际在门分类水平下的群落结构

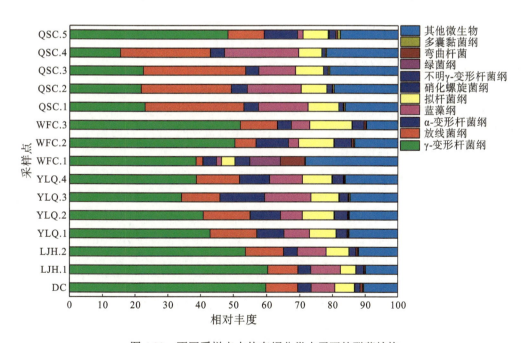

图 4.22　不同采样点水体在纲分类水平下的群落结构

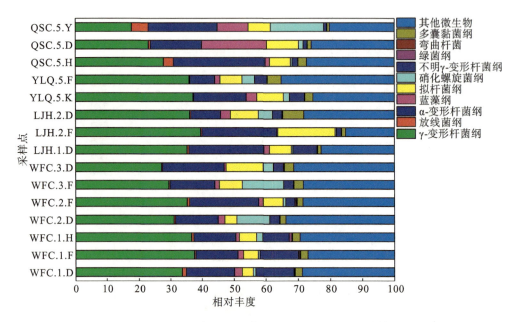

图 4.23　不同植物根际在纲分类水平下的群落结构

在门分类水平上，含量较高的有变形菌门、放线菌门、拟杆菌门、蓝藻门、厚壁菌门和硝化螺旋菌门。植物根际中放线菌门、蓝藻门、拟杆菌门相对丰度明显低于水体微生物群落，而厚壁菌门和黏菌门有上升的趋势。变形细菌门在每一个样本中的相对丰度均为最高，是最主要的微生物类群，在植物根际样本中其相对丰度为 39.32%~63.06%，在水体样本中其相对丰度为 19.71%~64.26%。相关研究表明，微生物对水质净化具有显著效果，能够快速降解吸收氮、磷化合物，有机物和其他营养物[50]。以人工湿地系统中氮元素的去除为例，通过基质吸附和植物吸收的脱氮量约占总脱氮量的 20%~30%，而微生物硝化和反硝化作用的脱氮量占总脱氮量的 54%~94%[51, 52]。研究表明，在门分类水平下变形菌门、放线菌门、拟杆菌门、厚壁菌门有利于污水中有机物的去除，同时硝化螺旋菌门和变形菌门对氮素的去除占据重要作用。

在纲分类水平上，γ-变形杆菌纲、α-变形杆菌纲、放线菌纲、蓝藻纲、拟杆菌纲、硝化螺旋菌纲、不明 γ-变形杆菌纲（unidentified-γ-proteobacteria）在样本中含量较多。由图 4.22 和图 4.23 可知，与水体样本相比，植物根际中放线菌纲、γ-变形杆菌纲、蓝藻纲占比相对下降，而 α-变形杆菌纲、一些不明 γ-变形杆菌纲和其他纲的微生物占比升高。修复带水体中变形菌纲的相对丰度明显高于其他采样点样本，主要以 α-变形杆菌纲、γ-变形杆菌纲和一些不明 γ-变形杆菌纲为主。相关研究显示，α-变形杆菌纲和 γ-变形杆菌纲包含较多的固氮细菌，可以在硝化过程中发挥作用，能够明显提升修复带的养分循环，除此之外，γ-变形杆菌纲为兼性异氧菌，参与 COD 的降解过程，也可在厌氧条件下参与厌氧氨氧化作用。微生物群落的相对丰度也从侧面反映了水生植物修复带的构建影响了周围微生物的生存环境，使得具有污水净化功能的微生物群落相对丰度升高，污染物得到有效降解；而微生物的净化能力又作用于水生植物修复带，进一步强化了修复带的净化能力，最终表现为水生植物修复带的净化效果。

各样本微生物各类菌群的相对丰度表明,对于整条河道来说,水体微生物和植物根际微生物在门和纲上其群落组成差异性显著,同时文峰场人工湿地示范区的水体微生物组成结构与其余采样点具有明显的差异,说明水生植物的存在能够影响周围微生物的群落结构。同时根据水体中蓝藻门和蓝藻纲的相对丰度显示,水生植物修复带内水体中蓝藻的相对丰度从 5.59%下降至 1.91%,且明显低于其他监测断面。这说明水生植物修复带能够有效地减小水体中蓝藻暴发的概率,具有克藻效应[53]。同时,推测清水村断面极易爆发水华蓝藻,该推测也与微生物测序结果相一致。除此之外,对于修复带内微生物群落来说,部分功能细菌属于不可培养菌,这可能将是水生植物修复带具有独特净化效果的重要因素。因此利用水生植物修复带生物多样性好、景观效果佳的特点,可因地制宜地解决纳污河道的营养元素的污染问题。

4.3.5.3　微生物群落结构聚类分析

采用 NMDS 分析来衡量样本群落物种组成的相似度和差异度。当 Stress<0.2 时,说明 NMDS 可以准确反映样本间的差异程度结果。如图 4.24 所示,根际微生物和水体微生物明显聚类成 2 个类群,根际微生物和水体微生物群落结构之间差异性程度较大,而根际与根际、水体与水体样本的微生物相似度较高。结果表明,根际微生物和水体微生物群落结构组成差异越大,不同类样本之间的差异越明显;同类型、相距较近的样本相似度高,微生物群落结构相似度越高。此外,清水村采样区域的根际和水体微生物群落结构与其他采样区样本具有一定差异性,这与生活污水汇入水体、周边农田面源输入、水力条件等因素密切相关。

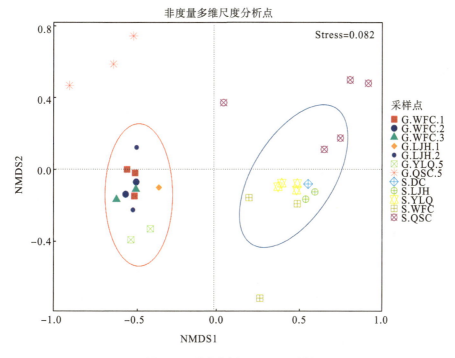

图 4.24　微生物样品 NMDS 分析

4.3.5.4　环境因子对微生物群落结构的影响

各样本的细菌种群多样性不同，这与所处的生态环境息息相关。分别计算前十种优势微生物种类在门水平上与环境因子的 Spearman 相关系数，并对环境因子和优势群落之间的 Spearman 相关系数进行相关性热图分析，得到环境因子和物种之间的相互变化关系如图 4.25 所示。

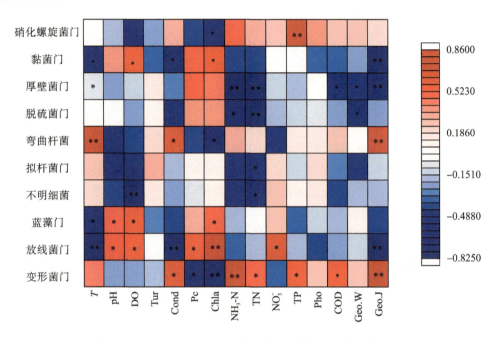

图 4.25　门水平上 Spearman 与微生物多样性相关性分析热图

NH₃-N、TN、TP、COD 等主要污染物对微生物群落的结构有显著影响，NH₃-N、TN 和 COD 与变形菌门、拟杆菌门、脱硫杆菌门和厚壁菌门具有显著或极显著相关，TP 与变形菌门和硝化螺旋菌门呈现显著正相关，而溶解性 P(Pho) 对生物群落几乎没有影响，这说明在不同污染环境下，细菌的相对丰度也存在一定差异。此外，温度(T)、DO、Tur、电导率(Cond)、藻蓝蛋白(Pc)和 Chla 等环境因子对微生物群落结构影响十分明显，该类环境因子与放线菌门、蓝藻门等呈现显著或极显著相关，而 Tur 对微生物群落结构影响不明显。从相对丰度排名前三的变形菌门、放线菌门、蓝藻门来看，变形菌门易受到污染物因素的影响，而放线菌门、蓝藻门更容易受到水体理化条件的影响。

根据冗余分析(RDA)/典型相关分析(canonical correlation analysis，CCA)模型选择原则，可判别用 CCA 或 RDA 进行环境因子对生物群落结构影响的展示。决策曲线分析(decision curve analysis，DCA)结果中前四个轴中最大的值如大于 4.0，一般选用 CCA；如果为 3.0~4.0，则选 RDA 和 CCA 均可；如果小于 3.0，一般认为 RDA 的展示效果更好。DCA 分析结果如表 4.21 所示，选择微生物群落与环境因子做 RDA。

表 4.21　DCA 分析结果

	DCA1	DCA2	DCA3	DCA4
水体轴长度	1.32	0.38	0.39	0.36
根际轴长度	0.54	0.41	0.35	0

采用 RDA 对门水平上细菌群落结构和环境因子间的关系进行进一步分析，如图 4.26 所示。由图 4.26(a)可知，第一和第二主轴分别解释了水体中微生物群落的 75.77% 和 18.19%，总解释度为 93.96%；由图 4.26(b)可知，第一和第二主轴分别解释了根际微生物群落结构的 48.84% 和 23.62%，总解释度为 72.46%，说明以上结果分析相对可靠。

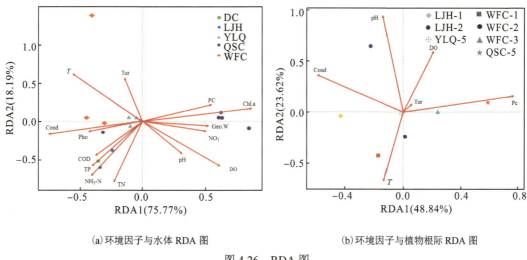

(a)环境因子与水体 RDA 图　　　　(b)环境因子与植物根际 RDA 图

图 4.26　RDA 图

对水体进行 RDA 得出，对流域中水体微生物群落结构影响最大的环境因素是叶绿素 a(Chla)，且叶绿素 a 与 QSC 采样区微生物群落呈正相关，与其他区域微生物群落呈负相关，叶绿素 a 与 T、Cond 等环境因子呈负相关。同时，Pho、TN、COD 等对水体微生物群落结构影响不大，说明物种分布在门水平上很大程度上受到水体理化因子等的影响。植物根际 RDA 研究分析得出，对流域中根际微生物群落结构影响最大的是 Pc，且 Pc 与 QSC 采样区的微生物群落特征呈正相关。

4.4　本章小结

本章以典型纳污河道为研究对象，并对其污染特性进行了深入分析，系统地研究了纳污河道水体和沉积物中典型污染物的空间分布特征、光谱特性，并沿着城乡梯度解析了其污染物的空间分布特征、来源和污染现状。同时，针对纳污河道的污染特性，提出了因地制宜的净化技术，分析了水生植物修复带的净化效果，阐明了修复带功能与微生物群落结构之间的内在关系，得到的主要结论如下。

（1）纳污河道典型污染物分析结果表明，丰水期和枯水期营养元素浓度普遍较高，其污染均受到人为活动影响，丰水期以 PO_4^{3-} 影响最为明显，而枯水期内，以 NH_3-N、TN 受到周围人为活动的影响较为明显。纳污河道的营养元素浓度也呈现出季节性变化，枯水期的 TN、NH_3-N 和 COD 浓度相较于丰水期有明显的升高趋势，但 TP 浓度有所降低。对于 6 种 EDCs 仅检测到 4-t-OP、4-NP 和 BPA，BPA 为纳污河道中主要的 EDCs 污染物，该河道并未受到 EDCs 的普遍污染，处于较低等的污染水平。整体上纳污河道水体自净能力较弱，靠近上游城市断面中的污染物含量普遍高于下游农村断面，呈现出城郊—农村梯度下降的趋势，高浓度污染物基本集中在渡槽和廖家河断面。

（2）污染评价结果显示，河道污染状况与上游城市和沿线村落分布有着密切联系，靠近上游城市断面的污染程度普遍较下游农村断面严重。水体单因子评价结果表明，纳污河道基本以劣Ⅴ类水质为主，属于重度污染，丰水期主要以 N 污染为主，而枯水期以 N 和有机污染为主；NPI 指数表明，平均 NPI 由丰水期的 3.81 上升到枯水期 5.81，水质由重污染上升至严重污染，呈现出污染加剧的变化趋势。纳污河道沉积物氮磷单项污染指数空间差异较大，TN 和 TP 单项污染评价分别属于重度污染和中度污染，氮污染程度高于磷；综合污染指数结果表明，纳污河道属于重度污染，以廖家河断面的污染最为严重；有机污染评价结果表明，有机氮等级属于中度污染，有机污染指数等级属于较清洁状态，这说明沉积物中有机氮污染程度更为明显，含氮污染物含量偏高。

（3）沉积物光谱特征表明，DOM 的相对浓度表现为廖家河断面明显高于其他地方，沿程 DOM 分子量有相对增大的趋势，缩合度变大，有机质中富里酸含量大于胡敏酸。此外，DOM 具有强腐殖化特征，荧光光谱以 C5 峰为主。通过平行因子分析识别出长波类腐殖酸和可见光区富里酸，说明沉积物受陆源输入的类腐殖质有机物影响最大，陆源输入大于内源作用，内源特征不明显。定量分析结果表明，不同采样断面各端元的贡献率存在一定程度的差异，有机质主要来源于土壤有机质，贡献率在 70%左右。而河道沉积物中的 N、P 也主要来源于周边土壤有机质，污染源可能为来自周边农业和分散式生活水面源污染。针对该现象，该河道应该加强控制周边陆域土壤的流失，同时加大力度控制周边农业和分散式生活污水的面源污染，以减轻对河道的污染。

（4）水生植物修复是一种低成本、因地制宜的污水净化技术，可以有效地削减纳污河道中污染物浓度。研究结果表明：丰水期内各污染物浓度在水生植物修复带有显著下降的趋势，修复带可以有效地削减污水中 TN、NH_3-N、NO_3^-、TP、PO_4^{3-}、COD 的污染负荷，对 TN 的削减量约为 87.87%、对 NH_3-N 的削减量约为 89.71%、对 NO_3^- 的削减量约为 90.91%、对 TP 的削减量约为 70.00%、对 PO_4^{3-} 的削减量约为 68.75%、对 COD 的削减量约为 17.36%。但对于枯水期来说，修复带削减污水中 TN、NH_3-N、TP、PO_4^{3-} 的污染负荷能力明显下降，而 COD 的削减率有上升的趋势，但整体来说污染物的去除效果不明显。

（5）微生物测序分析结果表明，门分类上的 OTUs、Shannon、ACE 和 Chao1 指数均表现为植物根际高于水体样本，说明植物根际微生物种群的丰富度及群落多样性更高。同时，研究结果也证明了水生植物的存在能够明显地提高水体微生物种群的丰富度及群落多样性。聚类分析表明，根际微生物和水体微生物样本明显聚类成两个类群，两个类群之间明显分开。微生物聚类热图表明，T、DO、pH、Cond、Pc 和 Chla 等环境因子对微生物群落結構影響十分明顯，NH$_3$-N、TN、TP、COD 等主要污染物對微生物群落結構也有顯著影響。此外，水體的 RDA 結果顯示，對水體微生物群落結構影響最大的環境因素是 Chla，而 Pho、TN、COD 等污染狀況對水體微生物群落結構的影響程度相對較小，說明物種分布在門水平上受到水體理化因子等環境因素的影響。

參 考 文 献

[1] Huang B, Pan X J, Liu J L, et al. New discoveries of heating effect on trimethylsilyl derivatization for simultaneous determination of steroid endocrine disrupting chemicals by GC-MS[J]. Chromatographia, 2010, 71（1/2）: 149-153.

[2] Wang B, Wan X, Zhao S, et al. Analysis of six phenolic endocrine disrupting chemicals in surface water and sediment[J]. Chromatographia, 2011, 74（3/4）: 297-306.

[3] 王彬. 酚類環境內分泌干擾物分析方法及滇池水系污染特徵研究[D]. 昆明: 昆明理工大學, 2012.

[4] 鄭睿. 西南高壩庫區典型支流沉積物重金屬元素環境地球化學行為研究[D]. 綿陽: 西南科技大學, 2020.

[5] 馬金玉, 王文才, 羅千里, 等. 黃大湖沉積物營養鹽分布情況及來源解析[J]. 環境工程技術學報, 2021, 11（4）: 678-685

[6] 鮑士旦. 土壤農化分析[M]. 第三版. 北京: 中國農業出版社, 2000.

[7] 黃曉藝, 胡湛波, 葉春, 等. 太湖出入湖河口水質和水生植物中氮、磷含量及其相關性分析[J]. 環境工程, 2019, 37（9）: 74-80, 102.

[8] 劉建偉, 周曉, 呂臣, 等. 三種挺水植物對富營養化景觀水體的淨化效果[J]. 濕地科學, 2015, 13（1）: 7-12.

[9] 朱浩, 曹坤, 陳曉龍, 等. 生態懸床技術對白洋淀水環境修復效果的研究[J]. 漁業現代化, 2020, 47（6）: 42-48.

[10] 吳富勤, 申仕康, 王躍華, 等. 鳳眼蓮種植對滇池水體環境質量的影響[J]. 生態科學, 2013, 32（1）: 110-114.

[11] 胡小貞, 耿榮妹, 許秋瑾, 等. 太湖流域流經不同類型緩衝帶入湖河流秋、冬季氮污染特徵[J]. 湖泊科學, 2016, 28（6）: 1194-1203.

[12] Saunders D L, Kalff J. Denitrification rates in the sediments of lake memphremagog, Canada–USA[J]. Water Research, 2001, 35（8）: 1897-1904.

[13] 李叢楊, 史宸菲, 方家琪, 等. 太湖入湖河流氮磷時空分布特徵[J]. 生態與農村環境學報, 2021, 37（2）: 182-187.

[14] 朱夢圓, 朱廣偉, 王永平. 太湖藍藻水華衰亡對沉積物氮、磷釋放的影響[J]. 環境科學, 2011, 32（2）: 409-415.

[15] 呂豪朋, 李崇巍, 馬振興, 等. 天津於橋水庫上游河流表層沉積物不同形態磷的空間分布[J]. 天津師範大學學報（自然科學版）, 2018, 38（3）: 66-71.

[16] 李樂, 王海芳, 王聖瑞, 等. 滇池河流氮入湖負荷時空變化及形態組成貢獻[J]. 環境科學研究, 2016, 29（6）: 829-836.

[17] 劉加強, 范秀磊, 李昂, 等. 某城市內湖水質評價及污染成因分析[J]. 淨水技術, 2020, 39（11）: 142-146.

[18] 王華, 陳華鑫, 徐兆安, 等. 2010—2017 年太湖總磷濃度變化趨勢分析及成因探討[J]. 湖泊科學, 2019, 31（4）: 919-929.

[19] 張弘弢, 諶書, 王彬, 等. 組合式人工濕地對分散型生活污水淨化效果及其微生物群落結構特[J]. 環境化學, 2019, 38（11）: 2535-2545.

[20] 黃文平, 鮑軼凡, 胡霞, 等. 黃浦江上游水源地中 31 種內分泌干擾物的分布特徵以及生態風險評價[J]. 環境化學, 2020, 39（6）: 1488-1495.

[21] Liu Y H, Zhang S H, Ji G X, et al. Occurrence, distribution and risk assessment of suspected endocrine-disrupting chemicals in surface water and suspended particulate matter of Yangtze River（Nanjing section）[J]. Ecotoxicology and Environmental Safety, 2017, 135: 90-97.

[22] Liu D, Liu J N, Guo M, et al. Occurrence, distribution, and risk assessment of alkylphenols, bisphenol A, and tetrabromobisphenol A in surface water, suspended particulate matter, and sediment in Taihu Lake and its tributaries[J]. Marine Pollution Bulletin, 2016, 112(1/2): 142-150.

[23] 周石磊, 孙悦, 张艺冉, 等. 山东省周村水库季节演替中沉积物上覆水溶解性有机物的紫外-可见与三维荧光光学特征[J]. 湖泊科学, 2019, 31(5): 1344-1356.

[24] 朱金杰, 邹楠, 钟寰, 等. 富营养化巢湖沉积物溶解性有机质光谱时空分布特征及其环境意义[J]. 环境科学学报, 2020, 40(7): 2528-2538.

[25] 陈昭宇. 三峡库区城镇化背景下河流溶解性有机质特征及降解规律研究[D]. 北京: 中国科学院大学(中国科学院重庆绿色智能技术研究院), 2020.

[26] 言宗骋, 高红杰, 郭旭晶, 等. 蘑菇湖沉积物间隙水溶解性有机质紫外可见光谱研究[J]. 环境工程技术学报, 2019, 9(6): 685-691.

[27] 李帅东, 姜泉良, 黎烨, 等. 环滇池土壤溶解性有机质(DOM)的光谱特征及来源分析[J]. 光谱学与光谱分析, 2017, 37(5): 1448-1454.

[28] 李璐璐, 江韬, 闫金龙, 等. 三峡库区典型消落区土壤及沉积物中溶解性有机质(DOM)的紫外-可见光谱特征[C]//第七届全国环境化学学术大会论文集. 贵阳: 第七届全国环境化学学术大会, 2014.

[29] Huguet A, Vacher L, Relexans S, et al. Properties of fluorescent dissolved organic matter in the Gironde Estuary[J]. Organic Geochemistry: A Publication of the International Association of Geochemistry and Cosmochemisty, 2009, 40(6): 706-719.

[30] 张晓晶, 卢俊平, 张圣微, 等. 大河口水库表层沉积物有机质特征及来源解析[J]. 农业环境科学学报, 2019, 38(12): 2835-2843.

[31] 卢松, 江韬, 张进忠, 等. 两个水库型湖泊中溶解性有机质三维荧光特征差异[J]. 中国环境科学, 2015, 35(2): 516-523.

[32] 隋志男, 郅二铨, 姚杰, 等. 三维荧光光谱区域积分法解析辽河七星湿地水体 DOM 组成及来源[J]. 环境工程技术学报, 2015, 5(2): 33-39.

[33] 黄廷林, 方开凯, 张春华, 等. 荧光光谱结合平行因子分析研究夏季周村水库溶解性有机物的分布与来源[J]. 环境科学, 2016, 37(9): 3394-3401.

[34] 何杰, 朱学惠, 魏彬, 等. 基于EEMs与UV-vis分析苏州汛期景观河道中DOM光谱特性与来源[J]. 环境科学, 2021, 42(4): 1889-1900.

[35] Wang J, Hilton R G, Zhang D J, et al. The isotopic composition and fluxes of particulate organic carbon exported from the eastern margin of the Tibetan Plateau[J]. Geochimica et Cosmochimica Acta: Journal of the Geochemical Society and the Meteoritical Society, 2019, 252: 1-15.

[36] Smith J C, Galy A, Hovius N, et al. Runoff-driven export of particulate organic carbon from soil in temperate forested uplands[J]. Earth and Planetary Science Letters: A Letter Journal Development in Time of the Earth and Planetary System, 2013, 365: 198-208.

[37] Adams J L, Tippinget E, Bryant C L, et al. Aged riverine particulate organic carbon in four UK catchments[J]. Science of The Total Environment, 2015, 536: 648-654.

[38] 王雯雯, 王书航, 姜霞, 等. 多方法研究呼伦湖表层沉积物有机质的赋存特征及来源[J]. 环境科学研究, 2021, 34(2): 305-318.

[39] 王雯雯, 郑丙辉, 郑朔方, 等. 呼伦湖水体悬浮颗粒物中有机质的赋存特征及来源解析[J]. 环境科学研究, 2021, 34(3): 558-566.

[40] 刘倩, 庞燕, 项颂, 等. 骆马湖表层沉积物有机质分布特征及来源解析[J]. 中国环境科学, 2021, 41(10): 4850-4856.

[41] 梁红, 黄林培, 陈光杰, 等. 滇东湖泊水生植物和浮游生物碳、氮稳定同位素与元素组成特征[J]. 湖泊科学, 2018, 30 (5): 1400-1412.

[42] 陈子栋, 黄林培, 陈丽, 等. 云南4个湖泊浮游生物碳、氮稳定同位素的季节变化及其影响因子[J]. 湖泊科学, 2021, 33 (3): 761-773.

[43] 寇晓峰. 某河人工湿地生态修复工程措施[J]. 河南水利与南水北调, 2020, 49 (6): 5-6.

[44] 高困. 农村生活污水人工湿地处理技术研究[J]. 节能, 2020, 39 (9): 90-91.

[45] 王亚琼, 薛培英, 耿丽平, 等. 白洋淀沉积物-沉水植物-水系统氮、磷分布特征[J]. 水土保持学报, 2017, 31 (3): 304-309.

[46] 张紫霞, 刘鹏, 王妍, 等. 普者黑岩溶湿地沉积物氮、磷、有机质分布及污染风险评价[J]. 生态环境学报, 2019, 8 (9): 1835-1842.

[47] 冯亿哲. 剑湖水体、沉积物的氮、磷空间分布特征及其环境风险分析[D]. 昆明: 云南师范大学, 2020.

[48] 李青芹, 霍守亮, 昝逢宇. 我国湖泊沉积物营养盐和粒度分布及其关系研究[J]. 农业环境科学学报, 2010, 29 (12): 2390-2397.

[49] Nemerow N L C. Scientific Stream Pollution Analysis[M]. New York: McGraw-Hill Companies, 1974.

[50] 王林, 李冰, 余家辉, 等. 不同湿地模型中根系微生物的多样性[J]. 环境科学, 2017, 38 (8): 3312-3318.

[51] Lee C G, Fletcher T D, Sun G. Nitrogen removal in constructed wetland systems[J]. Engineering in Life Sciences, 2010, 9 (1): 11-22.

[52] 张靖雯, 阮爱东. 人工潜流湿地脱氮技术研究进展[J]. 环境科技, 2017, 30 (4): 72-75, 80.

[53] 钱燕萍, 赵楚, 田如男. 水生植物对藻类的化感作用研究进展[J]. 生物学杂志, 2018, 35 (6): 95-97.

第5章 污水处理一体化设备

5.1 生物化学技术一体化设备

5.1.1 MBR工艺

5.1.1.1 工艺原理

膜生物反应器(membrane bio-reactor,MBR)是一种将高效膜分离技术与传统活性污泥法相结合的新型高效污水处理工艺,它用具有独特结构的浸没式膜组件置于曝气池中,经过好氧曝气和生物处理后的水,由泵通过膜过滤后抽出。它与传统污水处理方法具有很大区别,取代了传统生化工艺中二沉池和三级处理工艺。由于膜的存在大大提高了系统固液分离的能力,从而使系统出水水质和容积负荷都得到大幅度提高。由于膜的过滤作用,微生物被完全截留在生物反应器中,实现了水力停留时间与活性污泥泥龄的彻底分离,消除了传统活性污泥法中污泥膨胀的问题。

5.1.1.2 设备结构及参数

设备结构如图5.1所示。

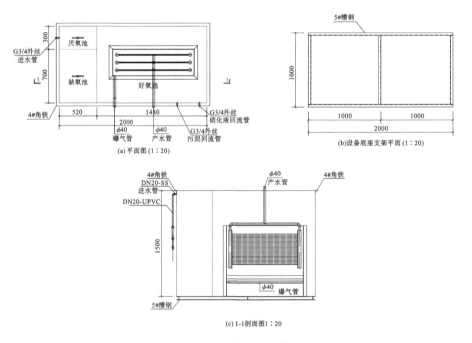

(a) 平面图 (1:20)

(b) 设备底座支架平面(1:20)

(c) 1-1剖面图1:20

图5.1 MBR工艺一体化设备结构图(mm)

设备参数如下。

(1)MBR 工艺一体化设备主体材质：316 不锈钢。

(2)MBR 工艺一体化设备主体：外形尺寸为 2.0m×1.0m×1.5m；壁厚≥3 mm。

(3)MBR 膜：主材为聚偏氟乙烯(PVDF)材质；过滤精度小于等于 0.1 μm；膜通量为 20.83 L/(m² · h)；集水管为 ABS；软管为硅胶管；运行温度为 5～40 ℃；pH 为 5～11；最高运行负荷为-0.05 MPa；最大运行透膜压差为 0.05 MPa；正常运行负压：-0.01～-0.03 MPa。

5.1.2　UASB 工艺

5.1.2.1　工艺原理

厌氧发酵采用上流式厌氧污泥床(up-flow anaerobic sludge bed/blanket，UASB)，又叫升流式厌氧污泥床工艺。在反应器工作时，污水经过均匀布水进入反应器底部，污水自下而上地通过厌氧污泥床反应器。在反应器的底部有一个高浓度(可达 100～150 g/L)、高活性的污泥层，大部分的有机物在这里被转化为 CH_4 和 CO_2；由于气态产物(消化气)的搅动和气泡黏附污泥，在污泥层之上形成一个污泥悬浮层；反应器的上部设有三相分离器，完成气、液、固三相的分离；被分离的消化气从上部导出，被分离的污泥则自动滑落到污泥层，出水则从澄清区流出。由于在反应器内可以培养出大量厌氧颗粒污泥，使反应器的负荷很大。

5.1.2.2　设备结构及参数

设备结构如图 5.2 所示。

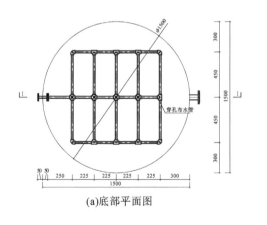

(a)底部平面图

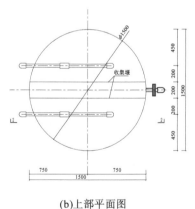

(b)上部平面图

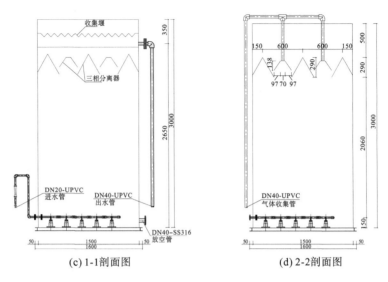

图5.2   UASB 工艺一体化设备结构图（mm）

设备参数如下。

（1）UASB 工艺一体化设备主体材质：316 不锈钢。

（2）UASB 工艺一体化设备主体：外形尺寸为 $\Phi1.5m \times 3.0m$；壁厚 $\geqslant 4$ mm。

5.1.3   SBR 工艺

5.1.3.1   工艺原理

序批式活性污泥法（sequencing batch reactor activated sludge process，SBR）工艺是一种曝气和静止沉淀间歇运行的活性污泥法，采用池底盘式微孔曝气。它是近年来随自控系统发展而广泛应用起来的一种非连续流的污水处理工艺，一个 SBR 反应器的运行周期包括五个阶段的操作过程，即进水、反应期、沉淀期、排水期及闲置期。具体描述如下。

（1）进水期：是反应池接纳污水的过程。SBR 池相当于一个变容反应器，在污水的投加过程中，同时存在着污染物的混合及污染物被池中活性污泥吸附、吸收和氧化等作用。

（2）反应期：是在进水期结束后，进行曝气或搅拌以达到处理的目的（去除 BOD_5、硝化、脱氮除磷）。在反应阶段，通过曝气或搅拌来控制反应池中 DO 浓度，在反应池内相应地形成厌氧—缺氧—好氧的交替过程，使其不仅具有良好的有机物处理效能，而且具有良好的脱氮除磷效果。

（3）沉淀期：在停止曝气和搅拌后，活性污泥絮体进行重力沉降和上清液分离，SBR 反应池中污泥的沉降过程是在相对静止的状态下进行的，因而受外界的干扰甚小。

（4）排水期：排出活性污泥沉淀后的上清液，作为处理出水，一直排放到最低水位。反应池底部沉降的活性污泥大部分作为下个处理周期的回流污泥使用，剩余污泥被引出排放。

（5）闲置期：通过搅拌、曝气或静置使微生物恢复活性，并起到一定的反硝化作用而进行脱氮，为下一个周期创造良好的初始条件。

5.1.3.2　设备结构及参数

设备结构如图 5.3 所示。

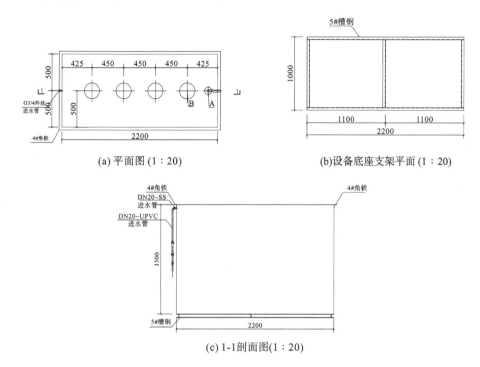

(a) 平面图 (1∶20)　　　　(b)设备底座支架平面 (1∶20)

(c) 1-1剖面图(1∶20)

图 5.3　SBR 工艺一体化设备结构图(mm)

设备参数如下。

(1)SBR 工艺一体化设备主体材质：316 不锈钢。

(2)SBR 工艺一体化设备主体：外形尺寸为 2.2m×1.0m×1.5m；壁厚≥3 mm。

(3)鼓风机：风量为 5.5 m^3/h；风压为 30 kPa。

(4)曝气器：曝气量为 1~3 m^3/(m^2·h)；服务面积为 0.2~0.6 m^2。

(5)滗水器：滗水量为 1~2 m^3/h。

5.1.4　水解酸化池工艺

5.1.4.1　工艺原理

废水厌氧生物处理是指在无分子氧的条件下通过厌氧微生物(包括兼氧微生物)的作用，将废水中各种复杂有机物分解转化成甲烷和二氧化碳等物质的过程。厌氧生化处理过程：高分子有机物的厌氧降解过程可以被分为四个阶段：水解阶段、发酵(或酸化)阶段、产乙酸阶段和产甲烷阶段。

(1)水解阶段。水解可定义为复杂的非溶解性的聚合物被转化为简单的溶解性单体或二聚体的过程。

(2)发酵(或酸化)阶段。发酵可定义为有机物化合物既作为电子受体，也是电子供体的生物降解过程，在此过程中溶解性有机物被转化为以挥发性脂肪酸为主的末端产物，因此这一过程也称为酸化。

(3)产乙酸阶段：在产氢产乙酸菌的作用下，上一阶段的产物被进一步转化为乙酸、氢气、碳酸以及新的细胞物质。

(4)产甲烷阶段：这一阶段，乙酸、氢气、碳酸、甲酸和甲醇被转化为甲烷、二氧化碳和新的细胞物质。

水解酸化工艺根据产甲烷菌与水解产酸菌生长速度不同，将厌氧处理控制在反应时间较短的厌氧处理第一和第二阶段，即在大量水解细菌、酸化菌作用下将不溶性有机物水解为溶解性有机物，将难生物降解的大分子物质转化为易生物降解的小分子物质的过程，从而改善废水的可生化性，为后续处理奠定良好基础。

5.1.4.2　设备结构及参数

设备结构如图 5.4 所示。

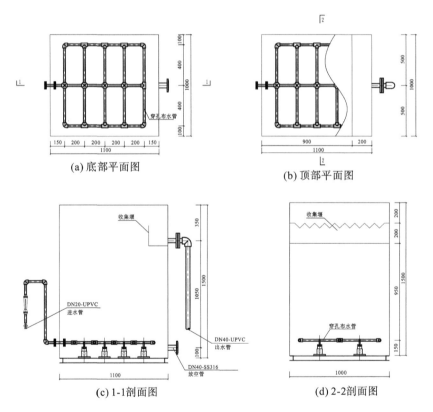

(a) 底部平面图　　　　　　　　　　(b) 顶部平面图

(c) 1-1剖面图　　　　　　　　　　(d) 2-2剖面图

图 5.4　水解酸化池工艺一体化设备(mm)

设备参数如下。

(1)水解酸化池工艺一体化设备主体材质：316 不锈钢。

(2)水解酸化池工艺一体化设备主体：外形尺寸为 1.1m×1.0m×1.5m；壁厚≥3 mm。

5.1.5　A^2/O 工艺

5.1.5.1　工艺原理

A^2/O 工艺是一种典型的除磷脱氮工艺，其生物反应池由 ANAEROBIC（厌氧）、ANOXIC（缺氧）和 OXIC（好氧）三段组成。这是一种推流式的前置反硝化型生物营养物去除（biological nutrient removal，BNR）工艺，其特点是厌氧、缺氧和好氧三段功能明确，界线分明，可根据进水条件和出水要求，人为地创造和控制三段的时空比例和运转条件，只要碳源充足（TKN/COD≤0.08 或 BOD/TKN≥4，TKN 为总凯氏氮）便可根据需要达到比较高的脱氮率。常规生物脱氮除磷工艺呈厌氧（A1）/缺氧（A2）/好氧（O）的布置形式。该布置在理论上基于这样一种认识，即：聚磷微生物有效释磷水平的充分与否，对于提高系统的除磷能力具有极端重要的意义，厌氧区在前可以使聚磷微生物优先获得碳源并得以充分释磷。

5.1.5.2　设备结构及参数

设备结构如图 5.5～图 5.7 所示。

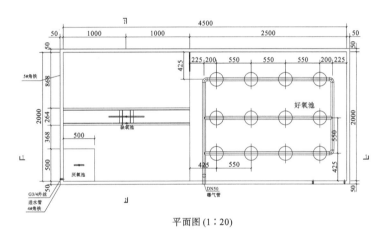

平面图(1∶20)

图 5.5　A^2/O 工艺一体化设备平面图(mm)

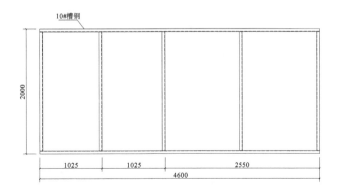

设备底座支架平面(1∶20)

图 5.6　A^2/O 工艺一体化设备底座支架平面图(mm)

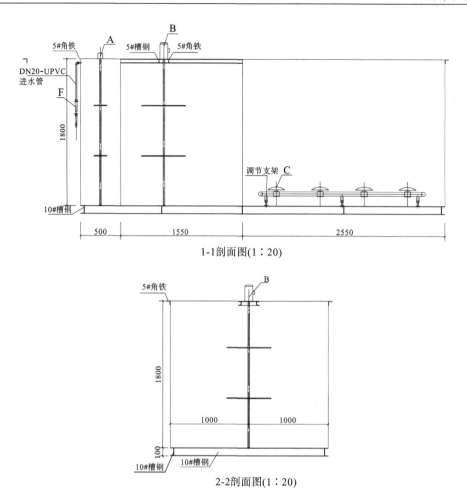

图 5.7　A^2/O 工艺一体化设备剖面图(mm)

设备参数如下。

(1) A^2/O 工艺一体化设备主体材质：316 不锈钢。

(2) A^2/O 工艺一体化设备主体：外形尺寸为 4.5m×2.0m×1.8m；壁厚≥4 mm。

(3) 鼓风机：风量为 21 m^3/h；风压为 30 kPa。

(4) 曝气器：曝气量为 1～3 m^3/(m^2·h)；服务面积为 0.2～0.6 m^2。

(5) 搅拌机：水下部分为不锈钢，池总深度为 1.8 m。

5.1.6　生物接触氧化工艺

5.1.6.1　工艺原理

生物接触氧化是从生物膜法派生出来的一种废水生物处理工艺。在该工艺中污水与生物膜相接触，在生物膜上微生物的作用下，可使污水得到净化。该工艺采用与曝气池相同的曝气方法提供微生物所需的氧量，并起搅拌与混合的作用，这样又相当于在曝气池内投加填料，以供微生物栖息，因此，又称为接触曝气工艺，是一种介于活性污泥法与生物滤池两者之间的生物处理工艺。

5.1.6.2　设备结构及参数

设备结构如图 5.8 所示。

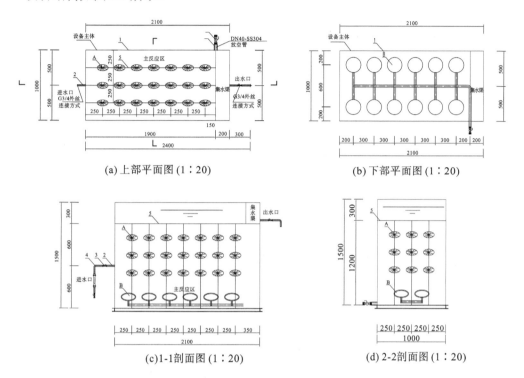

(a) 上部平面图 (1∶20)

(b) 下部平面图 (1∶20)

(c)1-1剖面图 (1∶20)

(d) 2-2剖面图 (1∶20)

图 5.8　生物接触氧化工艺一体化设备结构图(mm)

设备参数如下。

(1)生物接触氧化工艺一体化设备主体材质：316 不锈钢。

(2)生物接触氧化工艺一体化设备主体：外形尺寸为 2.1m×1.0m×1.5m；壁厚≥3 mm。

(3)组合填料：Φ150 mm×80 mm，PE 材质。

(4)鼓风机：风量为 15 m³/h；风压为 30 kPa。

(5)曝气器：曝气量为 1～3 m³/(m²·h)；服务面积为 0.2～0.6 m²。

5.1.7　曝气生物滤池工艺

5.1.7.1　工艺原理

　　曝气生物滤池是 20 世纪 90 年代初兴起的污水处理新工艺。该工艺具有去除 SS、COD、BOD 及硝化、脱氮、除磷、去除 AOX(有害物质)的作用。污水经前级处理后，进入二沉池的污水进入曝气生物滤池(biological aerated filter，BAF)，绝大部分 COD、BOD 在此进行降解，氨氮进行硝化(或反硝化)。运行过程中，曝气生物滤池运行一段时间后需对滤池进行反冲洗；反冲洗采用气水联合反冲洗，反冲洗污水返回调节池，与原污水混合。

5.1.7.2 设备结构及参数

设备结构如图 5.9 所示。

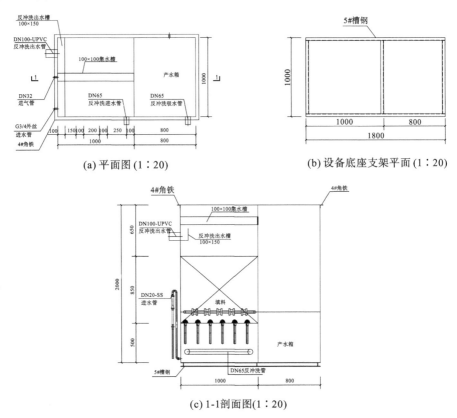

图 5.9 曝气生物滤池工艺一体化设备结构图(mm)

设备参数如下。

(1)曝气生物滤池工艺一体化设备主体材质：316 不锈钢。

(2)曝气生物滤池工艺一体化设备主体：外形尺寸为 1.8m×1.0m×1.5m；壁厚≥3 mm。

(3)鼓风机：风量为 1.9 m^3/h；风压为 30 kPa。

(4)曝气器：曝气量为 1～3 m^3/(m²·h)；服务面积为 0.2～0.6 m²。

5.1.8 膜处理工艺

5.1.8.1 工艺原理

膜处理对象主要是污废水中的悬浮物、溶解物、胶体、离子等。利用天然或人工合成的膜，以外界能量或化学位差为推动力，对双组分或多组分溶质和溶剂进行分离、分级、提纯和富集。膜处理工艺是当代比较先进的物理处理工艺，尤其是反渗透技术能有效截留溶解性物质，运行稳定、安全，实际应用广泛。膜处理一般组合使用或与其他处理方法联用，使用反渗透法对 COD 和 SS 的去除率可达 95%。

5.1.8.2　设备结构及参数

设备结构如图 5.10 所示。

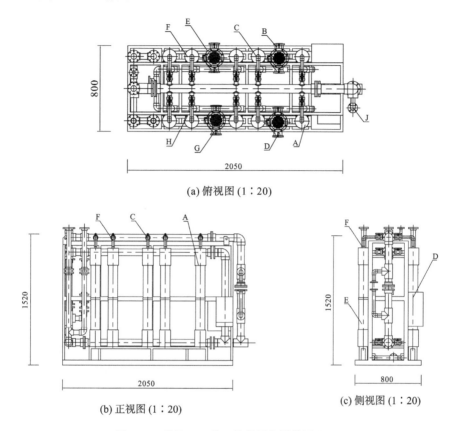

(a) 俯视图 (1∶20)

(b) 正视图 (1∶20)

(c) 侧视图 (1∶20)

图 5.10　膜处理工艺一体化设备结构图(mm)

设备参数如下。

(1)膜支架等主体材质：316 不锈钢。

(2)NF 膜：主材为卷帘膜；产水率为 85%；膜通量为 16 L/(m²·h)；正常运行压力为 10～15 bar；运行温度为 5～40℃；pH 为 5～11；膜壳材质为玻璃钢。

(3)纳滤进水泵：流量为 300 L/h；扬程为 40 m。

(4)保安过滤器：滤径为 20 μm+10 μm；外壳材质为不锈钢。

(5)NF 循环泵：流量为 400 L/h；扬程为 30 m。

(6)RO 膜：主材为卷帘膜；产水率为 83%；膜通量为 14.5 L/(m²·h)；正常运行压力为 20～25 bar；运行温度为 5～40℃；pH 为 5～11；膜壳材质为玻璃钢。

(7)RO 进水泵：流量为 300 L/h；扬程为 30 m。

(8)保安过滤器：滤径为 20 μm+10 μm；外壳材质为不锈钢。

(9)高压泵：流量为 400 L/h；扬程为 170 m。

(10)增压泵：流量为 300 L/h；扬程为 100 m。

5.2　物理化学技术一体化设备

5.2.1　超临界湿式氧化装置

5.2.1.1　装置用途及特点

(1)高效率处理氧化高浓度有机废水。

(2)将多频超声波与超临界流体结合，提高超临界流体在聚合物中的扩散速率。

(3)反应过程中采用先进的微波加热工艺能够实现：加快反应速度、节能、物料反应均匀、提升成品品质、方便控制。

5.2.1.2　装置工艺流程

装置工艺流程图如图5.11所示。

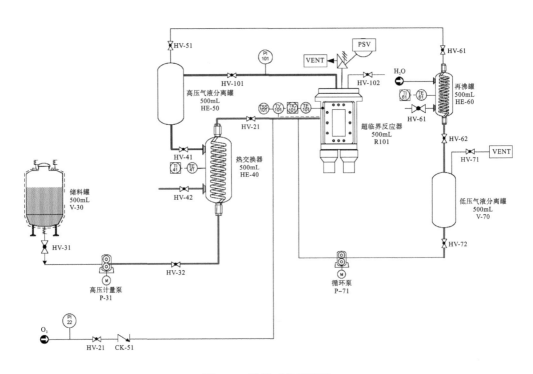

图5.11　装置工艺流程图

如图5.11所示，装置工艺流程描述如下。

物料通过储料罐V-30由高压计量泵P-31加入热交换器HE-40预热(热交换器热源来自超临界主反应器反应后高湿氧化液体)，物料温度接近反应器后通入反应器，氧气通过空气压缩机加入超临界反应器R101，水中有机物在反应器高温、高压下发生氧化，反应放热，反应后高温气体通过HE-50高压气液分离罐分离，高温液相热量回收利用，用于加热热交换器 HE-40，高温气体通过再沸罐，外层加水套冷却，冷却水通过低压气液分离罐 V-70 后，经循环泵 P-71 加入超临界反应器 R101。

5.2.1.3　装置结构及其参数

装置结构包括：①物料储存输送系统；②热交换器；③空气加压系统；④超临界反应工艺系统；⑤微波发生系统；⑥超声波发生系统；⑦控制箱（超声波控制、微波控制、釜体温控）。

1. 物料储存系统

物料储存系统由储料罐、高压计量泵、物料输送管道三部分构成。

（1）储料罐：用于物料临时储存，进入高压泵前初级过滤。材质是 316 L，容积为 500 mL，结构为法兰式开盖结构，储料罐底部配网板过滤。

（2）高压计量泵：用于计量，向反应釜体内加入废水、泥浆。主体材质是 316 L，接口尺寸为 25 mm，额定流量为 0～5 L/h。

（3）物料输送管道：用于泵体、储液罐、反应釜的连接和流体控制。材质是 316 L，管径为 25 mm，接口形式为法兰式接口，阀门形式为法兰式球阀。

2. 热交换器

热交换器用于预热有机物料。材质是 316 L，结构为盘管管式夹套换热器结构，保温层材质是玻璃纤维棉。

3. 空气加压系统

空气加压系统用于向反应器内加入高压气体和气体加入前的预热。功率为 750 W，储气罐容积为 30 L，采用三级往复式多级空气压缩机。

4. 反应釜体

反应釜体采用哈氏合金 C276 整料加工，釜体安装面板采用铝合金加工，整体框架采用标准 40 铝型材搭建。

反应釜微波接口釜：釜体与微波发生器连接处，采用耐压耐温玻璃隔绝反应釜与微波发生器，微波传入通道环形金属管道，屏蔽微波外扩，所有密封部位垫圈采用全金属材质密封圈屏蔽微波；釜体与微波发生器连接处采用法兰式连接，接口可靠耐用。

反应釜超声波接口：釜体底部螺纹连接 6 块超声波发生单元，超声波发生频率、功率由外接控制单元控制，连接处增加陶瓷隔热板隔热。

（1）釜体主要技术参数：釜体材质是哈氏 C276 合金，可控温度范围为 0～450℃，加热方式为微波加热，釜体容积为 500 mL，釜体设计压力为 40 MPa，反应釜内腔长径比为 3∶1，反应釜内腔直径为 150 mm。

（2）外形尺寸示意图如图 5.12 所示。

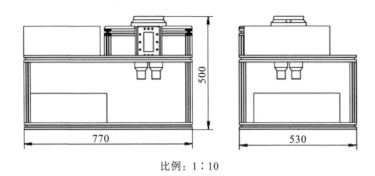

比例：1∶10

图 5.12 产品外形尺寸示意图(mm)

(3)反应釜内部结构示意图如图 5.13 所示。

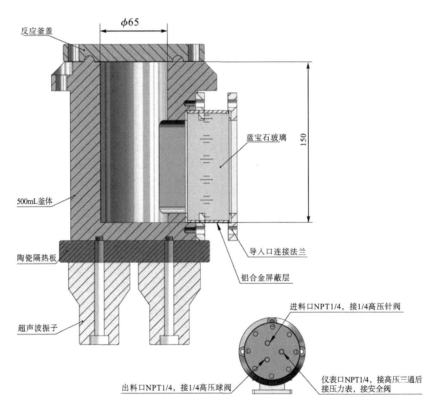

图 5.13 反应釜内部结构示意图(mm)

5. 微波发生单元

微波接口结构形式：接口内径为 50 mm，接口材质是 6061 铝合金+蓝宝石玻璃，接口结构如图 5.14 所示。

图 5.14　微波接口结构图

1）主要技术参数

工作频率为 2450 MHz，固定输出功率为 1200 W，输入电压为 200～240 VAC，最大输入电流为 10 A，额定阳极高压为 4200 VDC，额定输出电流为 320 mA，额定灯丝电压为 3.3 V，额定灯丝电流为 10 A。

2）系统保护功能

交流有效保护值过电压保护为 275 VAC，交流有效欠压保护为 165 VAC，输入过电流保护为大于 10 A，输入过温保护为 88℃。

3）设备工作环境

工作环境温度为 0～40℃，工作环境相对湿度为 10%～70%，波导接口为 BJ-26/FD-26，微波泄漏率符合国家安全标准。

6. 超声波发生单元

超声波发生单元采用日本原装进口大功率器件驱动，输出功率强劲；采用最新他激式控制线路，超声波密度得到大幅提高，工作更细致，结构如图 5.15 所示。

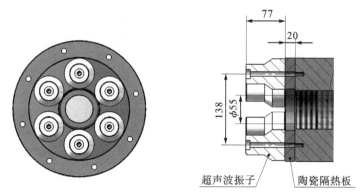

图 5.15　超声波发生单元结构图（mm）

(1)设备主要技术特性：

①过热保护、过电流保护、短路保护；

②具有远程开关机功能，方便全自动机上通过 PLC 控制；

③定时关机功能 0～60 min 调节，方便使用；

④具有扫频工作模式，可以模仿抛动效果；

⑤全数字化设计，键控频率调节，使频率精度更高，有效发挥换能器效率；

⑥自动检测故障功能，发生器出现故障时在显示器上显示故障信息；

⑦具有电磁兼容抗干扰电路，保证不干扰其他设备正常工作。

(2)超声波发生装置主要技术参数：工作电压为 AC220 V±10%(50 Hz)，工作频率为 20 kHz/25 kHz/28 kHz/33 kHz/38 kHz/40 kHz(可调节)，工作功率为 1200 W，功率调节范围为 0～100%(数控调节)，相对湿度为 40%～90%，定时范围为 0～60 min，环境温度为 0～40℃，产品重量为 10 kg，外形尺寸为 350 mm×290 mm×130 mm。

5.2.2 活性砂滤池工艺

5.2.2.1 工艺原理

活性砂滤池是一种集混凝、澄清、过滤于一体的高效过滤处理工艺，由多个活性砂过滤器单元组成。原水通过进水管进入过滤器内部，并经布水器均匀分配后向上逆流通过滤料层并外排。在此过程中，原水被过滤，水中的污染物含量降低；同时石英砂滤料中污染物的含量增加，并且下层滤料层的污染物含量高于上层滤料。位于过滤器中央的空气提升泵在空压机的作用下将底层的石英砂滤料提升至过滤器顶部的洗砂器中清洗。砂粒清洗后返回滤床，同时将清洗所产生的污染物外排。因为活性砂过滤器特殊的内部结构及其自身特点，使得混凝、澄清、过滤在同一个池体内全部完成。

5.2.2.2 设备结构及参数

设备结构如图 5.16 所示。

设备参数如下。

(1)活性砂滤池工艺一体化设备主体材质：316 不锈钢。

(2)活性砂滤池工艺一体化设备主体：外形尺寸为 Φ0.5 m×3.0 m；壁厚≥4 mm。

(3)进水泵：流量为 250 L/h；扬程为 10 m。

(4)空压机：风量为 0.1 m³/min；风压为 0.8 MPa。

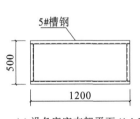

(a)设备底座支架平面 (1：20)

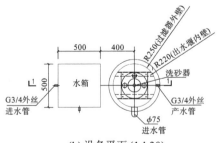

(b)设备平面 (1：20)

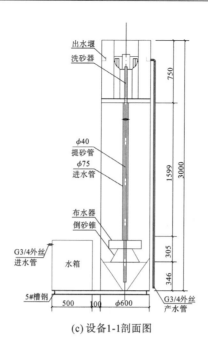

(c) 设备1-1剖面图

图 5.16 活性砂滤池工艺一体化设备结构图(mm)

5.2.3 混凝沉淀工艺

5.2.3.1 工艺原理

混凝沉淀是一种物理处理工艺,通过向水中投加一些药剂(通常称为混凝剂及助凝剂),使水中难以沉淀的颗粒能互相聚合而形成胶体,然后与水体中的杂质结合形成更大的絮凝体。絮凝体具有强大吸附力,不仅能吸附悬浮物,还能吸附部分细菌和溶解性物质。絮凝体通过吸附,体积增大而下沉。其反应机理是向水中加入混凝剂,通过混凝剂水解产物压缩胶体颗粒的扩散层,使胶粒脱稳而相互聚结。混凝处理过程包含凝聚和絮凝两个阶段,凝聚阶段形成较小的微粒,再通过絮凝以形成较大的絮粒,从而去除渗滤液中的重金属离子、氨氮、色度、SS、不溶性 COD 等污染物,改善其可生化性、降低负荷,为后续处理创造良好的条件。

5.2.3.2 设备结构及参数

设备结构如图 5.17 所示。

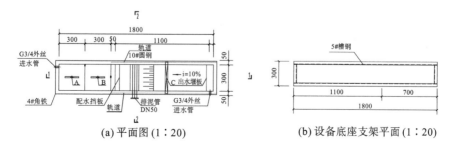

(a) 平面图 (1:20)　　　　(b) 设备底座支架平面 (1:20)

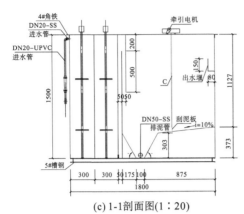

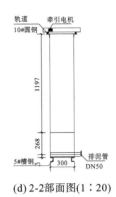

(c) 1-1剖面图(1∶20)

(d) 2-2部面图(1∶20)

图 5.17　混凝沉淀工艺一体化设备结构图(mm)

设备参数如下。

(1)混凝沉淀工艺一体化设备主体材质：316 不锈钢。

(2)混凝沉淀工艺一体化设备主体：外形尺寸为 0.6m×1.0m×1.5m；壁厚≥3 mm。

5.2.4　混凝气浮工艺

5.2.4.1　工艺原理

混凝气浮是混凝和气浮两种处理方法的组合工艺。混凝工艺是向污水中投入某种化学药剂(常称为混凝剂)，使在水中难以沉淀的胶体状悬浮颗粒或乳状污染物失去稳定后，由于互相碰撞而聚集或聚合、搭接而形成较大的颗粒或絮状物，从而使污染物更易于自然下沉或上浮而被除去。气浮工艺是溶气系统在水中产生大量的微细气泡，使空气以高度分散的微小气泡形式附着在悬浮物颗粒上，造成密度小于水的状态，利用浮力原理使其浮在水面，从而实现固-液分离的水处理设备。气浮过程中，细微气泡首先与水中的悬浮粒子相黏附，形成整体密度小于水的"气泡-颗粒"复合体，使悬浮粒子随气泡一起浮升到水面。

5.2.4.2　设备结构及参数

设备结构如图 5.18 所示。

设备参数如下。

(1)混凝气浮工艺一体化设备主体材质：316 不锈钢。

(2)混凝气浮工艺一体化设备主体：外形尺寸为 0.8 m×1.0 m×1.1 m；壁厚≥3 mm。

(3)空压机：排气量为 35～40 L/min；压力为 4 bar；功率为 0.25 kW。

(4)容器释放器：释放率为 32%。

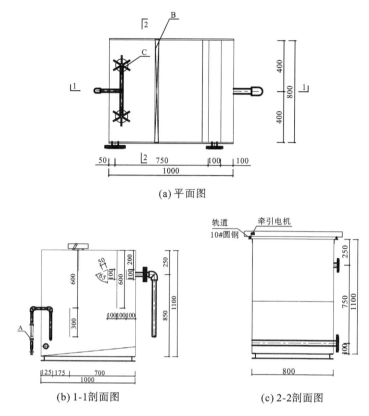

(a) 平面图

(b) 1-1剖面图　　　　　　　　　　　(c) 2-2剖面图

图 5.18　混凝气浮工艺一体化设备结构图(mm)

5.2.5　二沉池工艺

5.2.5.1　工艺原理

二沉池是活性污泥系统的重要组成部分，其作用主要是使污泥分离，使混合液澄清、浓缩和回流活性污泥，其工作效果能够直接影响活性污泥系统的出水水质和回流污泥浓度。沉淀池分为平流式沉淀池、辐流式沉淀池及竖流式沉淀池，原则上，用于初次沉淀池的平流式沉淀池、辐流式沉淀池和竖流式沉淀池都可以作为二次沉淀池使用。

5.2.5.2　设备结构及参数

设备结构如图 5.19、图 5.20 所示。

设备参数如下。

辐流式沉淀池和竖流式沉淀池两种工艺形式各一套，最大处理能力分别为 5 m^3/d 和 3 m^3/d。

(1)二沉池工艺一体化设备主体材质：316 不锈钢。

(2)辐流式二沉淀池工艺一体化设备主体：外形尺寸为 $\Phi1.2\ m×1.1\ m$；壁厚≥3 mm。

(3)竖流式沉淀池工艺一体化设备主体：外形尺寸为 $\Phi0.6\ m×1.8m$；壁厚≥3 mm。

(4)刮泥机：直径为 0.9 m；功率为 0.18 kW。

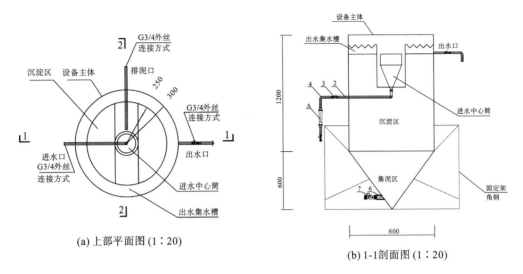

(a) 上部平面图 (1：20)

(b) 1-1剖面图 (1：20)

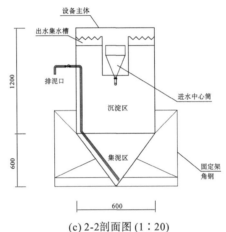

(c) 2-2剖面图 (1：20)

图 5.19 辐流式沉淀池工艺一体化设备结构图(mm)

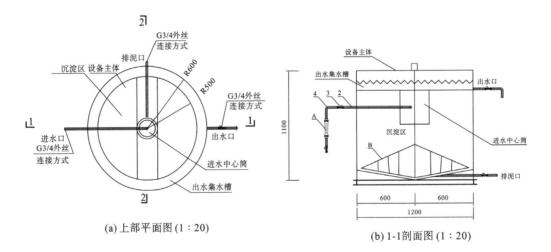

(a) 上部平面图 (1：20)

(b) 1-1剖面图 (1：20)

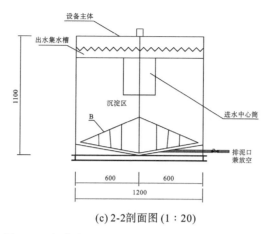

(c) 2-2剖面图 (1∶20)

图 5.20　竖流式沉淀池工艺一体化设备结构图(mm)

5.2.6　隔油池工艺

5.2.6.1　工艺原理

隔油池与沉淀池处理废水的基本原理相同,都是利用废水中悬浮物和水的比重不同而达到分离的目的。隔油池的构造多采用平流式,含油废水通过配水槽进入平面为矩形的隔油池,沿水平方向缓慢流动,在流动中油品上浮水面,由集油管或设置在池面的刮油机推送到集油管中流入脱水罐。废水中油品比重一般比水小,在隔油池中沉淀下来的重油及其他杂质,积聚到池底污泥斗中,通过排泥管进入污泥管中。对于密度与 1 接近的一类油类和悬浮物,通过混凝气浮工艺进一步去除。

5.2.6.2　设备结构及参数

设备结构如图 5.21 所示。

设备参数如下。

(1)隔油池工艺一体化设备主体材质：316 不锈钢。

(2)隔油池工艺一体化设备主体：外形尺寸为 1.0 m×0.6 m×1.5 m；壁厚≥3 mm。

(3)排油管为 DN100。

(4)刮油刮渣机：B=0.6 m, N=0.18 kW。B 为池体宽度, N 为额定功率。

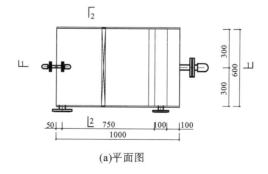

(a)平面图

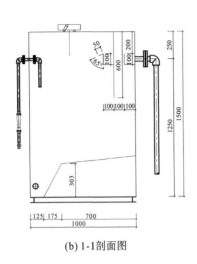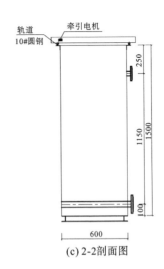

(b) 1-1剖面图　　　　　　　　　　　(c) 2-2剖面图

图 5.21　隔油池工艺一体化设备结构图(mm)

5.2.7　臭氧消毒工艺

5.2.7.1　工艺原理

臭氧使用臭氧发生器制取，其生成原理是臭氧可通过高压放电、电晕放电、电化学、光化学、原子辐射等方法得到，利用高压电力或化学反应，使空气中的部分氧气分解后聚合为臭氧，是氧的同素异形转变的一种过程。臭氧灭菌的速度和效果是无与伦比的，它的高氧化还原电位决定它在氧化、脱色、除味方面的广泛应用，有人研究指出，臭氧溶解于水中，几乎能够分解水中一切对人体有害的物质，如铁、锰、铬、硫酸盐、酚、苯、氧化物等，还可分解有机物及灭藻等。

5.2.7.2　设备结构及参数

设备结构如图 5.22 所示。

设备参数如下。

(1) 一体化设备主体材质：316 不锈钢。

(2) 臭氧发生器：最大臭氧发生量为 100 g/h；最大功率为 4 kW。

(3) 臭氧曝气头(钛板曝气盘)：直径为 100 mm；曝气气泡为 5～10 μm。

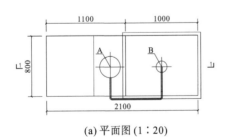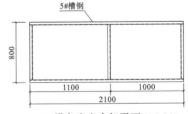

(a) 平面图 (1∶20)　　　　　　　　　(b) 设备底座支架平面 (1∶20)

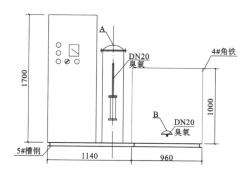

(c) 1-1剖面图(1∶20)

图 5.22　臭氧消毒工艺一体化设备结构图(mm)